Schlangen

Chris Mattison

Schlangen

Chris Mattison

Dorling Kindersley
London, New York, Melbourne, München und Delhi

DORLING KINDERSLEY
London, New York, Melbourne, München und Delhi

Lektorat Adèle Hayward
Bildredaktion Tracy Hambleton-Miles
Herstellung Silvia La Greca

Für Dorling Kindersley produziert von Schermuly Design Co.
The Church Hall, York Rise, Dartmouth Park, London NW5 1SB
Design Hugh Schermuly, Nick Buzzard, Masumi Higo
Redaktion Sally MacEachern, Josie Bryan, Claire Calman

Für die deutsche Ausgabe:
Programmleitung Monika Schlitzer
Projektbetreuung Regina Franke
Herstellungsleitung Dorothee Whittaker
Herstellung und Covergestaltung Erik Störmer

Coverfoto vorn: Thomas Marent

Bibliografische Information Der Deutschen Bibliothek
Die Deutsche Bibliothek verzeichnet diese Publikation in der Deutschen Nationalbibliografie; detaillierte bibliografische Daten sind im Internet über http://dnb.ddb.de abrufbar.

Titel der englischen Originalausgabe:
Snake

Übersetzung Dr. Michael Lohmann
Fachredaktion Dr. Ulrich Gruber

ISBN: 978-3-8310-1077-6

Printed and bound in China by SNP Leefung

Inhalt

Die Schlangen der Welt

Vorwort

Schlangen hatten schon immer etwas Geheimnisvolles. Wie können sie sich ohne Beine so rasch fortbewegen? Wie können sie Beute mit einem einzigen, blitzartigen Biss töten? Und wie können sie ein ganzes Beutetier schlucken, das mehrfach größer als ihr Schlund ist? Es ist kaum verwunderlich, dass sich so viele Mythen und Legenden um diese erstaunlichen Geschöpfe ranken.

Schlangen können ebenso furchterregend wie faszinierend sein. Sie sind Raubtiere, wie Adler, Haie und Tiger, und obwohl wir sie einerseits wegen ihrer versteckten und listigen Lebensweise bewundern, wissen wir auch, dass einige gefährlich sind. Für die Schlangen selbst hat das unglückliche Folgen, da sie oft aus Angst und Unwissenheit beim ersten Anblick getötet werden. In Wirklichkeit können nur wenige dem Menschen Schaden zufügen und noch weniger können uns wirklich töten. Das Leben der Schlangen hat viele weitere interessante Seiten: ihre verschiedenen Formen, Verhaltensweisen, Verteidigungsstrategien, Lebensräume und die Art und Weise, wie sie sich ernähren und vermehren. Damit befasst sich dieses Buch, und statt die Schlangen nur zu beschreiben, werden, wo immer möglich, auch die entwicklungsgeschichtlichen Hintergründe beleuchtet.

Viele dieser Informationen sind recht neu, da Schlangen wegen ihrer versteckten Lebensweise zu den Tieren gehören, die am schwierigsten in ihrem eigenen Lebensraum zu beobachten sind. In den letzten Jahren haben Berufsbiologen neue Techniken entwickelt, um Schlangen in freier Natur aufzuspüren und zu verfolgen, wobei sich herausstellte, dass Schlangen in den Ökosystemen eine wichtige Rolle spielen. Gleichzeitig beginnen Naturfreunde, die von der Geschwindigkeit alarmiert sind, mit der Flora und Fauna aus unserem Leben verschwinden, die Schönheit der Schlangen zu erkennen und zu bewundern.

Dieses Buch wurde in der Hoffnung geschrieben, dass die im Text vermittelte Information, in Verbindung mit den überwältigenden Fotos, Ihre Bewunderung für Schlangen und Ihr Interesse für ihre Lebensweisen anregen mögen. Ich hoffe, es wird einige Ihrer Fragen beantworten. Vor allem hoffe ich, dass Sie am Ende überzeugt sein werden, dass »die einzig gute Schlange eine lebende Schlange ist«.

Nashornviper
Obwohl sie eine der farbigsten Schlangen ist, wird die Nashornviper nahezu unsichtbar, wenn sie in der Streuschicht afrikanischer Regenwälder liegt, versteckt für Feinde und auf Beute lauernd.

Alles über Schlangen

Im Lauf der Jahrmillionen haben sich Tausende von Schlangenarten entwickelt und über die ganze Welt verbreitet. Die 3000 oder mehr heute lebenden Schlangenarten unterscheiden sich alle und haben dennoch mehrere körperliche Eigenschaften gemeinsam, etwa die schuppige Haut, das Fehlen funktionsfähiger Gliedmaßen, eine lange gespaltene Zunge und Augen ohne Lider. Außerdem – und das ist vielleicht noch bedeutsamer – müssen alle Schlangen sich mit ihrer Umwelt auseinander setzen, müssen genug Nahrung finden und vermeiden, selbst gefressen zu werden. Und wenn sie ihre erfolgreichen Eigenschaften weitergeben wollen, müssen sie sich alle vermehren. Der folgende einleitende Abschnitt konzentriert sich auf diese Themen und greift dabei über die Grenzen hinweg, die eine Familie oder Art von der anderen unterscheidet, indem er jene Seiten ihrer Lebensweisen betrachtet, die alle betrifft. Er erklärt außerdem umfassend, nach welchen Kriterien die Schlangen den Familien zugeordnet werden.

Gestalt

Im Verlauf der Zeiten wurden die Schlangen von der natürlichen Selektion geformt. Das Ergebnis sind einige sehr große und eine Reihe sehr kleiner Arten. Große Schlangen sind in der Minderzahl, obwohl sie die meiste Aufmerksamkeit erregen. Die überwältigende Mehrheit der Schlangen ist weniger als 1 m lang. Auch andere Unterschiede der Körperform haben sich entwickelt, um in den verschiedenen Lebensräumen zu bestehen: Schlangen können dick oder dünn sein, rund oder abgeflacht usw.

Der gleiche Selektionsdruck, der Schlangen dazu veranlasst hat, sich zu lang gestreckten, röhrenförmigen Tieren zu entwickeln, hat auch ihre inneren Organe so verändert, dass sie zur Körperform passen. Es mag manchen erstaunen, zu hören, dass Schlangen grundsätzlich die gleichen Organe wie die Menschen haben. Sie sind allerdings, in Anpassung an den vorhandenen Platz, deutlich anders angeordnet. Viele Organe sind lang gestreckt, und die paarigen Organe liegen oft hintereinander statt nebeneinander.

Verhalten

Die Notwendigkeit zu überleben, hat auf die Verhaltensweisen der Schlangen einen ebenso starken Einfluss wie auf Form und Erscheinungsbild. Tatsächlich hängt die Weise, wie sich eine Art verhält, oft mit ihrem Aussehen zusammen. Es überrascht daher nicht, dass Schlangen verschiedene Methoden der Jagd, des Tötens von Beute, der Verteidigung und der Fortpflanzung haben. Auch diese Strategien werden von der natürlichen Selektion beeinflusst, obwohl nicht immer erkennbar ist, warum eine Art Eier legt, während eine andere lebende Junge zur Welt bringt. Die Antwort auf solche Fragen zu finden, stellt eine ständige, spannende Anforderung für Zoologen dar.

Weder sind die Zusammenhänge zwischen dem Aussehen einer Schlange und ihren Aktivitäten immer deutlich, noch verstehen wir ganz, warum sie sich so verhalten, wie sie es tun. Manche Fragen in Bezug auf Schlangen können sehr einfach beantwortet werden, andere Antworten sind eher spekulativ. Denn gleichgültig wie unser Wissen zunimmt, alle Antworten werden wir nie kennen.

Die Zukunft

Betrüblicherweise verschwinden Schlangen in allen Erdteilen, auch wo sie einst häufig waren, gerade jetzt, wo wir anfangen ihre Bedeutung in unserer Welt zu verstehen. Schlangen können nicht schnell genug auf die Lebensraumzerstörungen durch Städtebau, Intensivlandwirtschaft und Umweltvergiftung reagieren. Darum brauchen sie menschliche Hilfe, wenn sie überleben sollen. In diesem Abschnitt werden die vielerlei Gefahren untersucht, von denen Schlangen heute bedroht sind, und es werden einige Beispiele für erfolgreiche Naturschutzaktionen genannt.

Evolution

Soweit wir wissen, traten Schlangen erstmals vor 100–150 Millionen Jahren, in der frühen Kreidezeit, auf. Heute gibt es nahezu 3000 unterschiedliche Arten, die sich über die Jahrmillionen entwickelt haben, vielleicht aus einer einzigen Echsengruppe. Die Entwicklung und Ausbreitung der Schlangen war sehr erfolgreich. Die verschiedenen Arten überleben in einer bemerkenswerten Vielfalt von Lebensräumen und Klimabedingungen. Schlangen gibt es in nahezu jedem Land der Welt.

Herkunft

In der vielgestaltigen Tiergruppe der Reptilien stehen Schlangen den Echsen und Amphisbaenien oder Doppelschleichen (grabenden Reptilien, die oberflächlich Würmern ähneln) verwandtschaftlich am nächsten; sie alle gehören der Unterklasse der Schuppenkriechtiere (Squamata) an.

Die ersten Schlangen – so nimmt man an – stammen von einer Gruppe von Echsen ab, bei denen sich aufgrund ihrer grabenden Lebensweise langsam die Gliedmaßen zurückbildeten; die unterirdische Lebensweise macht Beine überflüssig, ja störend. Echsen aus mehreren noch lebenden Familien neigen auch heute noch dazu, aus dem gleichen Grund ihre Beine zu verlieren. Es ist aber unwahrscheinlich, dass sich die Schlangen aus irgendeiner Gruppe der rezenten beinlosen Echsen entwickelten.

Die älteste bekannte Schlange ist eine terrestrische Art *(Lapparentophis defrennei)*, die vor 100 bis 150 Millionen Jahren dort lebte, wo heute Nordafrika liegt. Der nächste fossile Nachweis stammt von einer marinen Schlange *(Simoliophis)*, deren Überreste etwa 100 Millionen Jahre alt sind und die in Teilen Europas und Nordafrikas lebte, die damals vom Meer bedeckt waren. Danach bricht die Reihe fossiler Nachweise vorerst ab. Doch die aus allen Weltteilen stammenden fossilen Funde ab 65 Millionen Jahren vor unserer Zeit zeigen, dass es um diese Zeit bereits viele verschiedene Arten gab. Manche Fossilien gehören zu Arten, die später ausstarben, aber etliche sind offensichtlich nah verwandt mit lebenden Arten älterer Familien, wie den Walzenschlangen und den Boas. Keine fossilen Nachweise gibt es von den primitivsten lebenden Schlangen, den Blind- und Schlankblindschlangen, da die Skelette ihrer Vorfahren zu klein und zerbrechlich waren, um zu überdauern.

Beinlose Echsen

Man nimmt an, dass die frühesten Vorfahren der heutigen Schlangen ähnlich aussahen wie die beinlose Glas-Schleiche: ohne Vorderbeine und mit nur rudimentären Hinterbeinen. Bei ihrer weitgehend unterirdischen Lebensweise könnten sich die beinlosen grabenden Schlangen als besser gerüstet erwiesen haben als Formen mit Beinen.

Verbreitung

Zur gleichen Zeit, als sich die Schlangen herausbildeten, vollzogen sich auf der Erde dramatische Veränderungen (siehe »Kontinentalverschiebung«, oben rechts), indem sich kontinentale Landmassen trennten und zusammenfügten. Da die große Mehrzahl aller Schlangen Landlebewesen sind, mit geringen Chancen, sich über Ozeane hinweg auszubreiten, hatten diese Landbewegungen wichtige Auswirkungen auf ihre Verbreitung. Die frühesten, primitivsten Schlangenfamilien konnten sich über Kontinente ausbreiten, die noch zusammenhingen, während die Ausbreitung rezenterer Familien durch die Barrieren der sie umgebenden Meere begrenzt war.

Die heutige Verbreitung der Schlangen verrät uns zu einem erheblichen Teil, wann sie entstanden sind und wie sie sich ausbreiteten. So ist klar, dass viele nordamerikanische Schlangen mehr gemeinsam haben mit Schlangen in Europa und Asien als mit solchen in Südamerika, und dass südamerikanische Schlangen viele Beziehungen zu Arten in Afrika und Madagaskar haben. Diese Schlangen haben sich wahrscheinlich aktiv ausgebreitet, nachdem der alte Südkontinent,

Kontinentalverschiebung

Form und Lage der Landmassen der Erde haben sich während der Evolution der Schlangen radikal verändert. Nach Herausbildung des Superkontinents Pangaea teilte sich die Landmasse in zwei riesige Kontinente, die sich weiter verschoben, bis die heute bekannte Karte der Erde entstand.

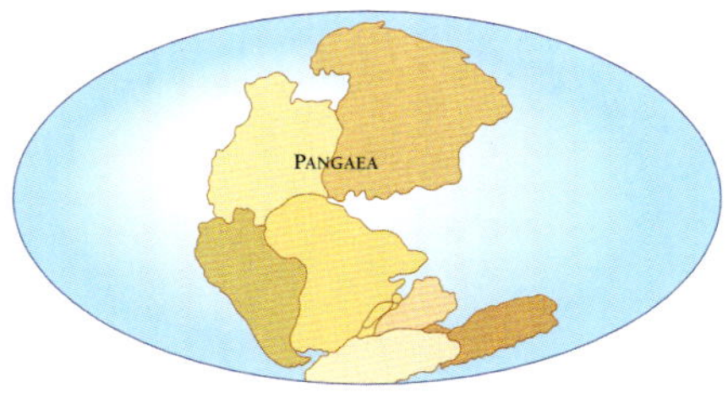

Vor 200 Millionen Jahren

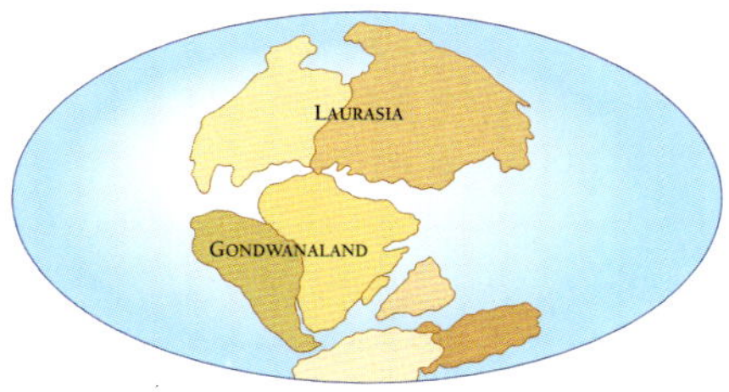

Vor 100 Millionen Jahren

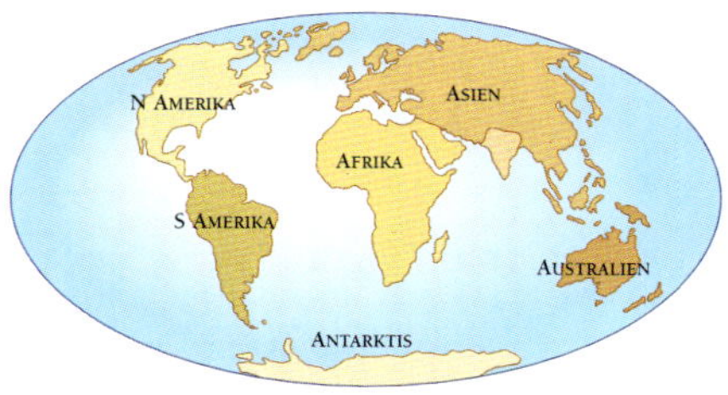

Heute

Gondwanaland, vom Nordkontinent, Laurasia, getrennt wurde.
In ähnlicher Weise findet man Vipern, die allgemein als die zuletzt entstandene Schlangenfamilie betrachtet werden, in allen wärmeren Regionen der Welt, außer in Australien, woraus man schließen kann, dass sie sich herausbildeten, nachdem sich Australien von den großen Landmassen getrennt hatte. Manche Arten haben bemerkenswerte Wanderungen vollbracht. Die Boas auf Neuguinea und den angrenzenden südpazifischen Inseln kamen von der Westküste Südamerikas. Sie könnten auf einem entwurzelten »Pflanzenfloß« verfrachtet worden sein, wobei ihre Fähigkeit, lange Zeit ohne Nahrung auszukommen, für ihr Überleben ausschlaggebend gewesen sein dürfte. Vielleicht wurde nur ein einziges trächtiges Weibchen an den Strand gespült, und aus diesem kleinen Anfang entwickelte sich dann eine neue Population.

Adaptive Radiation

Die Entwicklung der Schlangen zu Tieren mit einer großen Vielfalt von Verhaltensweisen und anatomischen Besonderheiten wurde in erheblichem Umfang durch Veränderungen ihrer Lebensräume beeinflusst, die entweder auf Ausbreitung in neue Territorien oder auf Veränderungen der Lebensbedingungen selbst zurückgehen. Schlangen müssen sich an neue oder veränderte Habitate anpassen, entweder, um direkte Konkurrenz mit anderen Arten zu vermeiden, oder um Ressourcen wie Nahrungsquellen oder Lebensräume zu nützen. Sie können sich zum Beispiel körperlich verändern, größer, kürzer, stämmiger oder schlanker werden, oder ihre Färbung kann sich ändern, um im neuen Lebensraum besser getarnt zu sein.
In dieser Weise »strahlen« Schlangen »aus«, bilden über Tausende von Generationen neue Formen aus. Obwohl die große Mehrzahl der Arten sich nicht schnell genug anpasst und ausstirbt, werden die, die sich anpassen können, erfolgreich und können möglicherweise andere Arten ausstechen. Dieser Prozess ist auch heute noch in vollem Gange, indem Populationen Neuland besiedeln oder sich aus ihrem bisherigen Verbreitungsgebiet zurückziehen. So ist das bestehende Artenspektrum in ständigem Fluss, was bedeutet, dass manche Arten zunehmen, andere abnehmen.

Evolutionäre Konvergenz

Die Umwelt, in der eine beliebige Tierart lebt, stellt an ihre Überlebensfähigkeit eine Reihe von Anforderungen: genügend Nahrung zu finden, zu vermeiden von Feinden gefressen zu werden, einen Partner zu finden und Nachkommen hervorzubringen. Durch den Prozess der Evolution kommt jede Art zu bestimmten Lösungen dieser Probleme. Manchmal sind andere Arten in weit entfernten und doch ähnlichen Lebensräumen mit nahezu identischen Problemen konfrontiert. Oft führt dies dazu, dass die Arten ähnliche Lösungen entwickeln.
Solche Artenpaare haben im typischen Fall ähnliches Aussehen und Verhalten, selbst wenn die Populationen Tausende von Kilometern voneinander entfernt leben; man nennt das evolutionäre Konvergenz.
Es gibt viele Beispiele für diesen faszinierenden Aspekt der Evolution. So sehen sich der Grüne Baumpython von Neuguinea und Australien und der Grüne Hundskopfschlinger aus Südamerika so ähnlich, dass man sie kaum unterscheiden kann. Beide sind baumlebende Schlangen, die Waldlebensräume bewohnen, und als Antwort auf die ähnlichen Lebensbedingungen haben beide eine hellgrüne Färbung mit weisser Zeichnung entwickelt. Sie hängen sich sogar auf genau gleiche Art in Astgabeln.

Grüner Baumpython

Grüner Hundskopfschlinger

Nutzung ökologischer Nischen
Manche Arten haben sich nur wegen einer freien ökologischen Nische herausgebildet. In Australien gibt es keine Vipern, aber die Todesottern, Vertreter der Kobrafamilie, sehen wie Vipern aus und verhalten sich auch so, indem sie ihren dicken, schweren Körper benutzen, um ihre Beute zu überwältigen.

Lebensräume

Im Gegensatz zu Vögeln und Säugetieren können Schlangen nicht wandern oder größere Strecken zurücklegen und sind daher besonders stark abhängig von den Bedingungen ihrer unmittelbaren Umgebung. Da jede Umgebung anders ist, hat jede Schlangenart im Lauf der Zeit verschiedene Wege gefunden, durch Anpassung zu überleben. Die wichtigsten Komponenten für das Leben von Schlangen sind Temperatur, Licht und Wasser.

Regulation der Körpertemperatur

Im Gegensatz zu Säugetieren und Vögeln, die ihre Körpertemperatur selbst erzeugen, sind Schlangen wechselwarm. Das bedeutet, dass ihre Körpertemperatur von äußeren Faktoren wie der Sonnenwärme bestimmt wird und nur durch das Aufsuchen von Sonne oder Schatten reguliert werden kann. Für die meisten Arten liegt die Idealtemperatur um 30 °C. Bei niedrigeren Temperaturen werden Schlangen träge, und ihre Körperfunktionen verlangsamen sich oder werden eingestellt. Bei höheren Temperaturen leiden sie unter Hitzestau und können sterben.

Wie Schlangen ihre Körpertemperatur regulieren, hängt davon ab, wo sie leben. In den Tropen sind die Temperaturen gewöhnlich konstant, so dass sich Schlangen selten sonnen müssen. An sehr kalten oder kühlen Orten müssen sie möglicherweise häufig ihren Platz wechseln. Das ist teilweise der Grund dafür, dass Schlangen in wärmeren Regionen häufiger sind und warum die Artenvielfalt zu den Polen hin abnimmt.

Nur hoch spezialisierte Schlangen können unter extremen Bedingungen überleben, weshalb es nur wenige Arten gibt, die weit vom Äquator oder in größeren Höhen leben. An solchen Orten steigen die Temperaturen die meiste Zeit des Jahres nicht viel über den Gefrierpunkt. Die an solchen Orten vorkommenden Schlangen sind fast immer klein, so dass sie sich schnell erwärmen können, und sie sind aus dem gleichen Grund oft dunkel. Sie halten in der kalten Jahreszeit Winterruhe und viele sind lebend gebärend, da sie durch

Leben in warmem Klima
Viele Schlangenarten, einschließlich der Dumeril-Boa, bewohnen die warmen Teile der Welt, wo die Klimaschwankungen nur gering sind. Schlangen entfalten sich in diesen Regionen, da es für sie leicht ist, ihre Körpertemperatur zu halten.

Anpassungen an die Wüste
Wüstenschlangen wühlen sich während des Tages unter die Oberfläche, um den tödlichen Temperaturen zu entgehen. Bei geringer Haftung bewegen sie sich durch Seitenwinden über den Sand (siehe S. 17).

Vermeidung von Überhitzung
In Trockengebieten sind Schlangen oft hell gefärbt, um die Hitze zu reflektieren und optisch mit dem Untergrund zu verschmelzen. Diese Schlangen suchen Schutz in Höhlungen.

Winterschlaf unter kalten Bedingungen
Die wenigen Schlangenarten, die Bergregionen mit rauem Klima bewohnen, halten oft bis zu 8 Monate Winterruhe. Den Rest des Jahres sind sie nur zur Tagesmitte aktiv.

Sonnen den sich entwickelnden Embryonen bessere Bedingungen bieten können, als wenn sie Eier legten (siehe S. 31). Wüstenschlangen haben ebenfalls ihre Verhaltensweisen an extreme Bedingungen angepasst. Sie sind oft nur einen Teil des Jahres aktiv und verstecken sich während der heißesten Jahreszeit in Höhlungen, oder sie sind nur während einiger Nachtstunden aktiv. Im Winter können die selben Arten ausschließlich tagaktiv sein, um die kalten Nachttemperaturen im Freien zu meiden. Wüstenschlangen pflegen in der Nähe von Felsen oder in Schluchten zu leben, wo sie Wasser und Schutz vor extremen Temperaturen finden können. Unterirdisch und aquatisch lebende Schlangen haben wenig Möglichkeiten, ihre Körpertemperatur zu regulieren, weshalb sie gewöhnlich in tropischen Wäldern und Sümpfen vorkommen, wo die Temperaturen warm und gleichmäßig sind.

In Kälte überleben

In höheren Breitengraden lebende Schlangen überwintern in Höhlen und unterirdischen Gängen, um sich den schlimmsten Auswirkungen des Winters zu entziehen. Im späten Herbst und frühen Frühjahr kann es aber vorkommen, dass sie von einem Temperatursturz im Freien überrascht werden. Zu diesen Zeiten produzieren einige Arten, einschließlich einiger nordamerikanischer Kletternattern, Substanzen, die eine Schädigung verhindern, falls sich in ihren Zellen Eiskristalle bilden. Für kurze Zeit können bis zu 40 Prozent ihrer Zellflüssigkeit vereist sein.

Energie sparen

Wechselwarme können auch noch knappe oder saisonale Nahrungsquellen nutzen, da sie nicht wie Säuger ihre Stoffwechselenergie zur Wärmeproduktion brauchen. Man schätzt, dass Schlangen mit weniger als 10 Prozent der Nahrung überleben können, die Vögel oder Säugetiere von gleicher Größe benötigen. Darüber hinaus können sie, wenn die Nahrung knapp wird, ihre Körperfunktionen wenn nötig für Monate herunterfahren, bis sich die Ernährungssituation wieder verbessert.

Wasserhaushalt

Ihre schuppige Haut ist nur eine der Methoden, mit denen Schlangen Wasserverluste vermeiden. Wie undurchdringlich die Haut ist, hängt von der Herkunft der Schlange ab. Solche aus trockenen Wüstenregionen haben meist sehr effiziente Methoden entwickelt, Wasserverluste zu vermeiden, während Arten aus Feuchtbiotopen ohne Zugang zum Wasser schnell Schäden durch Austrocknung erleiden. Schlangen minimieren auch die Wasserabgabe, indem sie Stickstoffverbindungen als Harnsäure ausscheiden, eine weiße, kristalline Substanz, zu deren Exkretion nur wenig Wasser nötig ist.
Manche Schlangenarten sparen Wasser, indem sie sich zusammenrollen, um so die exponierte Körperoberfläche zu minimieren. Bestimmte Wüstenschlangen zischen nicht, damit kein Wasserdampf entweicht. Stattdessen haben sie spezielle Schuppen, die sie gegeneinander reiben (Stridulation), oder einen klappernden Schwanz, um andere Geschöpfe zu warnen (siehe S. 29).
See- und Warzenschlangen leben in Salzwasser und ernähren sich von marinen Tieren, die viel Salz enthalten. Dadurch entsteht in ihrem Körper ein Ungleichgewicht zwischen Salz und Wasser, das sie durch eine besondere Drüse im Mund korrigieren. Hier wird hochkonzentriertes Salzwasser gesammelt und in die Zungenhülle transportiert. Wenn die Schlange unter Wasser züngelt, stößt sie dieses Konzentrat aus und erhält damit ein erträgliches Gleichgewicht.

Aufwärmung in gemäßigten Zonen
In gemäßigten Regionen, wo das Wetter oft kühl ist, nützen Schlangen sonnige Abschnitte zum Sonnen auf offenen Flächen oder Felsen aus, die die Sonnenwärme speichern und an den Schlangenkörper abgeben.

Artenreichtum in den Tropen
Tropische Regionen beherbergen eine große Vielfalt von Schlangenarten, da sie ideale Bedingungen bieten – warme, wenig schwankende Temperaturen und hohe Luftfeuchtigkeit, die Austrocknung verhindert.

Erhaltung der Körperwärme im Wasser
In aquatischen Lebensräumen ist es für Schlangen schwierig, ihre Körpertemperatur durch Ortsveränderung zu steuern, so dass solche Schlangen außerhalb der ganzjährig warmen Tropen selten sind.

Größe und Gestalt

Alle Schlangen haben grundsätzlich die gleiche Form, sind lang und dünn und ohne Gliedmaßen. Die verschiedenen Arten können sich aber erheblich in ihrer Größe unterscheiden, und auch in der Gestalt gibt es Unterschiede. Die kleinsten Schlangen werden kaum länger als ein menschlicher Finger, während die größten fünf- bis sechsmal länger als ein Mensch werden können. Diese Unterschiede sind eine Folge der natürlichen Selektion, wodurch sich die Arten an verschiedene Umwelten angepasst haben.

Gummiboa

Groß und klein
Selbst innerhalb einer Gruppe kann die Größe der Schlangen von gigantisch bis winzig reichen. Bei den Boas können die Anakondas über 10 m lang werden, während die Gummiboa, Charina bottae, *nicht größer als 75 cm wird. Die hier gezeigte junge Gummiboa ist im wirklichen Größenverhältnis zur Großen Anakonda abgebildet.*

Große Anakonda

Große Schlangen

Die sechs größten Schlangen gehören nur zwei Unter-Familien an, den Boas und den Pythons. Die zwei größten Arten sind die Große Anakonda und der Netzpython. Der Python gilt gewöhnlich als die längste Schlange, er wird 10 m lang und mehr. Doch die Große Anakonda ist weitaus schwerer. Kein Wunder, dass wilde Geschichten über die Größe der beiden Arten im Schwange sind. 1907 behauptete der Entdeckungsreisende Sir Percy Fawcett, in Brasilien eine Anakonda von 18,9 m Länge getötet zu haben.

Etwas kleiner sind die Pythons aus Indien und Burma, *Python molurus*, und aus Afrika, *Python sebae*. Beide Arten werden bis 7 m oder etwas länger, allerdings werden große Exemplare mit der Vernichtung ihrer Lebensräume seltener. Die entsprechende Art in Australien ist der Amethystpython, *Morelia amethistina*, von dem Hinweise auf über 8 m lange Individuen vorliegen, gewöhnlich werden die Tiere jedoch nur 3–4 m lang.

Die kleinste der »Großen Sechs« ist die Abgottboa. Von ihr gibt es nur einen zuverlässigen Nachweis von einem Tier mit über 4 m Länge, gewöhnlich wird sie etwa 3 m groß. Dass es nur wenige Arten großer Schlangen gibt, hat zwei Gründe. Erstens brauchen solche Schlangen viel Nahrung, ihre Größe zwingt sie aber lauernd zu jagen, was die erreichbare Nahrung begrenzt. Zweitens sind Schlangen auf äußere Wärmequellen angewiesen, um ihre Körpertemperatur auf die nötige Höhe zu bringen, und große Schlangen brauchen lange, um aufzuwärmen. Ihre sämtlichen Aktivitäten – Jagen, Brüten, Verteidigen – hängen davon ab.

Verschiedene Körperformen

Die Form einer Schlange gibt Hinweise auf ihre Lebensweise. Grabende Schlangen sind gewöhnlich walzenförmig (A), während die Unterseite auf dem Boden lebender Arten abgeflacht ist (B), um dem Körper Halt in unebenem Gelände zu geben. Einen flachen Bauch findet man auch bei kletternden Arten, wie Rattenschlangen und Kletternattern, die im Querschnitt einem Brotlaib ähneln (C), mit Kanten am unteren Teil der Flanken zum Fassen der Borke. Manche baumlebende Schlangen sind seitlich abgeflacht (D), was der Versteifung dient, wenn sie beim Überbrücken von Ast zu Ast ihr eigenes Gewicht tragen müssen; Eisenträger sind aus dem gleichen Grund ebenso geformt. Im Wasser lebende Schlangen können ebenfalls seitlich abgeflacht sein (E), damit sie sich besser durchs Wasser schlängeln können. Einige wenige Schlangen, wie die Kraits, sind aus bisher noch unbekanntem Grund dreieckig (F).

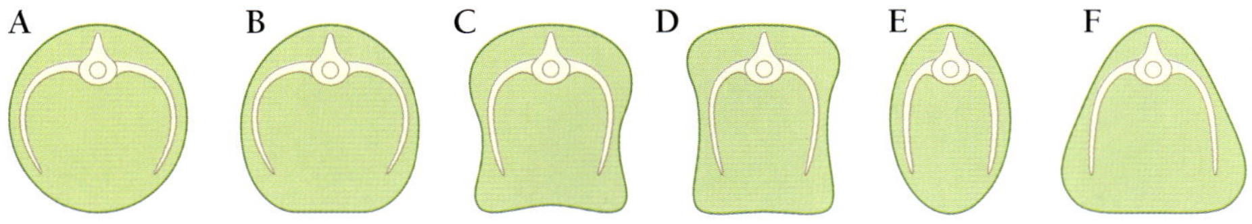

Häutung
Selbst kleine Schlangen wachsen ständig weiter. Während ihres ganzen Lebens werfen alle Schlangen regelmäßig die äußere Hautschicht ab, um dem wachsenden Körper Rechnung zu tragen. Die Schlange reibt ihre Schnauze an einem rauen Gegenstand bis die Haut platzt und kriecht dann vorwärts, um die ganze Haut in einem Stück abzustreifen. Da junge Schlangen schneller wachsen als alte, häuten sie sich öfter.

Es ist auffallend, dass die sechs größten Schlangen, ebenso wie andere große Arten, einschließlich der Königskobra, *Ophiophagus hannah*, des Taipans, *Oxyuranus scutellatus*, und der Gabunviper, alle in oder nahe den Tropen leben. Zu den Polen hin nimmt die mittlere Größe von Schlangen ebenso wie die Zahl der Arten ab.

Kleine Schlangen

Im Gegensatz dazu sind viele Arten so klein, dass sie oft übersehen werden. Die Vertreter der drei primitivsten Familien – Leptotyphlopiden, Anomalepiden und Typhlopiden – werden selten länger als 30 cm. Diese Familien stellen mit etwa 300 Arten über 10 Prozent aller Schlangen. Die kleinste könnte die Zweistreifen-Schlankblindschlange, *Leptotyphlops bilineatus*, sein, von der das bisher längste Exemplar nur 10,8 cm maß. Kleine Schlangen brauchen wenig Nahrung – die meisten fressen Ameisen oder Termiten und ihre Larven –, und ihr Körper erwärmt sich rasch. Allerdings sind sie durch ihre geringe Größe eine leichte Beute.

Gestalt

Schlangen weisen unterschiedliche Körperformen auf, ein Resultat der Anpassung jeder Art an ihren Lebensraum. Schlangen mit langem, dünnen Leib sind meist Baumbewohner oder Jäger, die ihre Beute mit Geschwindigkeit erlegen. Im Geäst lebende Schlangen müssen leicht sein, damit die Zweige sie tragen. Die meisten haben einen langen Greifschwanz, der es ihnen erlaubt, herabzuhängen und Echsen oder Vögel vom Baum zu »pflücken«. In offenem Gelände lebende Schlangen, wie Rennnattern, Zornnattern oder Sandrennnattern, sind ebenfalls lang und dünn. Mit ihren großen Augen erkennen sie Beute auf größere Entfernung und jagen sie dann durch Verfolgung. Der lange Schwanz dient als Gegengewicht, wenn die Schlange durch die niedrige Vegetation schießt.

Kurze, dicke Schlangen, wie viele Vipern und einige Pythons, verfolgen nicht ihre Beute und klettern nicht auf Bäume. Stattdessen legen sie sich auf die Lauer. Der schwere Körper dient als feste Verankerung, wenn die Schlange ihren Kopf noch vorne schleudert, um ihre Beute zu packen.

Grüne Nachtbaumnatter

Dick und dünn
Körperform und Gewicht einer Schlange lassen oft erkennen, wie sie jagt. Dünne Schlangen können ihre Beute verfolgen; dicke, schwere Arten verlassen sich eher auf Tarnung und Lauern.

Gabunviper

Schuppen

Wie das von mittelalterlichen Rittern getragene Kettenhemd, vereinigt die Schuppenhaut der Schlangen Schutz mit Flexibilität. Sie wird aus plattenähnlichen Schuppen gebildet, die durch eine elastische Haut miteinander verbunden sind. Schlangen tragen verschiedene Schuppentypen auf den verschiedenen Körperteilen. Jeder Typ dient einem speziellen Zweck und jeder zeigt Abweichungen im Zusammenhang mit Lebensraum und Lebensweise der Schlange. Die Pigmente in den Schuppen geben der Schlange ihre Färbung und Zeichnung und stellen damit ein weiteres zentrales Element in ihrem Überlebensarsenal dar, sei es als Tarnung in ihrem Lebensraum oder als Warnung gegenüber potenziellen Angreifern.

Modifizierte Schuppen

Die Madagassische Blattnasennatter, *Langaha madagascariensis*, zeigt ein einmaliges und bemerkenswertes Beispiel für modifizierte Kopfschuppen. Ihre Schnauze endet in einem langen Auswuchs, der beim Männchen glatt, beim Weibchen breit und mit vielen kleinen Stacheln verziert ist. Der Zweck dieser Hörner ist unbekannt.

Weibchen der Madagassischen Blattnasennatter.

Männchen der Madagassischen Blattnasennatter.

Funktion der Schuppen

Die Haut einer Schlange besteht aus zwei verschiedenen Teilen, den Schuppen und den dünneren, flexiblen Bereichen zwischen den Schuppen, der Interstitialhaut. Im Gegensatz zu Fischschuppen können Schlangenschuppen nicht abgekratzt werden, doch wird die äußere Hautschicht regelmäßig abgeworfen, damit der wachsende Körper neuen Platz hat (siehe S. 13).

Die Schuppen schützen die Schlange vor Verletzungen, wenn sie über rauen Grund kriecht. Sie bieten außerdem einen gewissen Schutz vor Parasiten, beißenden Insekten, kleinen Raubtieren und vor den eigenen Beutetieren, die sich oft wehren.

Schuppen unterstützen auch die Fortbewegung. Unebenheiten der Schuppen, besonders an den Rändern der Unterseite, erlauben der Schlange sich auf dem Untergrund festzuhaken und sich waagrecht oder senkrecht vorwärts zu ziehen.

Entspannte Haut

Gedehnte Haut

Interstitialhaut
Im Gegensatz zu den verdickten Flächen, den Schuppen, ist die Interstitial- oder Interscalarhaut dehnbar. Das gibt der ganzen Haut Elastizität und Flexibilität bei Bewegung, während die Schlange gleichzeitig von der schildartigen Zähigkeit der Schuppen profitiert.

Lage der Schuppen
Schlangen haben verschiedene Schuppentypen auf Rücken und Seiten, auf Unterseite und Kopf sowie auf der Schwanzunterseite. Sie schützen die Schlange vor Umwelteinflüssen und Feinden und helfen bei der Fortbewegung.

Schuppen dienen auch dazu, Wasserverluste durch Verdunstung zu mindern. Diese Eigenschaft ist bei Wüstenarten besonders wichtig, und Versuche haben gezeigt, dass ihre Schuppen mehr Schutz vor Austrocknung bieten als die anderer Arten, etwa von Schlangen aus feuchten tropischen Regenwäldern.

Schuppentypen

Eine Schlange kann drei bis vier verschiedene Arten von Schuppen auf ihren verschiedenen Körperteilen tragen, jede mit einer besonderen Form und Funktion (siehe »Eigenschaften der Schuppen« rechts oben).

Rückenschuppen auf Rücken und Seiten sind gewöhnlich in Reihen angeordnet, deren Zahl bei der Artbestimmung helfen kann. Rückenschuppen können gekielt sein, wie bei den meisten Vipern, oder glatt, wie bei grabenden Schlangen.

Bauchschuppen auf der Unterseite sind im Dienste der Fortbewegung glatt. Die letzte, die präanale Schuppe, kann einfach oder paarig sein. Vollständig im Wasser lebende Schlangen haben stark reduzierte Bauchschuppen, manchmal nur als schmaler Grat am Bauch erkennbar. Das könnte damit zusammenhängen, dass diese Schlangen nicht ihr volles Körpergewicht über rauen Grund schieben müssen.

Kopfschuppen sind bei vielen Arten groß und plattenförmig. Zu ihnen gehören die Rostralschuppe an der Schnauzenspitze, die Subokularschuppen unmittelbar unter den Augen und die Labialschuppen entlang des Mundes.

Eigenschaften der Schuppen

Bauchschuppen
Die Bauchschuppen der Dumeril-Boa sind für die meisten Schlangen typisch. Sie bilden eine einzige Reihe kurzer, breiter, überlappender Schuppen. Sie sind stets glatt, um das Gleiten über den Untergrund zu erleichtern.

Glatte Rückenschuppen
Dreieckige, überlappende Rückenschuppen wie die der Bairds Kletternatter bilden eine glatte, polierte Oberfläche. Zu den Schlangen mit glatten Schuppen gehört die Mehrzahl der Boas und Pythons.

Gekielte Rückenschuppen
Die Pazifikboa ist eine von mehreren Arten, die gekielte Rückenschuppen besitzen. Dieser Schuppentyp hat in der Mitte einen Grat oder zwei, wodurch die Schlange rau erscheint.

Gekörnte Rückenschuppen
Kleine, konisch geformte, raue, gekörnte Rückenschuppen kommen nur bei wenigen Schlangenarten vor, so bei den aquatischen Warzenschlangen, die solche Schuppen beim Fischfang benötigen.

Große Kopfschuppen
Wie bei dieser amerikanischen Kletternatter sind große Kopfschuppen zu bestimmten Mustern angeordnet, die bei der Artbestimmung hilfreich sind. Man findet sie bei den meisten Nattern, Kobras und einigen Vipern.

Kleine Kopfschuppen
Der Grüne Hundskopfschlinger ist eine von vielen Boa-Arten, deren Kopf von zahlreichen kleinen, ziemlich gleichförmigen Schuppen bedeckt ist. Man findet solche Schuppen auch bei Vipern.

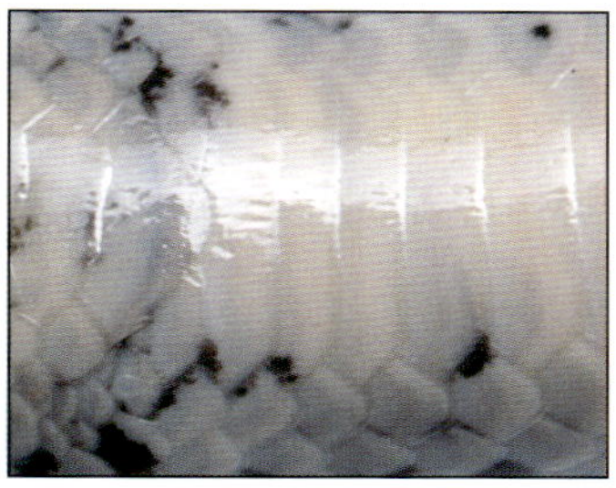

Einzelne Unterschwanzschuppen
Subkaudalschuppen gleichen den Bauchschuppen. Hier zeigt die Schwanzunterseite einer Rosenboa die typischen einzelnen Unterschwanzschuppen. Bei einigen Schlangenarten treten sie paarweise auf.

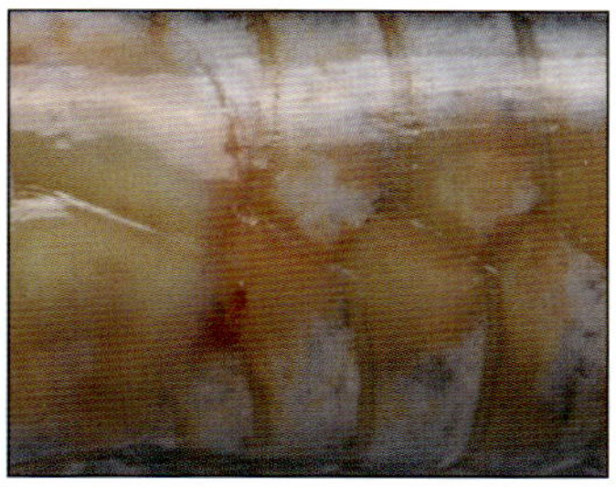

Paarige Unterschwanzschuppen
Bestimmte Arten, etwa Bairds Kletternatter, haben paarige Subkaudalschuppen. Gelegentlich können aber auch einzelne Schuppen zwischen den Doppelschuppen auftreten.

Einige Schlangen, besonders die meisten Boas und viele Vipern, haben große Labialschuppen und kleine Oberkopfschuppen. Wahrscheinlich entwickelten sich letztere aus größeren Schädelschuppen, die sich im Lauf der Zeit teilten.

Subkaudalschuppen befinden sich unter dem Schwanz der Schlange. Sie ähneln den Bauchschuppen, können aber einzeln oder paarweise auftreten. Bei manchen Schlangen treten Einzelschuppen zwischen den Paarschuppen auf.

Subkaudalschuppen liegen unter dem Schwanz der Schlange.

Schuppenfärbung

Die pigmenthaltigen Zellen liegen in den Schuppen und geben jeder Art ihre typische Musterung und Färbung. Manche Schlangen sind einfarbig, viel häufiger sind sie aber mit Punkten, Flecken, Sätteln, Bändern oder Streifen gemustert, was häufig dazu dient, mit der Umgebung zu verschmelzen (siehe S. 26–27). Bei manchen Arten, z. B. bei der Regenbogenboa, reflektiert und bricht die Oberflächenstruktur der Zellen das Licht, so dass ein wechselnder, irisierender Effekt entsteht. Manche Arten ändern ihr Farbe mit zunehmendem Alter. Neu geborene Grüne Hundskopfschlinger sind beispielsweise gelb oder rot, werden aber nach etwa 1 Jahr grün. Einige wenige Arten können ihre Schattierung innerhalb von Minuten ändern (gewöhnlich werden sie nachts heller), allerdings ist diese Eigenschaft weniger gut entwickelt als bei Echsen.

Spezialisierte Schuppen

Manche Schlangen haben spezielle Schuppen entwickelt, etwa die dornenähnlichen Auswüchse der Nashornvipern oder Hornvipern, oder die kurzen, fleischigen Hörner auf der Schnauze der aquatischen asiatischen Fühlerschlange, *Erpeton tentaculatum*.

Bei wenigen Arten endet der Schwanz in einer scharfen Spitze, die in das Fleisch eines Angreifers gepresst werden kann. Im Gegensatz dazu haben schildschwänzige Schlangen einen schräg abgeschnittenen Schwanz, der am Ende mit kleinen Stacheln besetzt ist. Man nimmt an, dass diese grabenden Schlangen ihren Schwanz benutzen, um damit den Eingang ihrer Röhre zu verschließen und sich gegen verfolgende Raubschlangen zu schützen.

Körperbau und Bewegung

Trotz ihrer lang gestreckten Gestalt hat die Anatomie der Schlangen vieles gemeinsam mit der anderer Wirbeltiere, einschließlich der des Menschen. Sie beruht auf den selben lebenserhaltenden Systemen und umfasst die gleichen Organe, beispielsweise Herz, Lunge, Leber und Nieren. Der Hauptunterschied liegt in ihrer Form und Anordnung, bedingt durch den engen Körper der Schlangen. Das Skelett einer Schlange sieht komplex aus, mit Hunderten von Rippen, aber es ist sehr einfach, im Vergleich zu dem von Echsen oder anderen Reptilien.

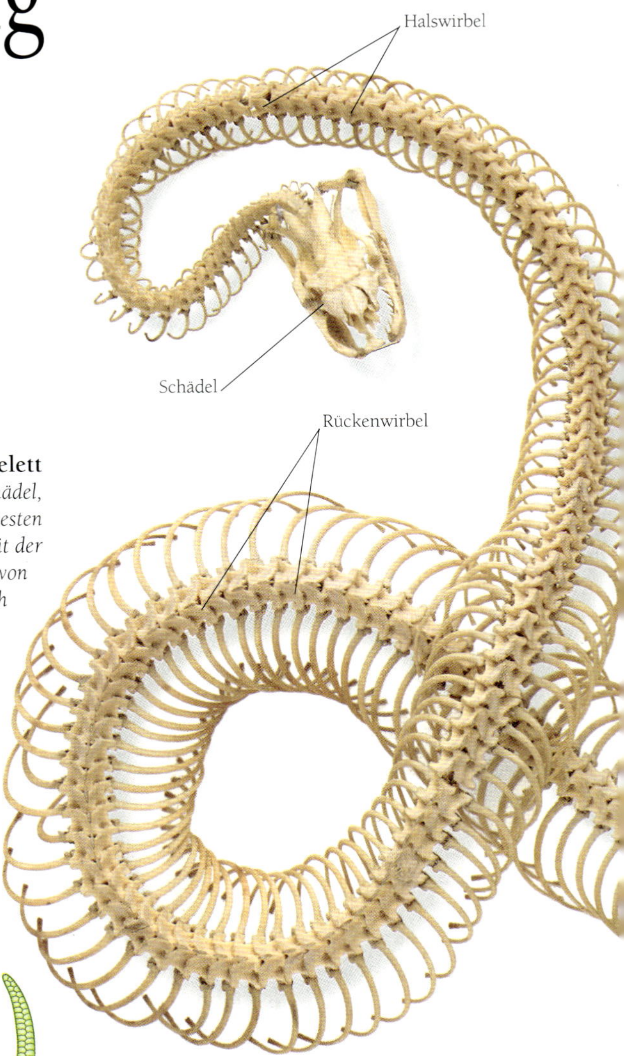

Das Skelett
Das Skelett der Schlangen besteht aus Schädel, Wirbelsäule und Rippen; seine bemerkenswertesten Eigenschaften sind Festigkeit und Beweglichkeit der Wirbelsäule und die ungewöhnlich große Zahl von Wirbeln – bis zu 400 bei manchen Arten, doch selbst kleine Schlangen können 180 haben.

Die inneren Systeme

Die meisten Organe der Schlange befinden sich in dem langen Rippenkorb; gemeinsam bilden sie die verschiedenen Systeme der Atmung, des Blutkreislaufs, der Verdauung, der Ausscheidung und der Fortpflanzung.

Das Atemsystem: Schlangen atmen durch Mund und Luftröhre ein und aus. Sämtlichen Schlangen, außer Boas und Pythons, fehlt eine funktionsfähige linke Lunge. Bei allen Arten ist die rechte Lunge zur Kompensation stark vergrößert. Besonders groß ist die rechte Lunge bei Wasserschlangen, und ihr hinteres Ende ist so umgestaltet, dass die Schlangen damit ihren Auftrieb im Wasser regulieren können.

Bei manchen Arten wird das Fehlen einer linken Lunge außerdem durch eine Tracheallunge kompensiert, eine Erweiterung der rechten Lunge. Sie bietet zusätzliche Kapazität und könnte die Atmung ermöglichen, wenn die Schlange große Beute schluckt. Um Erstickung zu verhindern, verfügen Schlangen auch über eine muskulöse Luftröhre, die sie nach vorn unter die Beute drücken, um weiter atmen zu können.

Das Kreislaufsystem: Das Kreislaufsystem der Schlangen ist dem anderer Tiere ähnlich (natürlich ohne die Verzweigungen in die Gliedmaße), abgesehen von der Tatsache, dass das Herz nur drei statt vier Kammern hat. Es hat nur eine Hauptkammer, die unvollständig geteilt ist; die Blutströme mischen sich aber nicht.

Das Verdauungssystem: Der Verdauungsvorgang beginnt im Mund der Schlange, wo Oraldrüsen während der Nahrungsaufnahme Verdauungssäfte abgeben. Bei giftigen Arten lähmen diese Substanzen außerdem die Beute

Die inneren Organe
Der Körperbau der männlichen Schlange zeigt die lang gestreckte Form vieler Organe, einschließlich des Magens. Paarige Organe wie die Nieren liegen hintereinander.

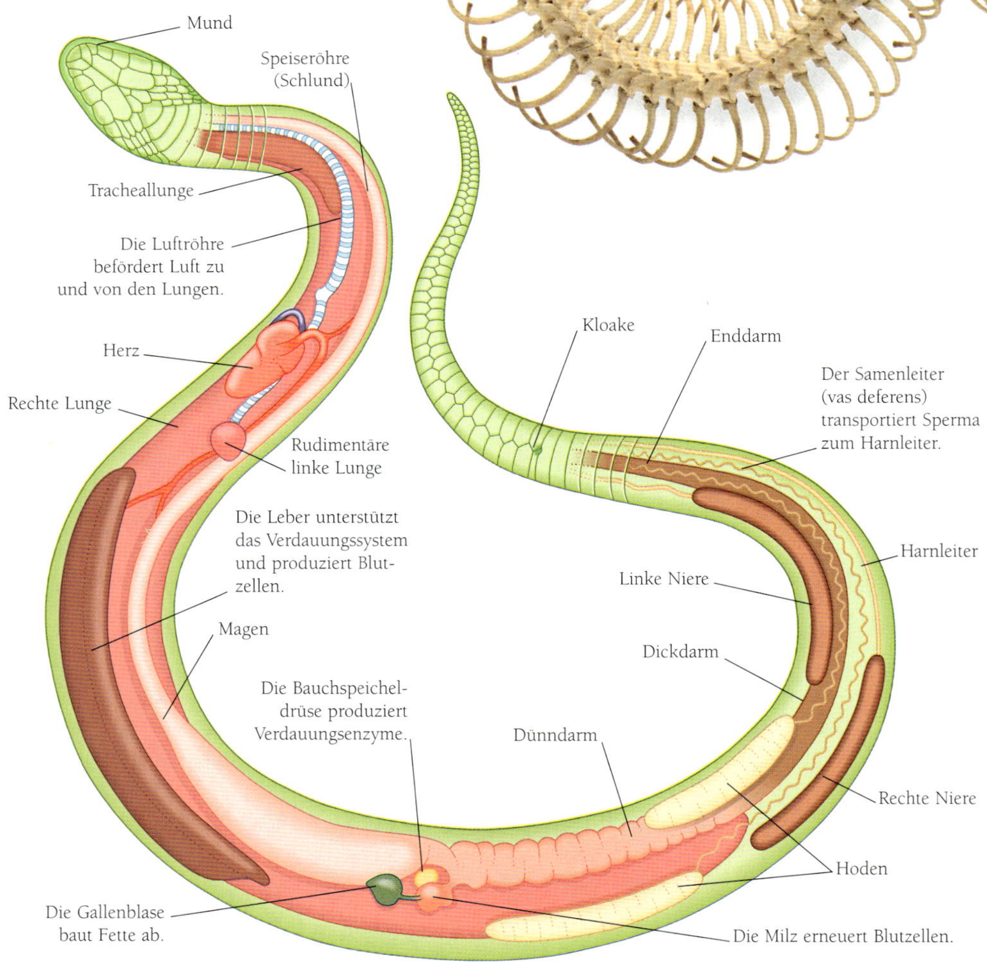

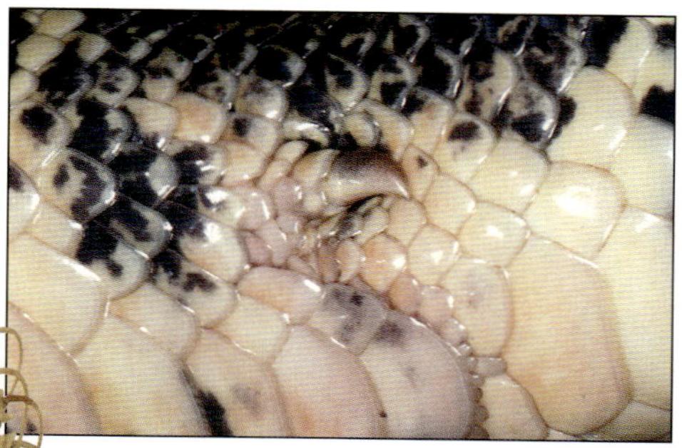

Rudimentäre Gliedmaßen
Vertreter der primitivsten Schlangenfamilien haben einen Beckengürtel und in einigen Fällen rudimentäre Hinterbeine; sie bilden das Bindeglied zu den Echsenvorfahren.

(siehe S. 22–25). Rachen und Speiseröhre sind muskulös und befördern die Nahrung in den Magen, der nur eine Erweiterung des Darms ist. Wegen der engen Körperhöhle sind Dünn- und Dickdarm weniger gewunden und darum insgesamt kürzer als bei anderen Tieren. Unverdaute Nahrung wird durch Enddarm und Kloake ausgeschieden.
Das Ausscheidungssystem: Schlangen haben keine Harnblase. Von den Nieren herausgefilterte Abfallstoffe werden als Harnsäure abgeschieden, ein weißes, kristallines Material, das sehr wenig Wasser enthält, was der Schlange ermöglicht, Feuchtigkeit zu sparen.
Das Fortpflanzungssystem: Schlangen haben, wie Säugetiere und andere Reptilien, eine innere Befruchtung (siehe S. 30–31). Die Männchen haben langestreckte Hoden und ein paariges Kopulationsorgan, die Hemipenisse, von denen bei der Paarung aber nur einer benutzt wird. Das Sperma wird von den Hoden über den Samenleiter zum Hemipenis befördert. Die Weibchen haben gewöhnlich hintereinander liegende Ovarien, doch manchen Arten fehlt der linke Eierstock.
Das Nervensystem: Es besteht aus Gehirn und Rückenmark, das sich über die gesamte Wirbelsäule hinzieht. Durch das Fehlen der Gliedmaßen ist das Nervennetz vereinfacht, jedoch haben Schlangen zusätzliche Nerven, die das Jacobsonsche Organ (siehe S. 20) und bei manchen Arten die wärmeempfindlichen Grubenorgane (siehe S. 21) versorgen. Die Funktion der Nervenendigungen unter den Schuppengruben und -tuberkeln ist unklar, die Gruben könnten jedoch druck-, wärme- oder lichtempfindlich sein, oder sie könnten in irgendeiner Weise der chemischen Kommunikation dienen.

Innere Strukturen

Das Skelett: Da Schlangen keine Gliedmaßen haben, besteht ihr Skelett nur aus einem Schädel (siehe S. 18–19), Wirbelsäule, Rippen und manchmal einem rudimentären Beckengürtel. Die zahlreichen Wirbel, aus denen die äußerst biegsame Wirbelsäule besteht, sind besonders kräftig, um dem Zug der Muskeln standhalten zu können. An jedem Hals und Rückenwirbel setzt ein Paar Rippen an, nicht so bei den Schwanzwirbeln. Die Rippen sind im Bauchbereich nicht miteinander verbunden und lassen sich leicht dehnen, wenn die Schlange große Beute verschluckt.
Die Muskeln: Zur Bewegung des Skeletts sind mit allen Wirbeln und Rippen zahlreiche Muskeln verbunden. Die Koordination dieser Muskeln in Verbindung mit der Biegsamkeit der Wirbelsäule ermöglichen der Schlange die typischen Schlängelbewegungen.

Fortbewegung

Schlangen verdanken ihre effiziente Fortbewegung ihrem komplexen Muskelsystem. Sie verfügen über vier Bewegungsgrundtypen, die sie hauptsächlich entsprechend dem Untergrund einsetzen, auf dem sie sich bewegen. Die meisten marinen Schlangen haben einen abgeflachten, paddelartigen Schwanz, der ihnen beim Schwimmen hilft.

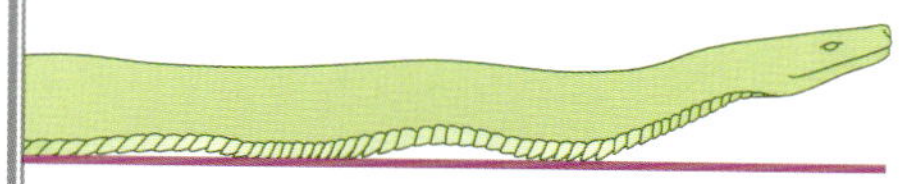

Gerades Vorwärtskriechen
Über die gesamte Körperlänge verlaufende Wellen von Muskelkontraktionen bewegen die Schlange geradeaus. Die Kanten ihrer großen Bauchschuppen bieten Halt.

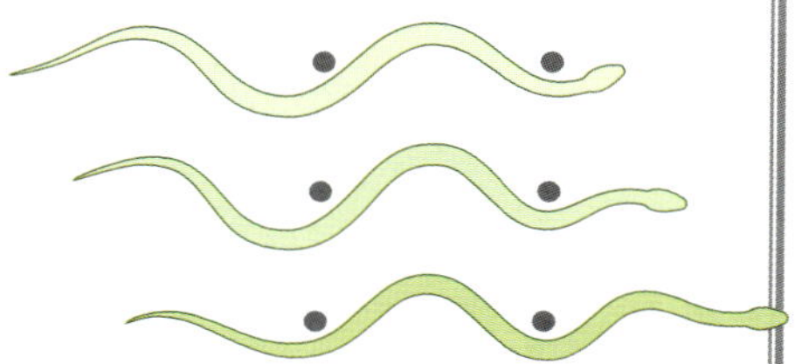

Seitliches Schlängeln
Dies ist die häufigste Art der Fortbewegung. Die Schlange bewegt sich vorwärts, indem sie die Körperseiten gegen Steine oder Unebenheiten der Untergrunds drückt.

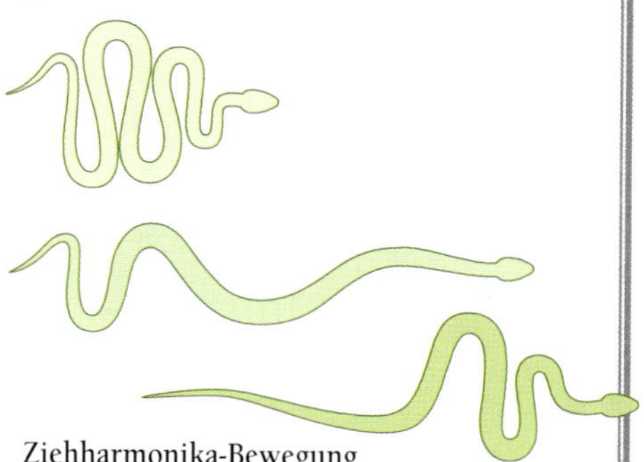

Ziehharmonika-Bewegung
Unter beengten Bedingungen bewegt sich die Schlange vorwärts, indem sie sich abwechselnd zusammenzieht, zuerst am Hinterteil, während sie den Vorderkörper vorschiebt, dann vorn.

Seitenwinden
Auf lockerem Sand oder einer glatten Oberfläche hebt die Schlange Körperschlingen vom Boden und bewegt sich seitwärts, wodurch ein Druck nach unten entsteht, der Rutschen verhindert.

Schädel und Zähne

Entscheidende Hinweise für das Verständnis der Beziehungen zwischen Schlangenfamilien, -gattungen und -arten geben ihre Schädel. Mit der Entstehung der verschiedenen Arten haben sich, entsprechend ihren Fressgewohnheiten, Form und relative Lage der Schädelknochen verändert. Die Ausbildung des Kiefers und die Anordnung der Zähne wurden am stärksten abgewandelt. Höher entwickelte Schlangen, die große Beute im Ganzen schlucken, haben dehnbare und zeitweise auch aushängbare Kiefer.

Verschlingen großer Beute
Viele Schlangen haben sehr bewegliche Kiefer mit einigen Knochen, die sich spreizen können. Das erlaubt der Schlange, Beute zu verschlingen, die deutlich größer ist als ihr eigener Kopf.

Der Schädel

Im Gegensatz zu den meisten Carnivoren, die ihre Beute kauen, zerreißen oder halten können, während sie fressen, haben Schlangen keine Gliedmaßen und müssen daher ihre Nahrung ganz schlucken. Bei den primitivsten Schlangen sind die Kiefer nur begrenzt beweglich, wenn überhaupt. Diese Arten ernähren sich hauptsächlich von Ameisen und Termiten und brauchen daher keinen großen Rachen. Die höher entwickelten Schlangen fressen größere Beute, so dass die Fähigkeit, den Rachen weit zu öffnen, wesentlich ist. Zu diesem Zweck haben sie Schädel hervorgebracht, deren Knochen nur locker miteinander verbunden sind. Knochen, die bei anderen Tieren gewöhnlich massiv gebaut sind und solide zusammenhängen, sind zart und können sich unabhängig voneinander bewegen, wenn die Kiefer gedehnt werden. Die Schädel dieser Arten sind so konstruiert, dass Ober- und Unterkiefer sich unabhängig voneinander und vom Rest des Schädels rückwärts, vorwärts und seitwärts bewegen können. Zusätzliche Flexibilität wird dadurch erreicht, dass die beiden unteren Kieferknochen am Kinn nicht miteinander verbunden sind; sie können dadurch seitlich auseinander gezogen und einzeln vorgeschoben werden. Das gestattet der Schlange, ihre Zähne in die Beute zu haken und in den Schlund zu drücken.

Die Zähne

Schlangen haben entweder fast gar keine Zähne oder aber zahlreiche – das hängt von ihren Nahrungsgewohnheiten ab. Die Zähne stehen auf den unteren Kieferknochen sowie auf den Außen- und Innenbögen der Oberkiefer (den Maxillen und den Gaumenknochen).

Die Entwicklung des Schädels

Die Herausbildung flexibler Kiefer hatte Veränderungen anderer Schädelteile zur Folge. Manche Knochen wurden kleiner, andere größer oder länger. Die Schädel von 5 verschiedenen Schlangenfamilien, von den ursprünglichsten bis zu den am höchsten entwickelten, zeigen, wie sich die Formen der verschiedenen Knochen verändert haben.
Die auffallendsten Veränderungen finden sich bei den Kieferknochen. Die kleine Maxilla primitiver Schlankblindschlangen findet sich verlängert bei Pythons und Colubriden und tritt wieder verkürzt bei Kobras und Vipern auf. Der zahnlose Unterkieferast nimmt an Länge zu, während der zahntragende Unterkieferknochen (das Dentale) kürzer wird.

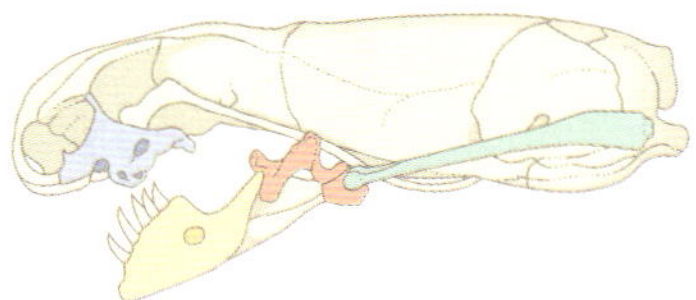

Massiver Schädel
Die Schädel primitiver Schlangen, z. B. Schlankblindschlangen, sind massiv und schwer, und die Kieferknochen sind sehr kurz.

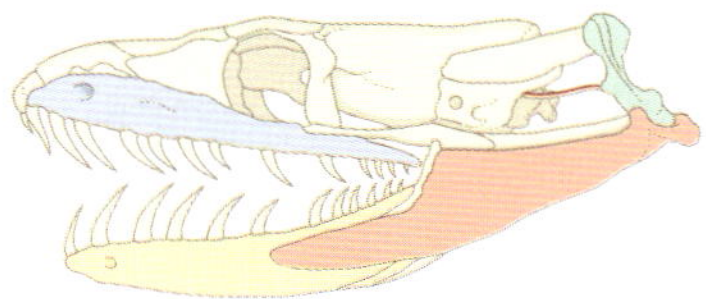

Verlängerte Kiefer
Pythons haben verlängerte Kiefer. Die Oberkiefer können voneinander gespreizt werden, auch wenn der Unterkiefer noch relativ unbeweglich ist.

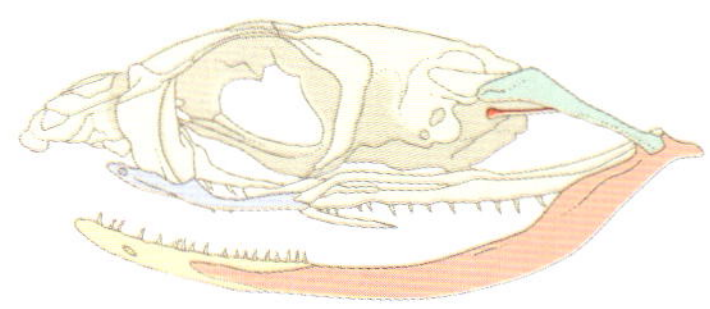

Leichter Schädel
Schädel und Unterkiefer der Colubriden sind klein, aber höchst beweglich. Manche Arten haben große Giftzähne unter den Augen.

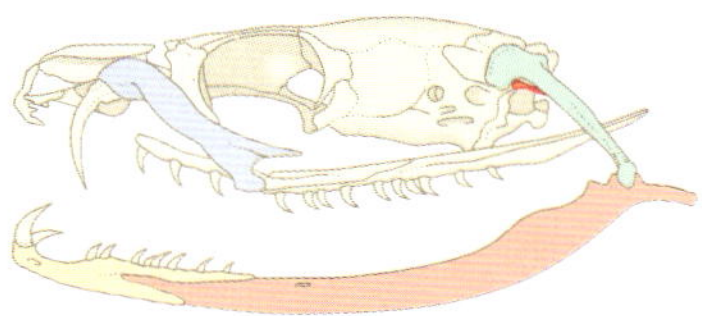

Feste vordere Giftzähne
Mambas und andere Kobras haben kurze, hohle, feststehende vordere Gifzähne und eine anschließende Zahnlücke.

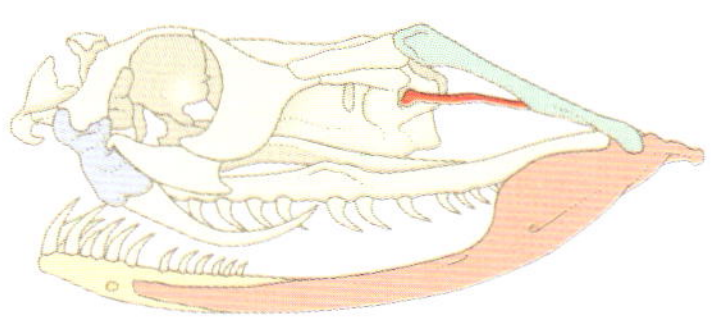

Gelenkige vordere Giftzähne
Die sehr langen Giftzähne können bis zum Gebrauch weggeklappt werden, indem die Maxilla, an der sie sitzen, gedreht wird.

Schlüssel zur Knochenentwicklung

- Maxilla
- zahntragender Unterkieferknochen (Dentale)
- zahnloser Unterkieferast
- Quadratbein
- Columella

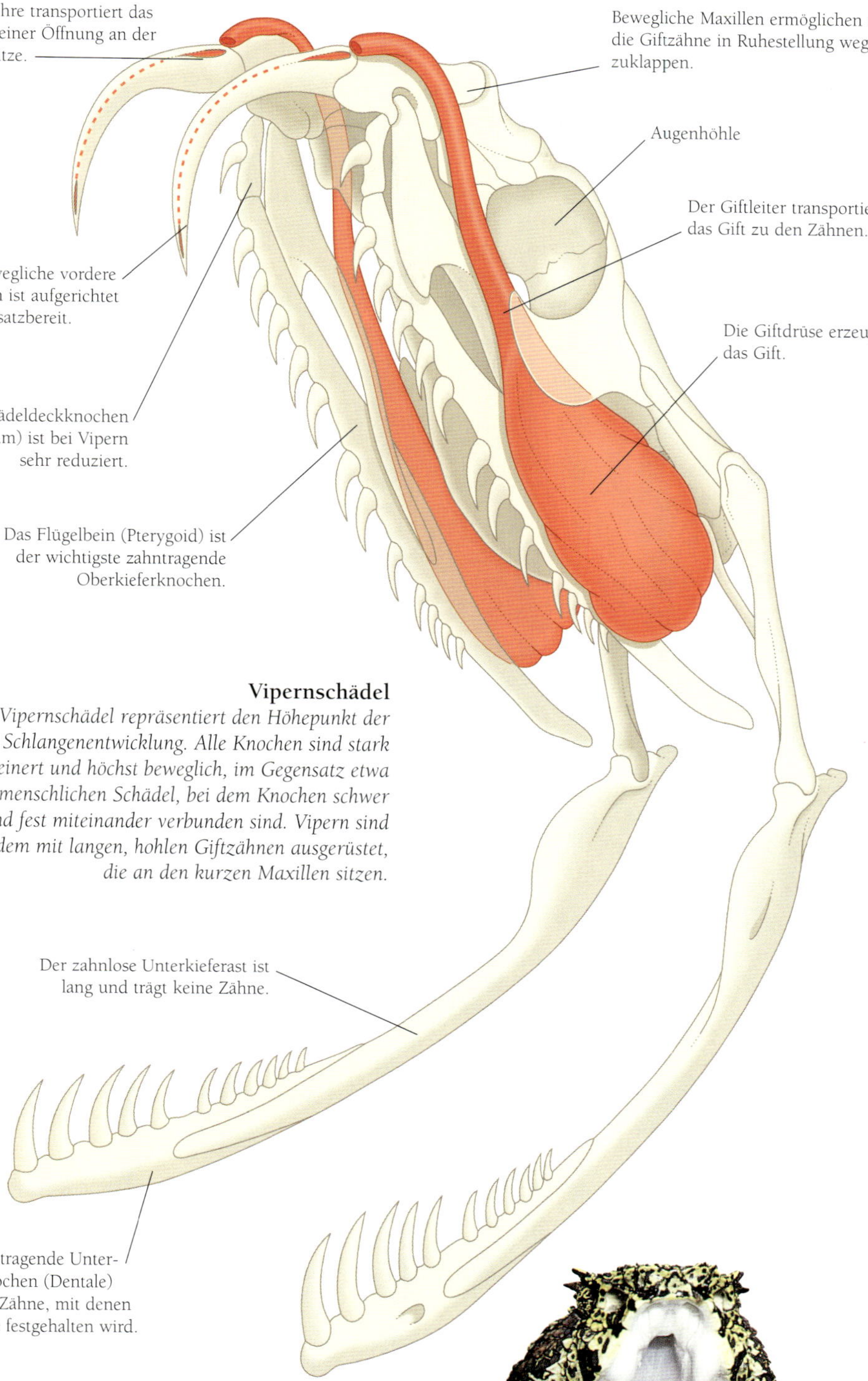

Vipernschädel
Der Vipernschädel repräsentiert den Höhepunkt der Schlangenentwicklung. Alle Knochen sind stark verkleinert und höchst beweglich, im Gegensatz etwa zum menschlichen Schädel, bei dem Knochen schwer und fest miteinander verbunden sind. Vipern sind außerdem mit langen, hohlen Giftzähnen ausgerüstet, die an den kurzen Maxillen sitzen.

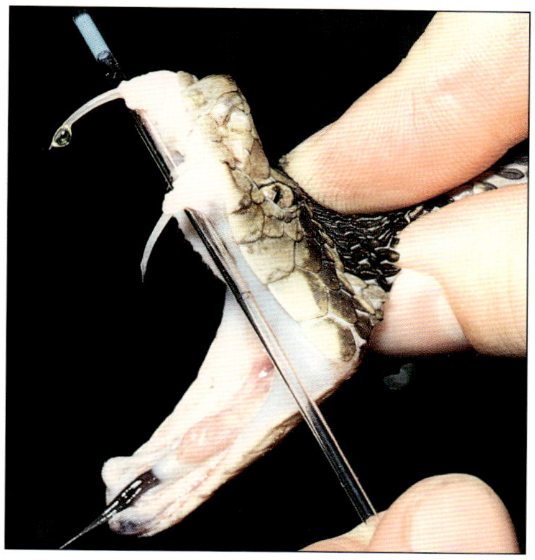

Beweglicher Schädel
Wie außerordentlich beweglich der Schädel der höher entwickelten Schlangen ist, zeigt dieses Bild. Die fleischige Hülle, die gewöhnlich die Giftzähne bedeckt, wurde hier zurückgeschoben, und an einem der Giftzähne ist ein Tropfen Gift zu erkennen. Zunge und Luftröhre der Schlange befinden sich am Rachengrund.

Weiter hinten vereinen sich die Gaumenknochen zu den Flügelbeinknochen, die gewöhnlich ebenfalls Zähne tragen.
Statt in einer Wurzelhöhle verankert zu sein, sind die Zähne der Schlangen mit der Innenkante des Kieferknochens nur locker verbunden. Sie fallen leicht aus, werden aber ständig durch neue Zähne ersetzt, die an der Basis der alten nachwachsen. Sogar die Giftzähne, falls vorhanden, gehen auf diese Weise verloren und werden rasch wieder ersetzt. Die abgefallenen Zähne stecken oft in der Beute und werden mit verschluckt.

Fangzähne in Ruhestellung
Vipern injizieren mit ihren Fangzähnen das Gift tief in die Beute, damit diese schnell gelähmt wird und nicht weit entkommen kann. Werden die Giftzähne nicht gebraucht, werden sie mit Hilfe der um 90 Grad drehbaren Maxillen weggeklappt.

Die Giftzähne

Manche Schlangen haben verschiedene Arten von Zähnen, besonders auffallend sind die vergrößerten Giftzähne. Diese Schlangen werden in zwei Gruppen unterteilt, die Opisthoglyphen mit hinten stehenden Giftzähnen und die Proteroglyphen oder Solenoglyphen mit vorn stehenden Giftzähnen. Innerhalb dieser Kategorien gibt es vielerlei Variationen (siehe S. 24–25).

Schlangen mit hinten stehenden Giftzähnen: Hierzu gehört etwa ein Drittel aller Colubriden (Nattern). Sie können entweder ein einzelnes Paar oder ein Doppelpaar von Giftzähnen im hinteren Teil ihres Rachens tragen. Bei manchen Schlangen sind die Giftzähne mit einer Rinne versehen, um den Transport des Giftes zur Zahnspitze zu erleichtern. Bei wenigen Arten stehen die hinteren Giftzähne so weit vorne, dass sie bereits mit einem Biss ihr Gift injizieren können. Nur wenige der Schlangen mit hinten stehenden Giftzähnen sind für den Menschen gefährlich.

Schlangen mit vorn stehenden Giftzähnen: Hierzu gehören die Erdvipern sowie die Familien der Kobras und Vipern. Die Giftzähne der Kobras und Vipern sind hohl, und das Gift fließt leicht bis zur Zahnspitze und dringt tief in die Beute ein. Vipern können ihre Giftzähne zum Gaumen hin umklappen, wenn sie nicht gebraucht werden (siehe »Vipernschädel«, oben links).

Die Sinnesorgane

Da Schlangen im Verlauf ihrer Entwicklungsgeschichte vielfach unterirdisch lebten, haben sich ihre Sinnesorgane anders als bei den meisten anderen Tieren entwickelt. Weil sich die Augen nicht zu hoch entwickelten Organen ausbilden mussten, ist das Sehvermögen vieler Arten schwach; besonders grabende Arten sind fast blind. Sie gleichen diesen Nachteil durch andere Sinnesorgane aus, von denen manche äußerst leistungsfähig sind.

Runde Pupillen (Raue Grasnatter)

Senkrechte Pupillen (Abgottboa)

Waagrechte Pupillen (Peitschennatter)

Pupillenformen
Die Form der Pupillen kann ein Hinweis auf die Aktivitätszeiten einer Schlange sein. Im Allgemeinen jagen Schlangen mit runden Pupillen tagsüber, Schlangen mit senkrechten Pupillen nachts. Waagrechte Pupillen findet man nur bei einigen Baumschlangen. Diese Schlangen verfügen über ein gutes binokulares Sehfeld, was ihnen Entfernungsschätzungen ermöglicht.

Sehen

Etwa 10 Prozent aller Schlangen sind fast blind und können allenfalls Hell und Dunkel unterscheiden. Zu dieser Gruppe gehören nahezu alle Arten der primitivsten Schlangenfamilien, die Typhlopidae, Leptotyphlopidae und die Anomalepidae sowie eine kleine Anzahl unterirdisch lebender Arten anderer Familien.

Die Augen der übrigen Arten kann man nach ihrer Pupillenform drei Gruppen zuordnen: Augen mit runden, mit waagrechten und senkrechten Pupillen. Die meisten Schlangen haben Augen mit runden Pupillen. Schlangen mit kleinen runden Pupillen führen meist ein verstecktes Leben und jagen entweder tags oder nachts. Schlangen mit großen runden Pupillen sind gewöhnlich tagaktiv und verfügen über ein gutes Sehvermögen, auch wenn es ihnen schwer fällt, Objekte in Ruhe deutlich zu erkennen. Oft recken sie Kopf und Hals in die Höhe, um sich einen besseren Überblick zu verschaffen. Alle Wasserschlangen, die Buschschlangen, die Peitschennattern und die Zornnattern Nordamerikas, Europas und Asiens gehören zu dieser letzten Gruppe.

Senkrechte Pupillen findet man bei Vipern und tropischen Nattern. Diese Arten sind an die Jagd bei schwachem Licht angepasst, in hellem Licht ziehen sich ihre Pupillen zu Schlitzen zusammen, um die Netzhaut zu schützen.

Waagrechte Pupillen treten nur bei wenigen Arten auf: bei den 8 asiatischen Baumschlangen der Gattung *Ahaetulla* (Peitschennattern) und bei den 2 afrikanischen Vogelnatter-Arten der Gattung *Thelotornis*. Pupillenform sowie Größe und Lage der Augen ermöglichen diesen Schlangen ein recht gutes binokulares Sehen, das Schlangen mit seitlich stehenden Augen fehlt. Binokulares Sehen ist die Voraussetzung für genaue Entfernungsschätzung. Das ist wichtig für Arten, die ihren Körper als Brücke zwischen Ästen benutzen oder ihre Beute von Blättern und Zweigen »pflücken«.

Riechen

Wie andere Wirbeltiere auch, haben Schlangen Nasen, die mit den Geruchszentren des Gehirns verbunden sind. Außerdem haben sie ein besonderes Organ, das Jacobsonsche Organ. Es besteht aus einer paarigen Eindellung oder zwei Taschen im Gaumen der Schlange, in die sie die Spitzen ihrer gespaltenen Zunge legen kann. Indem die Schlange ihre Zunge vorstreckt und einige Sekunden züngelt, nimmt sie Duftmoleküle aus der Luft auf. Im Jacobsonschen Organ werden sie dann analysiert, und die Information wird an das Gehirn weitergegeben. Die Schlange wiederholt diesen Vorgang, bis sie weiß, worum es sich bei dem Duft handelt.

Duftanalyse
Schlangen benützen das Jacobsonsche Organ im Zusammenwirken mit ihrer Zunge, um Düfte ihrer Umgebung zu analysieren. Darum züngeln Schlangen wiederholt, wenn sie gestört, beunruhigt oder in eine neue Umgebung gebracht werden.

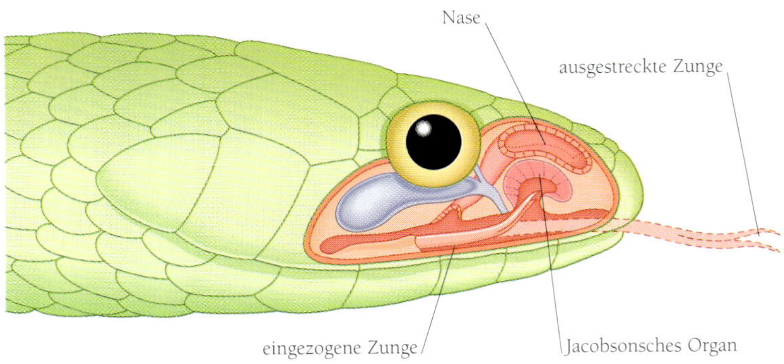

Hören

Obwohl Schlangen keine äußeren Ohren haben, sind immer noch Relikte der inneren Ohrstruktur in Form eines kleinen Knochens, der Columella, vorhanden, der Vibrationen zum Innenohr überträgt. Um Erschütterungen wahrzunehmen, muss der Unterkiefer in Kontakt mit dem Untergrund sein. Die Vibrationen werden dann über die Kieferknochen, die Columella und das Quadratbein zum Innenohr übertragen. Neben den Fußtritten von Feinden und dem Rascheln potenzieller Beute können Schlangen mit ziemlicher Sicherheit auch niederfrequente Luftschallwellen wahrnehmen.

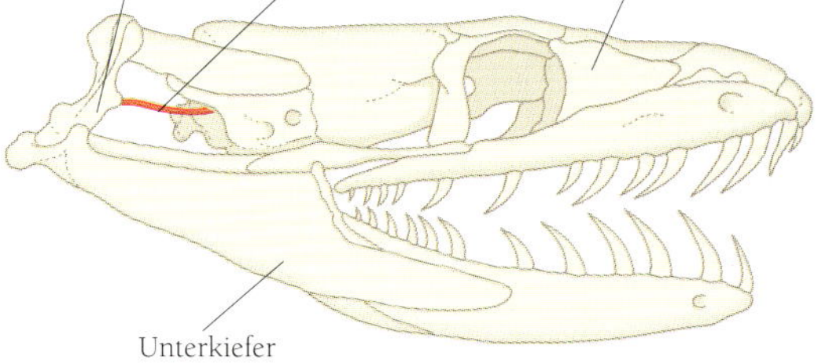

Das Hörsystem
Ein System kleiner Knochen im Schädel erlaubt es der Schlange, Vibrationen zu »hören«, die vom Unterkieferknochen aufgenommen werden. Dieser ist mit der Columella verbunden, die die Vibrationen an das Quadratbein weitergibt.

Wahrnehmung von Wärme

Bestimmte Schlangen haben ungewöhnliche Sinnesorgane, genannt Grubenorgane. Man findet sie bei Vertretern von 3 Familien: den Boas, den Pythons und den Grubenottern. Boas mit Grubenorganen tragen diese zwischen den Schuppen der Mundränder, bei Pythons liegen sie in den Mundrandschuppen selbst. Grubenottern haben paarige Gruben zwischen Augen und Nasenlöchern – manche werden deshalb in Teilen Lateinamerikas »cuatro natrices« (vier Nasenlöcher) genannt.

Bei allen Arten sind die Grubenorgane mit einer Zellschicht ausgelegt, die zahlreiche Thermorezeptoren enthält, die alle mit dem Gehirn verbunden sind. Mit diesen Zellen können Schlangen kleinste Temperaturzunahmen wahrnehmen, wie sie von kleinen Warmblütern ausgehen, die zu ihrer Beute zählen. (Sogar Echsen, obwohl kaltblütig, strahlen etwas Wärme aus, da sie durch Sonnen ihren Körper über die Umgebungstemperatur erwärmen können.) Die Grubenorgane gestatten es Schlangen, Temperaturänderungen von nur 0,2 °C wahrzunehmen.

Die Grubenorgane sind nach vorne gerichtet, und durch Analyse der Wärmeinformationen der beiden Kopfseiten kann die Schlange Position und Größe ihrer Beute beurteilen. Das bedeutet, dass sie selbst in völliger Dunkelheit gezielt zuschlagen kann. In Versuchen mit einer blinden Klapperschlange traf diese ihre Beute in 98 Prozent der Fälle, während die Trefferquote auf nur 27 Prozent absank, als man ihre Grubenorgane bedeckte.

Die Grubenotter hat Sinnesgruben
Die Rote Diamantklapperschlange, Crotalus ruber, *hat wie alle Grubenottern unmittelbar unter den Augen ein Paar Grubenorgane. Sie funktionieren stereoweise, um Richtung und Größe des Ziels genau zu lokalisieren.*

Andere Sinne

Viele Schlangen haben kleine Erhebungen oder Gruben in ihren Schuppen, mit dem bloßen Auge gerade noch erkennbar. Erhebungen sind am häufigsten und scheinen bei jeder Art vorzukommen, auch wenn sie bei manchen selten und nur an bestimmten Stellen auftreten. Obwohl ihre genaue Funktion unklar ist, ist es sehr wahrscheinlich, dass sie sensorischen Zwecken dienen, da direkt unter ihnen stets eine Konzentration von Nervenendigungen zu finden ist. Sie könnten beispielsweise eine Art Tastsinn sein, da diese Strukturen vor allem an Körperteilen auftreten, die mit dem Substrat in Berührung kommen. Nicht alle Schlangenarten haben Schuppengruben. Wo sie vorkommen, sind sie am zahlreichsten auf dem Kopf der Schlange; man findet sie aber auch paarweise an der Spitze jeder Rückenschuppe. Die Gruben könnten lichtempfindlich sein und der Schlange sagen, ob ein Teil ihres Körpers noch offen liegt, wenn sie sich unter einem Stein versteckt oder in ihren Gang kriecht. Möglicherweise spielen die Gruben aber auch eine Rolle bei der chemischen Kommunikation. Man weiß wenig über diese Art der Verständigung zwischen Schlangen, aber es ist wahrscheinlich, dass Schlangen die Gegenwart anderer Individuen geruchlich wahrnehmen können. Das würde beispielsweise beim Finden von Partnern helfen oder beim Verfolgen von Spuren zu Überwinterungsquartieren.

Grubenorgane einer Boa
Die Grubenorgane von Boas liegen zwischen den Mundrandschuppen. Sie sind weniger leistungsfähig als die der Grubenottern, und da sie sich auch in ihrem Bau unterscheiden, entwickelten sie sich gewiss unabhängig von denen der Grubenottern.

Grubenorgane
Bei der Amazonas-Baumboa, *Corallus hortulanus,* liegen die Grubenorgane zwischen den Schuppen am Mundrand.

Jagd und Ernährung

Alle Schlangen sind Fleischfresser, jedoch ernähren sich die verschiedenen Arten von äußerst verschiedenen Beutetieren, von Ameisen bis zu Antilopen und nahezu allem, was dazwischen liegt, solange es lebende oder zumindest frische Beute ist. Trotz ihrer fehlenden Gliedmaßen sind Schlangen eindrucksvolle Jäger, ob sie sich nun anschleichen oder nach Geruch oder mit Geschwindigkeit jagen. Alle müssen ihre Beute als Ganzes verschlingen, wobei kleine oder wehrlose Tiere lebend verschluckt, größere Beutetiere vorher durch Erdrosseln oder Gift getötet werden.

Verschlingen lebender Beute
Schlangen wie die Ringelnatter, die sich von Fröschen, Kröten und Fischen ernähren, die alle wehrlos sind, haben keine Probleme, ihre Beute zu überwältigen. Sie brauchen die Beute nicht erst zu töten, sondern können sie lebend schlucken; um das Schlucken zu erleichtern, drehen sie die Beute im Mund meist so, dass sie kopfüber verschlungen wird.

Verschiedene Beutetiere

Manche Schlangen sind Spezialisten, die sich nur von ganz bestimmten Tiergruppen ernähren, etwa von Schnecken, oder aber sogar von nur einer Tierart. Andere sind Generalisten, die mehr oder weniger alles fressen, das sie schlucken können. Eine Königsnatter etwa frisst Frösche und Kröten, Eidechsen und kleine Vögel, Säugetiere und andere Schlangen.

Süßwasserfische werden von vielen aquatischen und halbaquatischen Schlangen gejagt, einschließlich einiger Vipern, wie die Wassermokassin-Otter, deren wissenschaftlicher Artname, *Agkistrodon piscivorus,* »Fischfresser« bedeutet. 3 Seeschlangenarten ernähren sich nur von Fischeiern in Korallenriffen. Als Folge davon haben sie ihren Giftapparat im Laufe der Evolution verloren.

Viele Arten fressen Frösche, Kröten und Salamander. Madagassische Schweinsnasennattern benützen ihre pflugförmigen Schnauzen, um Kröten auszugraben, die sich vor der Sommertrockenheit in den Boden zurückgezogen haben. Andere Arten jagen Frösche nachts, wenn sie auf Nahrungssuche sind oder nach einem Partner rufen. Eine Mittelamerikanische Schlange, *Leptodeira spetentrionalis,* frisst Froscheier, die an Blätter geklebt sind. Ironischerweise setzen die Frösche sie dort ab, um sie vor Fischen zu schützen.

Schlangen als Nahrung
Die meisten Schlangen erbeuten andere Reptilien, einschließlich Schlangen, wenn sie von der Größe her leicht zu überwältigen sind. Manche Arten sind auf Eidechsen und Schlangen spezialisiert, bei anderen, wie der Gewöhnlichen Königsnatter sind sie nur Teil einer vielfältigen Diät, zu der auch Frösche, Vögel und Säugetiere gehören können.

Passive Jäger

Manche Schlangen suchen nicht aktiv nach Nahrung, sondern warten, bis diese vorbeikommt. Solche Schlangen findet man in mehreren Familien, besonders bei den Vipern und bei einigen der größeren Boas und Pythons. Typische Ansitzjäger haben dicke schwere Körper, die sie fest verankern, wenn sie zuschlagen. Sie sind gut getarnt, so dass die Beute nah herankommt. Bestimmte Arten nehmen ihre Beute mit Hilfe ihrer wärmeempfindlichen Grubenorgane wahr (siehe S. 21); sie können selbst in dunkler Nacht gezielt zuschlagen. Gleichwohl müssen viele Schlangen lange Zeit warten, wobei sie oft mehrere Nächte an die dieselbe Stelle zurückkehren, bevor sie eine Mahlzeit erbeuten. Schlangen verbessern ihre Jagdchancen, indem sie dort lauern, wo Beutetiere am ehesten vorbeikommen. Sie können solche Orte wahrscheinlich an ihrem Geruch erkennen. Andere benutzen ihre Schwanzspitze, um Beute anzuködern. Oft ist die Schwanzspitze anders gefärbt als die übrige Schlange, wodurch sie einem Wurm oder einer Raupe gleicht. Im typischen Fall liegt die Schlange teilweise im Sand oder in der Vegetation versteckt und schlingt den Schwanz so um sich, dass die Spitze in der Nähe des Kopfes ist. Wenn ein geeignetes Objekt erscheint, bewegt die Schlange ihren Schwanz in verlockender Weise. Wenn das Beutetier näher kommt schlägt sie zu.

Große Beute
Eine Thompsongazelle stellt für einen Felsenpython, eine große Mahlzeit dar, die für mehrere Wochen oder sogar Monate ausreicht. Doch mit so großen Beutetieren kommen manchmal selbst Pythons nicht zurecht, so dass sie eine gute Mahlzeit wieder fahren lassen müssen.

Aktive Jäger

Andere Schlangen suchen ihre Nahrung aktiv. Nächtlich lebende Arten können in Felsspalten oder zwischen der Vegetation nach Echsen suchen. Manche Arten durchstöbern Nagergänge, Baumhöhlen oder andere Verstecke. Schnecken fressende Schlangen spüren ihr Opfer auf, indem sie ihrer typischen Schleimspur folgen, viele andere jagen mit dem Geruchssinn.
Schlangen mit großen Augen pflegen bei Tag zu jagen und benutzen ihre Augen dabei. Sie sind oft lang und schlank, und viele erheben ihren Kopf, um ihre Umgebung zu überblicken. Wenn sie ein potenzielles Opfer erblicken oder riechen, nähern sie sich ihm zunächst schleichend und machen dann einen kurzen, raschen Spurt. Diese Schlangen werden in den Ländern ihres Vorkommens oft als Peitschen- oder Kletternattern bezeichnet, auch wenn sie nicht zu diesen Gattungen gehören.

Töten durch Erwürgen
Würgschlangen wie der Felsenpython winden ihren Körper um ihre Beute und ziehen ihre Schlingen bei jedem Ausatmen stärker zusammen. Die Beute stirbt daher weniger an inneren Verletzungen als an Sauerstoffmangel. Die Schlingen können den Tod auch dadurch beschleunigen, dass sie die Blutzufuhr zu bestimmten Körperteilen abschnüren.

Würgschlangen

Auch wenn es kein Problem darstellt, kleine Beute wie Frösche lebend zu schlucken, wehren sich größere Beutetiere oder kämpfen sogar, so dass sie vor der Mahlzeit getötet werden müssen. Manche Schlangen wenden zum Töten Gift an (siehe S. 24–25), andere erdrosseln ihre Beute. Würgschlangen findet man in mehreren Familien, man verbindet den Begriff aber meist mit Boas, Pythons und verschiedenen Gruppen von Colubriden, besonders mit Ratten- oder Kletternattern. Eine Würgschlange schlingt ihren Leib um die Beute und drückt dann zu, bis diese nicht mehr atmet.

Schlucken erwürgter Beute
Wie alle Würgschlangen, fängt die Königsboa erst dann an, ihre Beute zu verschlucken, wenn diese wirklich tot ist. Wenn keine Zuckungen mehr auftreten, lockert die Schlange ihre Schlingen und sucht nach dem Kopf. Sie beginnt loszulassen, damit sie die Beute leichter schlucken kann. Mit fortschreitendem Fressvorgang zieht sie ihre jetzt relativ lockeren Körperschlingen von der Beute ab.

Das Fressen von Eiern

Etliche Schlangen fressen weichschalige Eier, etwa die von Echsen oder anderen Schlangen, und einige fressen als Teil einer vielseitigen Diät auch Vogeleier. Die afrikanischen Eierschlangen ernähren sich allerdings ausschließlich von Vogeleiern und haben einzigartige Mechanismen entwickelt, um mit den harten Schalen zurecht zu kommen.
Diese Schlangen, von denen es 6 Arten gibt, besitzen keine funktionsfähigen Zähne, haben jedoch zahnartige Dornfortsätze an der Unterseite der Halswirbel, die in ihren Schlund ragen. Sie benutzen sie, um die Oberseite der Eierschale aufzusägen. Das gestattet es der Schlange, den Inhalt des Eies ohne die Schale zu schlucken.

Das Ei wird aufgenommen
Die Eierschlange öffnet ihre Kiefer weit und drückt leicht nach unten während sie ein Ei zu verschlingen beginnt, das im Durchmesser doppelt so groß ist wie ihr Kopf und Körper.

Die Schale wird zerbrochen
Im Hals der Schlange wird das Ei gegen die nach unten gerichteten knöchernen Dornen gepresst. Sie bewegen sich vor und zurück und zersägen dabei die Oberseite des Eies.

Der Inhalt wird verschluckt
Sobald die Schale bricht, bewegen sich die Halsmuskeln der Schlange wellenförmig, um den Inhalt herauszupressen, der dann in den Magen rinnt.

Die Reste werden ausgewürgt
Wenn die Schale leer ist, schiebt die Schlange die Schale wieder in den Mund und speit sie als bootförmige Wurst wieder aus, die von einer klebrigen Membrane umgeben ist.

Giftschlangen

Obwohl Giftschlangen in aller Munde sind, bilden sie doch nur eine kleine Minderheit unter den Schlangen. Etwa 250 Arten werden als für den Menschen gefährlich betrachtet – weniger als ein Zehntel aller Arten – und nur etwa 50 sind potenziell tödlich. Giftschlangen gibt es in 4 Familien. Die im Boden grabenden Erdvipern, die Elapiden oder Giftnattern (Kobras und ihre Verwandten) und die Vipern sind alle giftig; etwa ein Drittel der Colubriden besitzen umgewandelte Speicheldrüsen, die eine Art Gift produzieren.

Giftproduktion

Die Fähigkeit der Schlangen Gift zu produzieren entwickelte sich in erster Linie, um Beute zu töten; sie benützen es aber auch zur Verteidigung. Schlangengift ist veränderter Speichel, eine Mischung aus Proteinen und Enzymen, die ursprünglich der Verdauung der Beute diente. Je stärker die Verdauungssäfte, desto stärker das Gift; auf diese Weise verwischt sich der Unterschied zwischen giftigen und nicht-giftigen Schlangen. Im Allgemeinen besitzen die als Giftschlangen geltenden Arten spezielle Giftzähne, die das Gift tief in den Körper ihrer Beute transportieren; es gibt allerdings auch einige Arten ohne spezialisierte Zähne, die Gift produzieren.

Vor dem Zuschlagen
Eine Viper stellt ihre langen Giftzähne auf, sobald das Maul geöffnet ist. Sie kann jetzt blitzschnell zuschlagen und ihr Gift tief in ein Opfer oder einen Feind injizieren.

Angriff mit vorderen Giftzähnen
Vipern haben lange, gelenkige Giftzähne, die sie einsetzen, um ihrer Beute Gift zu injizieren und sie in ihr Maul zu ziehen. Die Schlange setzt die Giftzähne alternierend wie bewegliche Haken ein, indem sie zuerst die eine, dann die andere Seite einschlägt.

Giftigkeit

Die Wirksamkeit des Giftes schwankt von Art zu Art. Das wirksamste Gift besitzen jene, die sich von schnell beweglicher Beute ernähren. Das Gift einiger mariner Elapiden gehört beispielsweise zu den giftigsten der Welt, da diese Seeschlangen sich von Riff-Fischen ernähren, die ihnen entkommen würden, wenn das Gift nicht rasch wirkte. Einige Schlangen haben ein auf bestimmte Beute spezialisiertes Gift – es kann etwa eine Echse töten, einen Vogel aber nicht.

Unter den landlebenden Schlangen gelten der australische Inland-Taipan, *Oxyuranus microlepidotus*, die Schwarze Mamba, *Dendroaspis polylepis*, und die Königskobra, *Ophiophagus*

Seitenschlag

Einige Vertreter der grabenden Erdvipern, Atractaspididae, verfolgen ihre Beute in engen Gängen, in denen es nicht genügend Platz gibt, um in gewöhnlicher Weise zuzuschlagen. Diese Arten haben spezialisierte vordere Giftzähne, die seitlich ausgeklappt und ohne das Maul zu öffnen eingesetzt werden können. Die Schlange schiebt ihren Kopf seitlich an ihr Opfer und rammt ihm dann mit einer schnellen seitlichen Bewegung den Giftzahn ein.

Unterirdisch lebende Erdviper.

hannah, als die giftigsten; obwohl ihnen bloß eine Handvoll Menschen jährlich zum Opfer fallen, da sie selten und wenig aggressiv sind, sofern sie sich nicht bedrängt fühlen. Im Gegensatz dazu besitzen Sandrasselottern etwas weniger wirksames Gift, sind aber trotzdem für bis zu 100 000 menschliche Opfer jedes Jahr verantwortlich.

Nicht jedes Gift hat die gleiche Wirkung. Das Gift der Kobra wirkt gewöhnlich auf das Nervensystem (neurotoxisches Gift) und das der Vipern auf die Blutzellen und -gefäße (hämotoxisches Gift). Neurotoxische Gifte wirken am schnellsten, indem sie das Opfer lähmen. Hämotoxische Gifte wirken langsamer, der Tod tritt durch Blutgerinnung und Gefäßzerstörung ein. Seeschlangen und einige wenige australische Land-Elapiden besitzen myotoxisches Gift, das auf Muskeln wirkt. Eine Schlangenart hat mehr als eine Giftart: So besitzen manche Populationen der Mojave-Klapperschlange, *Crotalus scutulatus*, ein hauptsächlich neurotoxisches Gift, während es bei anderen überwiegend hämotoxisch ist.

Echsen als Beute

Auch wenn es viele Ausnahmen gibt, sind Echsen oft die bevorzugte Beute von Schlangen mit hinten stehenden Giftzähnen, die sie so lange festhalten, bis das Gift wirkt. Eidechsen können leicht in den hinteren Teil des Mauls befördert werden, ohne dass sie, beim Versuch zu entkommen, der Schlange viel Schaden zufügen.

Die Beute schlagen

Die Art wie Giftschlangen ihre Beute schlagen, unterscheidet sich von Art zu Art. Vertreter der Vipernfamilie biegen gewöhnlich den Vorderkörper S-förmig zurück und schlagen dann durch Strecken plötzlich zu. Gleichzeitig öffnen sie ihre Kiefer weit und klappen ihre Giftzähne heraus, so dass sie nach vorne weisen. Schlangen der Kobrafamilie schlagen kurz und rasch, während manche Arten seitwärts schlagen (siehe »Seitenschlag«, links).

Einspritzen des Giftes

Die meisten Giftschlangen besitzen große, hohle oder mit einer Rinne ausgestattete Giftzähne, um das Gift rasch und wirksam in ihr Opfer zu bringen. Die Giftzähne können hinten oder vorne im Maul der Schlangen sitzen (siehe S. 19). Schlangen mit hinten sitzenden Giftzähnen müssen ihre Beute gut festhalten, um ihr Gift applizieren zu können. Sie schieben die Beute in den hinteren Teil des Mauls und beißen dann zu, um eine tiefe Wunde zu erzeugen, in die das Gift eindringt. Wenn das Beutetier zappelt, kann die Schlange wie kauend mehrmals zubeißen bis die Beute tot ist. Wegen dieser Art, Beute zu töten, sind solche Schlangen für Menschen meistens ungefährlich. Allerdings ist von einigen wenigen Arten bekannt, darunter Vogelnattern und die Afrikanische Baumschlange, dass sie auch schon Todesopfer gefordert haben. Colubriden mit hinten stehenden Giftzähnen erzeugen Gift in umgewandelten Speicheldrüsen, die als Duvernoy-Drüsen bezeichnet werden.

Schlangen mit vorn stehenden Giftzähnen sind an ihre Jagdmethode hoch angepasst. Nachdem sie zugeschlagen haben, ziehen sie sich meist sofort wieder zurück, um Verletzungen durch Gegenwehr zu vermeiden. Die Beute bricht bald zusammen und kommt nicht weit, so dass die Schlange sie einholen kann, indem sie ihrer Duftspur folgt.

Verschlucken toter Beute

Ottern töten ihre Beute, bevor sie sie verzehren. Wie alle Schlangen, ob giftig oder nicht, schlucken sie ihr Opfer mit dem Kopf voran, wobei sie ihre Zunge dazu benutzen, den Kopf zu lokalisieren. Die Gliedmaßen der Beute, etwa von Echsen, legen sich nach hinten an, wodurch ihr Körper ohne Schwierigkeiten die Speiseröhre passiert.

Rasch wirkendes Gift

Die längste Giftschlange der Welt, die Königskobra, verfügt über ein besonders wirksames Gift und ernährt sich ausschließlich von anderen Schlangen (ihr wissenschaftlicher Name, Ophiophagis hannah, *bedeutet »Schlangenfresser«). Bis die ganze Beute den Magen erreicht, hat das Gift bereits mit der Verdauung begonnen.*

Passive Verteidigung

Schlangen sind zweifellos Furcht einflößende Raubtiere, aber sie werden auch von vielen Tieren als mögliche Mahlzeit angesehen. Das reicht von Greifvögeln bis zu Fleisch fressenden Säugetieren – und schließt sogar manche Schlangen ein. Alle Schlangen ziehen es vor, direkte Konflikte zu vermeiden. Als erste Verteidigungsmaßnahme setzen sie auf passive Strategien, auch wenn sich manche Arten aktiv gegen Verfolger verteidigen (siehe S. 28–29). Passive Verteidigung schließt Verstecken, Tarnung – die der Schlange hilft mit ihrer Umgebung zu verschmelzen – und Mimikry, bei der eine harmlose Schlange wie eine giftige Art aussieht und damit mögliche Angreifer irreführt, ein.

Schlangenfeinde

Schlangen, besonders kleine, haben viele Feinde. Verschiedene Greifvögel wie Habichte oder Adler, Hornschnäbel, Störche, Rennvogel und Sekretär machen sehr ausgiebig auf sie Jagd, während kleinere Vögel wie etwa Vertreter der Rabenvögel als Gelegenheitsräuber Schlangen nur dann jagen, wenn sich die Gelegenheit bietet. Auch unter den kleineren Säugern gibt es eine Reihe von Schlangenjägern, etwa Mungos, Beutelratten, Igel, Stinktiere und Füchse. Große Echsen, Frösche, Kröten, Insekten und sogar Spinnen ernähren sich auch von Schlangen.

In vielen Gegenden sind jedoch Schlangen selbst die effizientesten Schlangenjäger. Die lange, dünne Körperform bedeutet, dass sie leicht zu schlucken sind und bestens ineinander passen. Außerdem können Schlangen sich auch in engen Räumen verfolgen. Manche Schlangen sind sehr gut in der Lage, sich gegen Angreifer zu verteidigen. Andere setzen auf eine Reihe subtiler Abwehrmaßnahmen.

Tarnung

Die Körperhaltung von Schlangen ist bei der Tarnung von erheblicher Bedeutung. Schlangen können sich mit Leichtigkeit aus gestreckter Haltung in ein eng gewickeltes Knäuel verwandeln, mit jeder Zwischenstellung des Körpers, was es Angreifern erschwert, sich ein festes Bild zu machen. Das macht es vielen Schlangen möglich, unentdeckt zu bleiben, solange sie sich nicht bewegen.

Die meisten Schlangen sind so gefärbt, dass sie mit dem Gestein, der Vegetation oder anderem Substrat, auf dem sie leben, übereinstimmen. Wo eine Art ein großes Gebiet mit unterschiedlichem Substrat bewohnt, wird in der Regel auch ihre Färbung unterschiedlich sein. Das ist oft der Grund für verschiedene Farben bei Populationen derselben Art.

Jedoch setzen nur wenige Arten ausschließlich ihre Farbe zur Tarnung ein. Eine einfarbig braune Schlange, zum Beispiel, wäre auf totem Laub nicht gut getarnt. Fast alle Schlangen haben dunkle oder helle Zeichnungen in Form von Punkten oder Flecken, die dazu beitragen, die Körperumrisse aufzulösen. Manche Arten sind mit einem bemerkenswerten Muster geometrischer Formen in verschiedenen Farben ausgestattet, das auf einfarbigem Untergrund zwar sehr auffällig ist, im bevorzugten Lebensraum aber nahezu unsichtbar macht. Viele tarnfarbene Schlangen weisen durch die Augen ziehende Streifen auf, wodurch ein Merkmal getarnt wird, das Feinden die Orientierung besonders erleichtert.

Sich unsichtbar machen
Wenn die Gabunviper im Falllaub des afrikanischen Tropenwaldes ruhig liegt, ist sie nahezu unsichtbar, besonders im schattengefleckten Licht.

Warnfarben

Manche Arten wenden genau die gegenteilige Strategie der Tarnung an: Ihnen nützen knallige Farben. Solche Schlangen sind leuchtend gefärbt, um ihre Feinde vor Gift zu warnen, wodurch sie Konfrontationen vermeiden und Gift sparen. Das häufigste Farbmuster ist rot, schwarz und weiß (oder gelb), gewöhnlich ringförmig angeordnet. Schlangen dieser Art werden gewöhnlich als Korallenschlangen bezeichnet; sie gehören zur Familie der Elapidae oder Giftnattern.

Einige ungiftige Arten, die harmlosen »falschen« Korallenschlangen, schützen sich mit

Milchschlange

Nachahmung giftiger Schlangen
Mit ihren roten, schwarzen und weißen Binden gleicht diese harmlose Milchschlange auffallend den nicht verwandten, höchst giftigen Korallenottern; das Muster bietet ihnen guten Schutz vor Feinden. Diese Art von Mimikry findet man auch bei anderen Schlangen. Wie ihr Name sagt, gleichen Pazifik-Viperboas, Candoia aspera, *den Vipern.*

Korallenotter

den gleichen Abwehrfarben. Zu diesen Schlangen gehören die Königsnattern der Gattung *Lampropeltis*.
Warnfarben sind aber nicht nur auf Korallenschlangen und ihre Nachahmer beschränkt. Eine ganze Reihe von Schlangen aus allen Teilen der Erde haben beispielsweise eine leuchtend gefärbte Unterseite, die sie bei Beunruhigung zur Schau stellen.

Unterschiedliche Formen
Bei polymorphen Arten wie der Amazonas-Baumboa treten zwei oder mehr Farb- oder Zeichnungsvarianten in der gleichen Population auf. Mehrere deutlich verschiedene Farbvarianten können sogar, wie in der Abbildung, im gleichen Wurf auftreten. Man interpretiert das als Verteidigungsstrategie, um Feinde zu irritieren, die nur eine Farbvariante als Beute erkennen.

Polymorphismus

Schlangenarten, bei denen zwei oder mehr deutlich unterscheidbare Farben oder Muster in der gleichen Population auftreten, unabhängig vom Substrat, auf dem sie leben, nennt man polymorph. Dies ist eine weitere Verteidigungsstrategie, die darauf beruht, wie bei Räubern ein Suchbild ihrer Beute entsteht. Da nur eine der polymorphen Formen diesem Bild entspricht, hat die andere eine Chance, von Räubern übersehen zu werden und so ihre Überlebensrate zu verbessern. Wenn die häufigere Farbvariante so stark bejagt wurde, dass sie zur selteneren der beiden Formen wurde, wird sich die Aufmerksamkeit des Räubers der anderen Form zuwenden. Polymorphe Arten können in gestreiften oder gefleckten Formen auftreten, wie bei der europäischen Leopardnatter, oder in geringelten oder gestreiften Formen, wie in manchen Populationen der Kalifornischen Königsnatter. Andere Arten zeigen eine verwirrende Vielfalt von Farbvarianten. Die Amazonas-Baumboa, *Corallus hortulanus*, tritt zum Beispiel in den verschiedensten Farben auf, von grau gefleckt bis orange.

Verstecken

Schlangen sind Experten, wenn es darum geht, sich in enge Zwischenräume zu quetschen, etwa in Höhlungen unter Steinen und Stämmen, in selbst oder von anderen Tieren geschaffene Gänge, Felsspalten und, in von Menschen bewohnten Gegenden, in Mauerlöcher. Wüstenarten wie die Afrikanische Hornviper vergraben sich oft im Sand, um sich vor Feinden oder Beute unsichtbar zu machen und um der brennenden Mittagssonne zu entgehen. Die Schlange schüttelt und dreht ihren Körper nach unten und schaufelt dabei Sand über ihren Rücken.

Die Viper zieht sich in den Sand zurück.

Sie schleudert Sand über ihren Rücken.

Bald ist nur noch ihr Schädeldach sichtbar.

Aktive Verteidigung

Wenn passive Verteidigung, wie Verstecken oder Tarnung, nicht ausreichen, einem Feind zu entgehen, muss sich eine Schlange aktiv verteidigen. Die verschiedenen Arten wenden eine Vielfalt von Strategien an, das reicht vom Sich-tot-Stellen bis zur Ablenkung vom verwundbaren Kopf der Schlange durch Vortäuschung eines Gegenangriffs mit dem Schwanz. Manche Schlangen veranstalten eine wilde Schau, um ihre Angreifer zu verschrecken, blasen ihren Körper auf, zischen oder holen zu Scheinschlägen aus. Andere Schlangen haben spezielle Abwehrmaßnahmen. Dazu gehören die Klapperschlangen, die mit ihrem Schwanz vibrieren, um ein beängstigendes Rasseln zu erzeugen, oder die Speikobras aus Afrika und Asien, die Gift über größere Entfernung spritzen können.

Tot stellen
Wenn Einschüchterung einen Angreifer nicht vertreibt, stellt sich die Ringelnatter tot, dreht sich auf den Rücken und krümmt sich vor (gespielten) Todesschmerzen. Dann liegt sie mit heraushängender Zunge völlig still.

Einrollen und Schwanzverlust

Eine Reihe von Schlangen, wie der Königspython und manche Waldschlangen der Karibik, reagieren auf Gefahr, indem sie sich zusammenrollen oder ihren Kopf in den Körperschlingen verstecken. Andere Schlangen verstecken den Kopf, erheben aber ihren Schwanz über die Körperschlingen und lenken damit den Angreifer vom lebenswichtigen Kopf ab. Arten mit solchem Verhalten haben einen stumpfen Schwanz, der mit einer kopfähnlichen Zeichnung versehen sein kann. So haben manche Calabar-Zwergboas eine imitierte Augenzeichnung.

Kopf oder Schwanz?
Gewisse Schlangen, wie die Rote Walzenschlange, Cylindrophis ruffus, *schützen sich, indem sie ihren Kopf als verwundbarsten Körperteil verstecken. Dagegen ziehen sie Aufmerksamkeit auf ihren stumpfen Schwanz, den sie kopfartig bewegen und mit dem sie manchmal sogar angriffsartige Bewegungen ausführen.*

Knäuelung
Der Königspython, der hier seinen Kopf vorstreckt, um zu sehen, ob die Gefahr vorbei ist, benutzt oft die Strategie des Einrollens und schützt den Kopf in der Mitte der Spirale. Daher nennt man ihn auch Ballpython.

Manche Schlangen können sogar, wie Eidechsen, einen Teil ihres Schwanzes abwerfen, um Verfolgern zu entkommen. Die südamerikanischen Schlangen *Pliocerus elapoides* und *Scaphiodontophis venustissimus* haben Sollbruchstellen am Schwanz, damit er leicht abbricht. Gewisse afrikanische Schlangen, z. B. *Psammophis*- und *Natriciteres*-Arten, drehen ihren Körper heftig, wenn sie gegriffen werden, so dass der Schwanz abbrechen kann, obwohl er keine Bruchstelle hat.

Tot stellen

Einige wenige Schlangenarten stellen sich als Teil ihres Abwehrverhaltens tot. Dazu gehören die Ringelnatter, die Hakennasennattern und die afrikanische Speikobra, *Hemachatus hemachatus*. Die Schlange dreht sich auf den Rücken, lässt den Mund offen und die Zunge heraushängen. Gleichzeitig wird oft ein übel riechendes Sekret abgeschieden, das zur Wirkung beitragen mag, indem es Verwesung vortäuscht. Das ist allerdings eine noch immer riskante Strategie, da zwar viele tierische Jäger bereits tote Beute verschmähen, andere aber durchaus Aas fressen. Aus diesem Grund ist es möglich, dass die Schlangen sich nur in letzter Not tot stellen.

Einschüchterung

Viele Schlangen, einschließlich solcher, die tatsächlich harmlos sind, versuchen Angreifer einzuschüchtern. Manche pumpen ihren Körper auf, um nicht als leichte Beute zu wirken. Das wird häufig durch Zischen unterstützt, indem die Schlange mit Druck Luft durch die Luftröhre ausstößt. Afrikanische Vogelnattern

Drohhaltung
Als eine von mehreren Schlangen, die ihren Körper vergrößern, um Angreifer abzuschrecken, hebt die Königskobra, Ophiophagus hannah, *ihren Kopf und breitet ihren Hals flach zum typischen Hut aus. Manche Kobras haben eine große, augenähnliche Zeichnung auf dem gespreizten Hut, die ebenfalls Angreifer einschüchtert.*

Einschüchterungs-Strategien
Schlangen wie der Netzpython verfügen über ein ganzes Repertoire von Verhaltensweisen zur Einschüchterung, einschließlich Zischen, Körperaufblähen, um bedrohlich auszusehen, und Aufsperren des Rachens, als ob sie zubeißen wollten.

Warnendes Klappern
Statt Gift zu verschwenden, benutzt die Texas-Klapperschlange bei Bedrohung zunächst ihre Klapper als Abschreckmittel. Sie hebt den Schwanz und vibriert rasch mit der Spitze, wodurch ein Rasseln entsteht.

und Afrikanische Baumschlangen blähen ihre Kehlen auf und präsentieren auffällige Zeichnungen oder Farben zwischen den Schuppen, während Dünnschlangen ihren Mund aufsperren und leuchtende Rachenfarben zeigen, die zu ihren tarnfarbenen Schuppen kontrastieren.
Auf solche Abwehrsignale folgen manchmal Scheinangriffe, bei denen die Schlangen zustoßen, ohne mit dem Angreifer in Kontakt zu kommen. Nur wenn auch dies keine Wirkung zeigt, gehen sie zum wirklichen Angriff über. Selbst ungiftige Schlangen können schmerzhafte Bisse austeilen, da viele lange, gebogene und scharfe Zähne besitzen, die tief eindringen. Das reicht oft aus, jeden nicht allzu zähen Angreifer abzuschrecken.

Warnsignale

Viele Schlangen zischen bei Störung, manche erzeugen jedoch ungewöhnlichere Warnlaute, wie das Rasseln oder Surren der Klapperschlangen. Die Klapper besteht aus Segmenten alter Schuppen, die gegeneinander klappern, wenn die Schlange mit dem Schwanz vibriert. Die Glieder bestehen aus den verhärteten Hautresten der Schwanzspitze. Diese letzte Schuppe ist wie eine Sanduhr in der Mitte verengt, so dass die Haut bei jeder Häutung locker an der Schwanzspitze hängen bleibt, wodurch jedes Mal ein neues Segment hinzugefügt wird. Alte Schlangen können 10 oder mehr Glieder aufweisen, 5 oder 6 sind aber eher die Regel, da die ältesten brüchig werden und periodisch wegbrechen. Wüstenschlangen in Afrika und dem Mittleren Osten verwenden auch hörbare Warnsignale. Die Afrikanische Hornviper und die Sandrasselottern haben gesägte Schuppen an den Flanken, die wie Sandpapier aneinander gerieben werden können um ein warnendes Rasseln zu erzeugen. Diese Schlangen winden sich in charakteristischer Weise hufeisenförmig und reiben dabei ihre Flanken gegeneinander, um das Geräusch zu erzeugen.

Speien

Die afrikanischen und asiatischen Speikobras können sich verteidigen, indem sie Gift spritzen. Bei diesen Arten bildet der Giftkanal ihrer Giftzähne einen scharfen Knick am Ende. Die Öffnung an der Zahnspitze ist so winzig, dass das Gift wie aus einer Düse hervorschießt und bis zu 1 m weit spritzt. Um die Weite zu verbessern, hebt die Schlange beim Speien den Vorderkörper. Beim Beutemachen injizieren Speikobras ihr Gift genau wie andere Giftschlangen mit vorn stehenden Giftzähnen durch Biss (siehe S. 25).

Gift spritzen
Das Gift einer Speikobra wird auf die Augen oder andere Schleimhäute potenzieller Feinde gerichtet. Es verursacht sofort Schmerzen, ist aber für Menschen, wenn sie angespien werden, nicht tödlich.

Fortpflanzung

Die meisten Schlangen sind Einzelgänger, und oft ist es für sie schwierig, mit einem geeigneten Partner zusammenzukommen. Um die Chancen erfolgreicher Fortpflanzung zu verbessern, haben Schlangen die höchst ungewöhnliche Fähigkeit, die Befruchtung nach der Begattung zu verzögern. Die Weibchen können das Sperma aufbewahren, bis die Bedingungen für die Entwicklung der Jungen günstig sind, was dem Nachwuchs gute Überlebenschancen sichert. Die meisten Arten legen Eier, einige bringen aber lebende Junge zur Welt, die gewissermaßen im Leib der Mutter erbrütet wurden.

Hemipenisse
Das Männchen hat paarige Sexualorgane, die Hemipenisse. Bei jeder Paarung wird nur einer davon benutzt, bei späteren Paarungen kann aber auch der andere eingesetzt werden.

Paarung

Obwohl manche Schlangenarten sich mehrmals mit demselben Partner paaren, verschwindet das Männchen in den meisten Fällen unmittelbar nach der Paarung, um nach anderen Weibchen zu suchen. Das Weibchen kann sich dann auch mit anderen Männchen paaren und gegebenenfalls Nachwuchs von mehreren Vätern hervorbringen. Schlangen finden ihren Partner in der Paarungszeit auf verschiedene Weisen. Manche Arten überwintern gemeinsam in einer Höhle, in der sich mehrere hundert Schlangen versammeln können. Diese Arten neigen dazu, sich im frühen Frühjahr zu paaren, unmittelbar nachdem sie aus dem Winterschlaf erwacht sind und bevor sie sich verteilen. Bei bestimmten Arten, zu denen auch die Mambas, die meisten Vipern und die nördlichsten Klapperschlangen gehören, kämpfen die Männchen um das Recht, sich mit einem Weibchen zu paaren. Beim Kampf Mann gegen Mann richten sich die Rivalen auf, umschlingen sich mit dem Vorderteil ihres Körpers und versuchen, sich gegenseitig zu Boden zu drücken. Diese Bewegungen sind so anmutig, dass frühe Beobachter dachten, sie wären Zeugen eines Balzverhaltens. Schließlich gelingt es meist dem größeren Männchen, das andere in die Flucht zu schlagen und sich mit dem Weibchen zu paaren, das gewöhnlich zusammengerollt in der Nähe wartete. Man nimmt an, dass tropische Arten, die nicht gemeinsam überwintern, sich durch Zufall finden, möglicherweise unter Verwendung chemischer Duftreize.

Paarungsknäuel
Manche nördliche Population der Strumpfbandnatter, besonders die der Rotflanken-Strumpfbandnatter, Thamnophis sirtalis parietalis, *bilden riesige Paarungsknäuel mit zahllosen Männchen, die alle versuchen, sich mit den wenigen Weibchen zu paaren.*

Umschlungenes Paar
Die Paarung beginnt damit, dass die Partner Seite an Seite liegen, dann kriecht das Männchen züngelnd und zuckend über den Rücken des Weibchens. Wenn das Weibchen paarungswillig ist, kann es ebenfalls zucken bevor es seinen Schwanz zur Paarung hebt. Die Partner bleiben mehrere Minuten oder oft sogar Stunden vereint.

Befruchtung

Die Befruchtung kann kurz nach der Paarung stattfinden, oder das Sperma wird im Eileiter des Weibchens aufbewahrt. Manche Arten, die aus klimatischen Gründen nur eine kurze Aktivitätszeit haben, paaren sich im einen Jahr und bringen erst im nächsten die Jungen zur Welt. Die Kantenkopf-Klapperschlange, *Crotalus willardi*, beispielsweise paart sich im Sommer, während sich die Eier erst im nächsten Frühjahr zu entwickeln beginnen. Diese Arten vermehren sich daher nur jedes zweite Jahr oder sogar noch seltener. Die aquatischen und langsamen Warzenschlangen, *Acrochordus*-Arten, pflanzen sich nur alle 10 Jahre und damit wahrscheinlich am langsamsten fort. Arten aus Regionen mit ausgeprägten Jahreszeiten, wie Sommer und Winter, nass oder trocken, sorgen dafür, dass die Jungen zu einer günstigen Zeit schlüpfen, gewöhnlich wenn genügend Nahrung vorhanden ist. Viele tropische Arten können sich nahezu das ganze Jahr über fortpflanzen.

Eierlegende Schlangen

Die meisten Arten legen Eier. Die Eier werden der Willkür des Wetters überlassen, entwickeln sich am besten unter warmen Bedingungen, weshalb eierlegende Arten vor allem in tropischen und subtropischen Gebieten vorkommen.

Schlangen legen ihre Eier an Stellen, die möglichst konstante Bedingungen für deren Entwicklung bieten, die bis zu 3 Monate dauern kann. Manche Arten graben in Sand oder sandigem Boden oder schaffen eine Eikammer unter einem Stein. Abgestorbene Vegetation oder verrottendes Holz werden bevorzugt, da darin leicht zu graben ist, das Material gut isoliert, oft eigene Wärme erzeugt und die Feuchtigkeit hält. Die Eier brauchen einen feuchten Platz, da die Schalen weich und durchlässig sind und Wasser und Sauerstoff aufnehmen können, während sich der Embryo entwickelt.

Die Gelege haben, je nach Art und Größe der Mutter, unterschiedliche Größe. Sie reichen von 1 oder 2 Eiern bis zu 100 Eiern im Fall der großen Pythons.

Lebend gebärende Schlangen

Lebend gebärende Schlangen tragen ihre sich entwickelnden Jungen im Leib. Sie ernähren sie nicht über eine Plazenta, wie die Säugetiere, sondern behalten die Eier in den Eileitern, statt sie abzulegen. Die Jungen entwickeln sich statt in einer Schale, innerhalb einer dünnen Membran, aus der sie zur Zeit der Geburt schlüpfen. Durch Sonnen zur Erhöhung der Körpertemperatur kann das Weibchen die Entwicklung der Jungen beschleunigen und macht damit erfolgreiche Fortpflanzung weniger abhängig von äußeren Temperaturen. Es ist kein Zufall, dass Vipern, von denen viele lebend gebärend sind, in Gebirgen oder Breiten vorkommen, die für andere Schlangen zu kalt sind. Aquatische Schlangen, einschließlich der meisten Seeschlangen, sind lebend gebärend, da sie selten an Land kommen. Aus ähnlichem Grund sind viele Baumschlangen lebend gebärend; dadurch können sie vermeiden auf den Boden zu kommen, wo viele hilflos sind.

Zu den fruchtbarsten Lebendgebärern gehören 2 Viperngruppen, die Puffottern und die Lanzenottern sowie 3 Colubriden, die Gewöhnliche Strumpfbandnatter, die Grüne Schwimmnatter, *Nerodia cyclopion*, und die afrikanische Maulwurfsnatter, *Pseudaspis cana*. Jede dieser Arten hat nachweislich Würfe von über 100 Jungen zur Welt gebracht, wobei die Puffotter mit 157 Jungen den Rekord hält.

Bebrüten der Eier
Nach der Eiablage kümmern sich Schlangen gewöhnlich nicht weiter um das Gelege, nur Pythons ringeln sich während der gesamten Entwicklungszeit um ihre Eier, um die Temperatur zu regulieren; Kobras und einige andere Arten bleiben in der Nähe, um ihre Gelege zu bewachen.

Lebend gebärend
In der Mehrzahl der Fälle bringen lebend gebärende Schlangen ihre Jungen an einem geschützten Platz zur Welt – unter einem Stein zum Beispiel –, gewöhnlich bei warmem Wetter. Auch wenn die Geburt gelegentlich an offenen Stellen stattfindet, wurde das selten beobachtet.

Parthenogenese

Nicht alle Schlangen müssen sich paaren, um ihre Art erfolgreich fortzupflanzen. Die Brahmanen-Wurmschlange, eine aus Indien und Südostasien stammende, heute in vielen warmen Ländern wie Südafrika und Australien zu findende Art, ist die einzige parthenogenetische (jungfernzeugende) Schlange. Sobald die Tiere ausgewachsen sind, beginnen sie entwicklungsfähige Eier zu legen, ohne sich gepaart zu haben. Alle Eier entwickeln sich wieder zu Weibchen, die Klone ihrer Mutter sind. Im allgemeinen pflegen parthenogentische Arten eine Weile sehr erfolgreich zu sein, doch langfristig fehlt ihnen die Variabilität, die nötig ist, um sich ändernden Bedingungen anpassen zu können.

Brahmanen-Wurmschlange

Das Schlüpfen
Wie alle Schlangen, die aus einem Ei schlüpfen, schneidet sich die junge Kletternatter, nachdem sie voll entwickelt ist, aus der Schale, wofür sie einen vorübergehenden »Eizahn« auf ihrer Schnauze benutzt. Obwohl sie ein paar Tage in der Nähe des Brutplatzes bleiben mag, ist die junge Schlange vollkommen unabhängig, und giftige Arten können sogar schon Gift produzieren.

Aufbrechen der Schale — **Wittern** — **Sich hervorwagen** — **Das Ei verlassen**

Naturschutz

Schlangen verbringen einen großen Teil ihres Lebens im Verborgenen, darum kann ihre zunehmende Seltenheit leicht übersehen werden. Wenn jedoch dem Schutz nicht höchste Priorität eingeräumt wird, ist damit zu rechnen, dass Hunderte von Arten in nächster Zukunft ausgerottet sein werden. Die ernsthafteste Bedrohung geht vom Menschen aus und beruht hauptsächlich auf der Zerstörung der Lebensräume. Schlangen werden auch aus Angst getötet und viele werden zu Opfern des Verkehrs oder des Handels mit Häuten.

Produkte des Schlangenhandels
Schlangen wurden lange Zeit wegen ihrer Haut geschätzt, die man zur Herstellung von Stiefeln, Schuhen, Gürteln, Handtaschen, Brieftaschen und anderen Waren verwendete. Über 1 Million Schlangen werden jedes Jahr wegen ihrer Häute getötet, besonders Pythons und andere fernöstliche Arten.

Bedrohung der Schlangen

Die natürlichen Lebensräume der Schlangen wurden, wie die vieler anderer Lebewesen, durch menschliche Aktivitäten verwüstet. Am verheerendsten haben sie sich in den Regenwäldern Mittel- und Südamerikas sowie Südostasiens ausgewirkt, wo Rodungen für die Landwirtschaft mit Abholzung und Abbrennen verbunden sind. Die Situation wird durch Erosion und Klimaveränderung noch verschlimmert, die eine Folge dieser und anderer menschlicher Aktivitäten sind.

Viele Schlangenarten wurden in diesen Regionen bereits ausgerottet, oft teilweise deshalb, weil sie aus bedrohten Bereichen nicht so leicht fliehen können wie Säugetiere und Vögel. In einigen Fällen waren Arten bereits ausgerottet worden, bevor man von ihrer Existenz wusste.

Einige Arten werden von eingeführten Raubtieren getötet, einschließlich Katzen, Hunden, Mungos und Ratten, die vom Menschen entweder bewusst oder versehentlich eingeschleppt wurden. Inselarten sind besonders verwundbar. So sind auf Round Island im Indischen Ozean beide Vertreter der Boylerschlangen durch nicht heimische Raubtiere bedroht. Ratten und Katzen machen dort Jagd auf die Schlangen, während Ziegen ihre Lebensräume zerstören. Die Round Island Boa wurde erst 1975 entdeckt und ist heute wahrscheinlich ausgerottet. Die Mauritiusboa, *Casarea dussumieri*, konnte noch kurz vor ihrer Vernichtung durch drastische Schutzmaßnahmen gerettet werden.

Auch andere menschliche Aktivitäten haben zum Rückgang von Schlangen geführt. Die Entwicklung von Industrie und Gewerbe vertreibt oft ihre Beute, so dass sie an Nahrungsmangel zugrunde gehen. In vielen Ländern werden Schlangen – ob giftig oder nicht – getötet, wo immer man ihnen begegnet, und Tausende sterben auf den Straßen. Schlangen werden gezielt verfolgt, speziell für den Handel mit Häuten. Kleinere Zahlen werden für den Tierhandel, für Zoos und für die Forschung gefangen. In Teilen Nordamerikas werden Klap-

Entwaldung
Riesige Flächen tropischer Wälder wurden für Holzhandel, Bergbau, Landwirtschaft und Viehzucht gerodet. Unersetzliche Bäume wurden gefällt und die Lebensräume von Schlangen und anderen Lebewesen vernichtet.

perschlangen in so genannten »Roundups« sogar zum Freizeitvergnügen getötet.

Schutzmaßnahmen

Es besteht kein Zweifel, dass Schlangen sofortige Hilfe brauchen, wenn sie überleben sollen. Für viele Arten ist es bereits zu spät, aber das wachsende Interesse an Schutz und Erhaltung bedrohter Arten weitet sich allmählich auch auf den Schutz von Schlangen aus.

Forschung: Eine entscheidende Voraussetzung sind mehr Gelder für die Forschung, um die vielen Lücken unseres Wissens über Schlangen zu füllen. Einige Schlangenarten kennt man nur von einer Hand voll konservierte Exemplare, was es Naturschützern schwer macht, angemessene Hilfe zu leisten.

Naturschutzgebiete: Bis zur Schaffung spezieller Schlangenreservate ist es noch ein langer Weg, doch profitieren Schlangen auch vom Lebensraumschutz anderer bedrohter Arten. Deshalb sind Nationalparke und Naturschutzgebiete von großem Wert zur Erhaltung auch von Schlangenarten.

Vermehrung in Gefangenschaft: Für manche Arten sind Zuchtprogramme die einzige Antwort, da Naturschützer in einem Wettlauf mit der Zeit stehen, um Arten vor der Ausrottung zu bewahren. Beispielsweise haben viele amerikanische und europäische Zoos bei der Zucht von 3 bedrohten Boa-Arten aus Madagaskar kooperiert und im Zoo der Kanalinsel Jersey werden von 3 weiteren bedrohten Schlangenarten Zuchtpopulationen gehalten. Das Ziel solcher Zuchtprogramme in Gefangenschaft sollte die Freilassung von Schlangen sein. Wenn jedoch eine Art aus Gründen der Lebensraumzerstörung selten geworden ist, müssen zunächst wirksame Naturschutzmaßnahmen ergriffen werden. Auf Round Island hat man die vom Menschen eingeführten Ziegen und Kaninchen, die die Vegetation zerstörten, in den 1970er und 1980er Jahren ausgerottet. So konnten sich Bäume und Unterwuchs erholen, was den Echsen zugute kam, von denen sich die Boas hauptsächlich ernähren. Die Insel eignet sich heute besser für Schlangen, als je in den letzten 100 Jahren.

Erziehung: Das wichtigste Instrument des Naturschutzes ist Erziehung, und in vielen Ländern beginnen die Menschen den Wert wild lebender Tiere und Pflanzen zu erkennen. Schlangen stehen zwar nicht im Mittelpunkt des Interesses, sie profitieren aber von einer toleranteren Einstellung zur Natur, von Trends gegen die Verwendung von Tierprodukten in der Modeindustrie und vom zunehmenden Ökotourismus in Gegenden, die früher kaum Besucher anlockten.

Gesetze: Überall in der Welt genießen jetzt viele Schlangenarten ein gewisses Maß an gesetzlichem Schutz: Es gibt Gesetze, die das Sammeln, Verkaufen und Exportieren seltener Schlangen (oder Schlangenprodukte) einschränken und regulieren sowie in einigen Fällen heimische Schlangenarten sogar ganz schützen.

Die Milos-Otter retten

Eine Milos-Otter, die vom Steingrubenverkehr getötet wurde.

Die Milos-Otter, *Macrovipera schweizeri*, lebt auf drei kleinen griechischen Inseln, wo sie durch Gipsabbau und Verfolgung gefährdet ist. Es gibt Anstrengungen, Teile ihres Lebensraums zu schützen, jedoch nehmen die Zahlen rasch ab, so dass man Zuchtprogramme einleiten musste. Miniatursender werden von Naturschützern benützt, diese und andere Schlangenarten in freier Natur zu untersuchen. Der Sender wird der Schlange implantiert. Man kann dann ihre Bewegungen verfolgen und Daten, wie die Körpertemperatur, registrieren.

Für Forschungszwecke wird ein Sender unter die Haut geschoben.

Kurz vor der Ausrottung
Die Antigua-Zornnatter, Alsophis antigua, *gehört zu den seltensten Schlangen der Welt; man findet sie nur auf der Karibikinsel gleichen Namens. 1985 gab es nur noch 50–60 Alttiere. Der Niedergang der Art wurde durch Ratten verursacht.*

Zum Schutz gefangen
Antigua-Zornnattern wurden von Naturschützern gefangen und zum Jersey Wildlife Preservation Trust auf der Kanalinsel geschickt. Die Schlangen wurden für den Aufbau einer Zuchtpopulation verwendet, während man in Antigua die Ratten vernichtete.

Zucht in Gefangenschaft
Nach Ankunft im Zoo von Jersey wurden die Schlangen in Terrarien gehalten. Ihre Nachkommen werden eines Tages wieder in die Wildnis entlassen. Zucht in Gefangenschaft ist eine wertvolle Sicherheitsvorkehrung im Kampf um die Erhaltung bedrohter Arten.

Systematik der Schlangen

Die Wissenschaft, die sich mit den Beziehungen zwischen den verschiedenen Organismen befasst und diese so darstellt, dass Verwandtschaften erkennbar werden, nennt man Systematik oder Taxonomie. Schlangen gehören zur Klasse der Reptilien. Man teilt die Klasse in 4 Ordnungen: die Testudines (Schildkröten), die Crocodylia (Krokodile und Alligatoren), die Rhynchocephalia (Schnabelköpfe oder Tuataras) und die Squamata (Eigentliche Schuppentiere). Die Squamata gliedern sich in 3 Unterordnungen: die Sauria (Echsen), die Amphisbaenia (Doppelschleichen) und die Serpentes (Schlangen).

Weißlippen-Bambusotter
Die Stellung der Fangzähne und die zahlreichen kleinen Kopfschuppen weisen diese Art als Vertreter der Vipernfamilie aus. Das Vorhandensein von Grubenorganen stellt sie in die Unterfamilie Crotalinae oder Grubenottern. Es ist nicht immer so leicht, Schlangen aufgrund ihrer äußeren Merkmale einzuordnen.

Familien

Innerhalb der Unterordnung Serpentes teilt man die Schlangen in 2 Hauptgruppen oder Überfamilien, die Scolecophidia und die Alethinophidia. Jede Überfamilie gliedert sich weiterhin in Familien, deren Gesamtzahl je nach System schwankt. Die folgende Systematik stellt eine konservative Unterteilung in 18 Familien dar. Familien werden weiter unterteilt in Gruppen verwandter Schlangen (Gattungen), die aus den verschiedenen Arten bestehen.

Die Schlangensystematik ist jedoch in ständigem Fluss, da neue Entdeckungen ans Licht kommen und neue Untersuchungstechniken zu neuen Einsichten in die Beziehungen zwischen Familien oder Arten führen. Zwischen den Herpetologen gibt es gegenwärtig in 4 Bereichen Meinungsunterschiede.

Erstens: Sind Boas und Pythons Zweige derselben Familie oder gehören sie verschiedenen Familien an? Hier werden sie eigenen Familien zugeordnet.

Zweitens: Sollte man Seeschlangen zur selben Familie zählen wie die Kobras oder verdienen sie eine eigene Familie? Hier werden sie derselben Familie zugeordnet.

Drittens: Wohin gehören die im Boden lebenden Erdvipern? Im Lauf der Jahre hat man sie einmal zur Kobrafamilie, einmal zur Vipernfamilie und einmal zu den Colubriden (Nattern) gezählt. Gegenwärtig billigt man ihnen gewöhnlich eine eigene Familie zu; dem wird auch hier gefolgt. Aber selbst dann gibt es Diskussionen darüber, welche Arten definitiv zu den im Boden lebenden Erdvipern gerechnet werden sollen.

Die vierte und letzte Frage ist, ob die zwei Arten von Wühlschlangen (Gattung *Anomochilus*) aus Südostasien mit anderen Walzenschlangen (Gattung *Cylindrophis*) zu einer einzigen Familie vereinigt werden sollen (die traditionelle Ansicht), oder ob sie eigenen Familien angehören. Unser Stammbaum weist sie als zwei Familien aus.

Stammbaum
Dieses Diagramm zeigt, wie die Unterordnung Serpentes sich in zwei Überfamilien und dann in 18 Schlangenfamilien teilt, hier aufgeführt in der Reihenfolge, in der sie sich entwickelten (von oben nach unten). Die Gruppe der Caenophidia besteht aus den höchst entwickelten Familien.

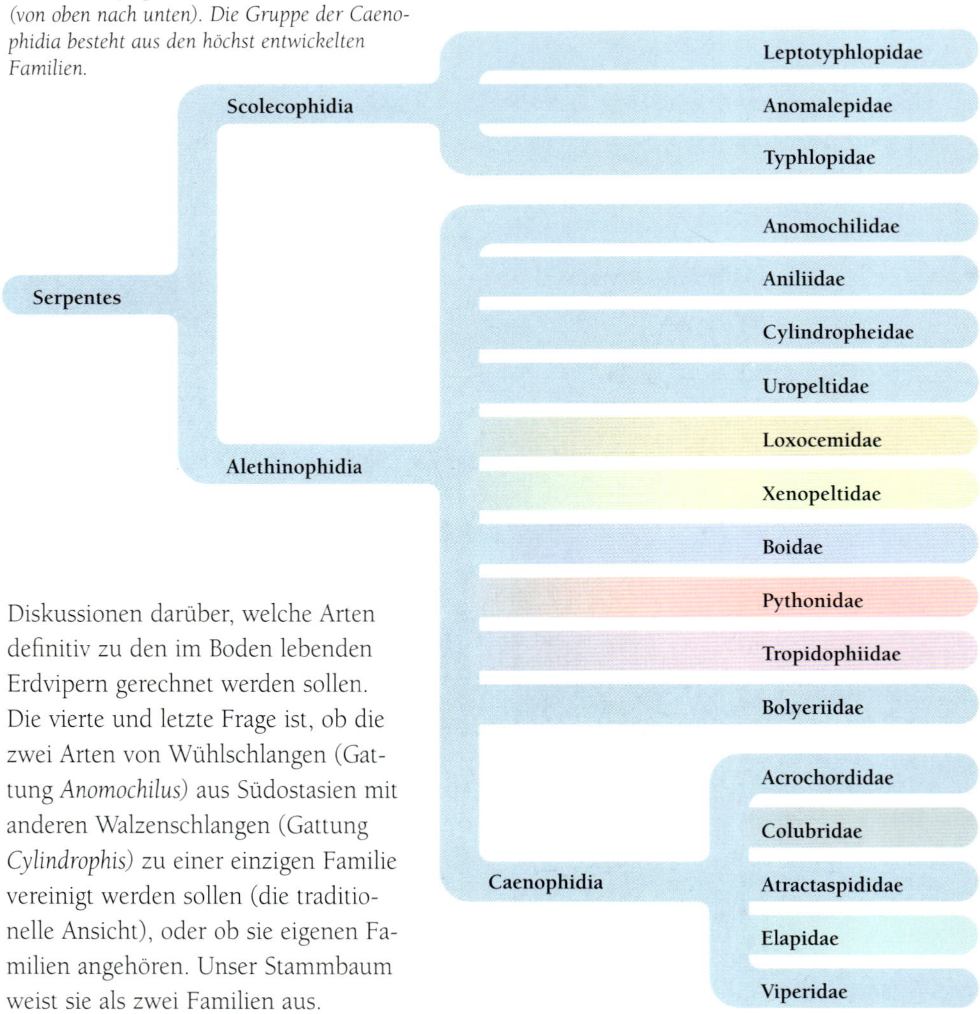

Schlangen-Galerie

Die Schlangen-Galerie bildet 61 Schlangenarten ab, die ausgesucht wurden, um die phantastische Vielfalt in Größe, Form, Farbe und Zeichnung darzustellen, die sich bei diesen bemerkenswerten Geschöpfen findet. Manche Arten wurden auch wegen ihres faszinierenden Verhaltens aufgenommen. Zusammen repräsentieren sie alle wichtigen Regionen der Welt.

Die Arten wurden entsprechend der traditionellen Systematik angeordnet, die mit der primitivsten Familie beginnt und mit der zuletzt entstandenen endet. Die Vertreter einiger Familien sind entweder extrem selten oder werden selten gesehen und nicht oft fotografiert, darum sind nicht alle Schlangenfamilien repräsentiert.

Jede Schlange wird mit einer Beschreibung ihrer interessantesten Eigenschaften vorgestellt. Bildunterschriften, Anmerkungen und Kästen erklären wichtige Aspekte des Verhaltens, der körperlichen Merkmale, der Tarnung und ungewöhnliche Arten der Fortbewegung und bieten damit faszinierende und in manchen Fällen wenig bekannte Tatsachen.

Seitenaufbau der Galerie
Jede Tafel präsentiert 1 oder 2 Schlangenarten und zeigt ein Bild der Art. Dieses kommentierte Beispiel verdeutlicht, wie die Informationen auf jeder Seite gegliedert sind.

Artname
Hier steht der deutsche Name der beschriebenen Art.

Hauptmerkmale
Hier werden die nützlichsten Hinweise zur Bestimmung der abgebildeten Art gegeben.

Fußabdruck
Der Fußabdruck zeigt die relative Größe der Schlange. Er entspricht 30 cm.

Mittlere Länge eines Alttiers
Die dunkelgraue Schlange zeigt die typische Länge, die von einem Alttier der Art erreicht wird.

Maximale Länge
Vier der sechs Arten, die eine bemerkenswerte Länge erreichen, werden dargestellt. Die hellgraue Schlange repräsentiert das bisher längste bekannte Exemplar.

Info-Kasten
Hier wird eine für die Art bedeutsame Besonderheit behandelt – von Schutzbelangen bis zu anderen Arten mit ähnlichen Merkmalen.

Zusatzabbildungen
Sie zeigen Besonderheiten oder Verhaltensweisen, die bei der Bestimmung der abgebildeten Schlange hilfreich sind.

Steckbrief
Hier werden die wichtigsten Fakten der abgebildeten Art aufgelistet, einschließlich ihres wissenschaftlichen Namens, der Familie, des natürlichen Lebensraums, Einzelheiten der Fortpflanzung, bevorzugte Nahrung und Verbreitung.

Weltkarte
Die ungefähre geografische Verbreitung der Art ist rot eingezeichnet.

Spitzkopfpython

Der Spitzkopfpython ist ein Rätsel. Er ist der einzige Vertreter seiner Familie, und man weiß immer noch nicht recht, wie man seine Besonderheiten in die allgemeine Schlangensystematik einordnen soll. Manche Eigenschaften erinnern an die Pythons, obwohl es in der Neuen Welt keine Pythons gibt. Seine unterirdische und versteckte Lebensweise erschweren sein Studium. Immerhin hat man die Art beim Verzehren von Leguaneiern beobachtet.

Steckbrief

Art:	*Loxocemus bicolor*
Familie:	Loxocemidae (Spitzkopfpythons)
Lebensraum:	Tropische, feuchte, trockene und aride Wälder
Vermehrung:	Eierlegend, mit kleinen Gelegen
Nahrung:	Nagetiere, Eidechsen und deren Eier
Verbreitung:	Südliches Mexiko, Costa Rica und Honduras

Durchschnittliche Länge ausgewachsener Tiere

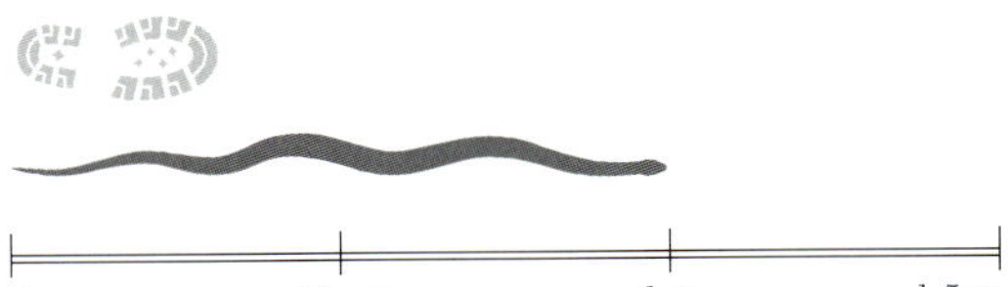

Hauptmerkmale

Die Schlange ist kräftig gebaut und besitzt einen muskulösen Körper. Ihre kleinen, glänzenden Schuppen sind überwiegend dunkelgrau, mit weißen Flecken. Der schmale Kopf, die keilförmige Schnauze und die kleinen Augen sind Anpassungen an ihre grabende Lebensweise und ermöglichen es ihr, sich durch lockere Erde zu wühlen.

Kopfschuppen
Der Kopf ist von großen Schuppen bedeckt, was den Spitzkopfpython von vielen anderen primitiven Schlangen unterscheidet. Seine flache Form ist eine Anpassung an das Leben im Boden.

Kleine Augen
Die Augen sind klein, und man nimmt an, dass sich die Schlange bei der Jagd mit Hilfe ihres Geruchsorgans orientiert.

Spitzkopfpython
Der erwachsene Loxocemus hat unregelmäßige Flecken weißer Schuppen auf dem Körper. Sie treten erst mit dem Älterwerden auf, wenn das helle Nackenband der jungen Schlange verschwindet.

Farbwechsel
Dieses ungewöhnliche Individuum verlor nach der Häutung bis auf einen kleinen Fleck am Kopf seine graue Pigmentierung.

Regenbogen-Erdschlange

Obwohl sie nur entfernt verwandt sind, ist die Regenbogen-Erdschlange das asiatische Gegenstück zum Spitzkopfpython (gegenüberliegende Seite). Auch sie gehört einer nur sehr kleinen Familie an, aus der man nur eine ähnliche Art aus China kennt. Wie der Spitzkopfpython verbringt sie die meiste Zeit im Boden und ernährt sich von Nagetieren sowie anderen grabenden Wirbeltieren, einschließlich anderer Schlangen.

Steckbrief

Art:	*Xenopeltis unicolor*
Familie:	Xenopeltidae (Erdschlangen)
Lebensraum:	Waldlichtungen, Plantagen, Gärten und Parks
Vermehrung:	Das Gelege besteht aus bis zu 10 Eiern
Nahrung:	Nahezu alles, vor allem Frösche, Reptilien und Kleinsäuger
Verbreitung:	Südliches China und Südostasien

Hauptmerkmale

Das auffallendste Unterscheidungsmerkmal der Regenbogen-Erdschlange sind ihre ungewöhnlich glänzenden, irisierenden Schuppen; keine andere Schlange glänzt derart. Sie hat einen dicklichen, kräftigen Körper und einen schmalen Kopf, der sich kaum vom Hals abhebt.

Regenbogen-Erdschlange
Ihre schimmernden Schuppen gaben dieser Schlange ihren deutschen Namen. Sie wird gelegentlich auch als Irisierende Erdschlange bezeichnet. Ihr wissenschaftlicher Artname, Xenopeltis, *bedeutet »merkwürdig versteckt«.*

Schlanker Hals
Der schmale Kopf geht fast unmerklich in den schlanken Hals über.

Irisierender Glanz
Eine Schicht dunklen Pigments unmittelbar unter der Oberfläche der Schuppen verstärkt den irisierenden Glanz.

Keilförmiger Kopf
Die Form des Kopfes ermöglicht der Schlange, sich durch lockere Erde zu schieben. Die Augen sind klein.

Kopfschuppen
Große, irisierende Schuppen bedecken vollständig die Oberseite des Kopfes.

Durchschnittliche Länge ausgewachsener Tiere

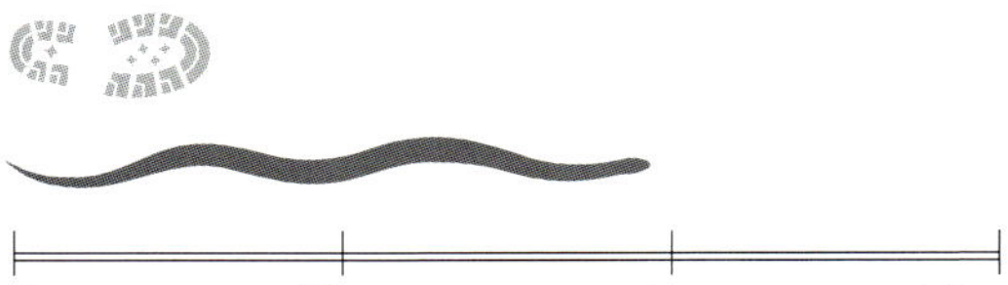

Grüner Hundskopfschlinger

Diese hellgrüne Schlange lebt in den dichten Regenwäldern Südamerikas. Tagsüber hängt sie unauffällig aufgerollt auf einem waagrechten Ast. Nachts lauert sie kopfunter baumelnd ihrer Beute auf – gewöhnlich Vögeln, Fledermäusen oder kleinen baumlebenden Säugern. Sie lässt sich nie am Boden blicken und gebiert sogar lebende Junge im Kronendach der Bäume. Völlig ungestörte Waldlebensräume sind für ihr Überleben entscheidend.

Grubenorgane
Sie sind tief und sehr auffällig. Für einen nächtlichen Jäger sind sie äußerst nützlich und gestatten der Schlange, ihre Beute gezielt zu schlagen.

Breiter Kopf
Wie bei den meisten Boas ist der Kopf mit kleinen Schuppen bedeckt. Die Kiefermuskeln sind kräftig und erlauben es der Schlange, ihre Beute sicher festzuhalten, während sie ihre gebogenen Zähne tief in den Körper ihres Opfers schlägt.

Hauptmerkmale

Die hellgrüne Grundfärbung und die weiße Rückenzeichnung machen den Grünen Hundskopfschlinger unter den südamerikanischen Schlangen unverwechselbar. Der Grüne Baumpython (siehe S. 62) aus Südostasien und dem nördlichen Teil Australiens sieht allerdings nahezu identisch aus. Unterscheidungsmerkmale sind die größeren Schuppen auf dem Kopf des Grünen Hundskopfschlingers und die Lage der Grubenorgane zwischen den Schuppen am Mundrand; bei dem Python liegen sie in den Schuppen.

Sicherer Halt
Der Schwanz windet sich um einen Ast und verankert die hängende Schlange.

Grüner Hundskopfschlinger
Die hellgrüne Färbung und der schlanke Körper weisen auf das Baumleben des Grünen Hundskopfschlingers hin. Die weißen Querstreifen lösen die Körperform auf und tarnen die Schlange, wenn sie aufgerollt ruht.

In Lauerposition
Die auf Beute lauernde Schlange hängt in lockerer S-Form von einem Ast, was ihr ein schnelles Zupacken ermöglicht.

Weiße Punkte
Die typische weiße Zeichnung variiert etwas in Größe und Deutlichkeit.

Typische Färbung
Ausgewachsene Tiere sind stets grün, jedoch von unterschiedlicher Tönung.

Jugendkleid
Ein frisch geborener Grüner Hundskopfschlinger ist gewöhnlich ziegelrot, kann aber auch bräunlich oder gelb sein. Die Farbe der Schuppen ändert sich langsam mit zunehmender Größe, wenn die Schlange eine Länge von 1 m erreicht hat, ist sie gewöhnlich grün.

Steckbrief

Art: *Corallus caninus*
Familie: Boidae (Riesenschlangen)
Lebensraum: Regenwald
Vermehrung: Das Weibchen bringt bis zu 20 Junge zur Welt
Nahrung: Vögel und Kleinsäuger
Verbreitung: Südamerika

Durchschnittliche Länge ausgewachsener Tiere

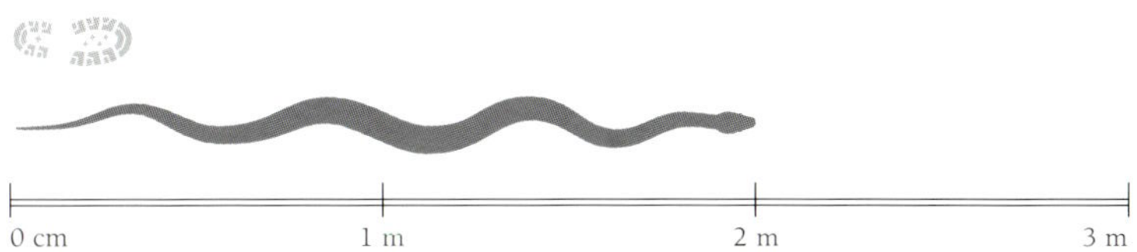

Amazonas-Baumboa

Jungtier bei der Jagd auf Echsen.

Am nächsten verwandt mit dem Grünen Hundskopfschlinger ist die Amazonas-Baumboa, die in Südamerika und auf einigen karibischen Inseln zu finden ist. Diese Art ist kürzer, schlanker und kommt in verschiedenen Farben vor – nur nicht in Hellgrün. Ihr geringes Gewicht gestattet ihr, auch dünne Zweige zu erklettern, wo sie ihre bevorzugte Beute, schlafende Echsen, jagt.

Abgottboa

Die *Boa constrictor* gehört wohl zu den bekanntesten Schlangen. Sie ist ein herrliches Raubtier des Dschungels von Mittel- und Südamerika, das sich an verschiedenste Lebensräume und Lebensweisen angepasst hat. Sie hat nur wenige Feinde, wenn sie einmal ihre ausgewachsene Länge von 3 oder mehr Metern erreicht hat.

Unterschiedliche Lebensräume
Obwohl man die Abgottboa meist in Regenwäldern findet, kommt sie auch in trockeneren Habitaten vor, etwa in Mexiko oder in den Grasländern des nördlichen Argentiniens. Sie lebt in Bäumen oder auf dem Boden und tendiert mit zunehmender Größe zum terrestrischen Leben.

Hauptmerkmale

Die Abgottboa hat einen im Vergleich zu ihrem stämmigen, kraftvollen Körper relativ kleinen Kopf. Entsprechend ihrer weiten geografischen Verbreitung variieren Grundfärbung und Zeichnung stark. Die Grundfarbe kann silber, grau oder braun sein, die Zeichnung kann aus großen Flecken oder sattelförmigen Binden in den Farben Dunkelrot oder Braun bestehen. Manche Rassen sind schwarz überzogen, andere hell graurosa.

Schmaler Kopf
Der dünne Kopf trägt eine rechtwinklig abgeschnittene Schnauze und ist mit vielen kleinen Schuppen bedeckt. Die Zeichnung betont die Form und löst die Umrisse auf.

Dicker Leib
Die Abgottboa hat einen dicken, muskulösen Leib, mit dem sie ihre Beute erdrosselt und beim Klettern Äste umschlingt.

Gefährdet

Obwohl die Abgottboa weit verbreitet ist, sind manche lokale Populationen in ihrem Bestand gefährdet. Zu ihnen gehört eine kleine Rasse, die auf Inselgruppen an der Nordküste vor Honduras lebt und durch Tierhandel und Lebensraumzerstörung stark dezimiert wurde.

Abgottboa von Hog Island.

Steckbrief

Art:	*Boa constrictor*
Familie:	Boidae (Riesenschlangen)
Lebensraum:	Unterschiedlich, von halbtrockenem Buschland bis zu Regenwäldern
Vermehrung:	Das Weibchen bringt bis zu 50 lebende Junge zur Welt
Nahrung:	Vögel und Kleinsäuger
Verbreitung:	Mittel- und Südamerika

Abgottboa
Die beachtliche Größe und der kraftvolle Körper der Gewöhnlichen Boa gestatten es ihr, sich von den verschiedensten Warmblütern zu ernähren. Je nach Klima und Jahreszeit geht sie tags oder nachts auf die Jagd.

Schwanzfärbung
Die Sattelzeichnung ist am Schwanz oft dunkelrot; die Farbintensität variiert aber von einer lokalen Population zur anderen.

Schlucken der Beute
Die Abgottboa beginnt ihre Beute zu verschlingen, sobald sie tot ist. Die Schlange spreizt zunehmend ihre Kiefer, während sie den Kadaver langsam hinunterwürgt.

Dehnbare Schuppen
Die Haut ist im Halsbereich sehr dehnbar, was es der Schlange ermöglicht, relativ große Beute zu verschlingen.

Durchschnittliche Länge ausgewachsener Tiere

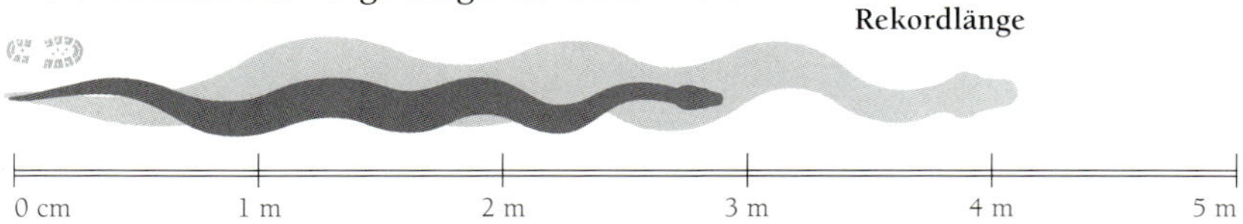

Regenbogenboa

Die Regenbogenboa tritt in mehreren, deutlich unterscheidbaren Formen oder Unterarten auf, von denen jede wiederum in Größe und Färbung leicht variiert. Allen gemeinsam ist eine glänzend irisierende Haut. Regenbogenboas sind am Boden ebenso zu Hause wie auf Bäumen und in einer Vielzahl von Lebensräumen.

Hauptmerkmale

Die Regenbogenboa ist gewöhnlich schlank, wenn auch die Körperformen der verschiedenen Arten recht variabel sind. Der Kopf ist schmal und trägt oft einen schwarzen Scheitelstrich und je einen schwarzen Augenstrich. Am Oberkiefer befindet sich je eine Reihe flacher Grubenorgane. Junge Regenbogenboas sind in allen Unterarten leuchtender gefärbt als ausgewachsene.

Große Augen
Regenbogenboas haben mittelgroße Augen, da sie bei Gelegenheit auch Sichtjäger sind.

Brasilianische Regenbogenboa
Die Brasilianische Regenbogenboa ist die am lebhaftesten gezeichnete Unterart. Auf orangerotem oder braunrotem Untergrund ist sie mit schwarzen Kreisen und Wellenlinien sowie seitlich mit einer Reihe von Augenflecken gezeichnet.

Schimmernde Schuppen
Die glatten, irisierenden Schuppen schimmern und scheinen ihre Farbe mit den Bewegungen der Schlange zu verändern.

Paraguay-Regenbogenboa
Die Paraguay-Regenbogenboa, Epicrates cenchria crassus, *besitzt einen kräftigen Körper. Sie ist mit deutlichen dunklen Kreisen auf dem Rücken und ebensolchen Linien am Kopf gezeichnet.*

Lebend gebärend
Regenbogenboas sind lebend gebärend. Die Jungen entwickeln sich innerhalb einer dünnen Membran, aus der sie kurz vor oder kurz nach der Geburt schlüpfen.

Argentinische Regenbogenboa
Das Aussehen der Argentinischen Regenbogenboa, Epicrates cenchria alvarezi, *macht sie zu einer deutlich unterscheidbaren Unterart. Ihre Schuppen glänzen nicht so stark wie die anderer Formen, die Zeichnung besteht aus einem komplexen Muster heller Kreise und Halbkreise auf dunklem Untergrund.*

Durchschnittliche Länge ausgewachsener Tiere

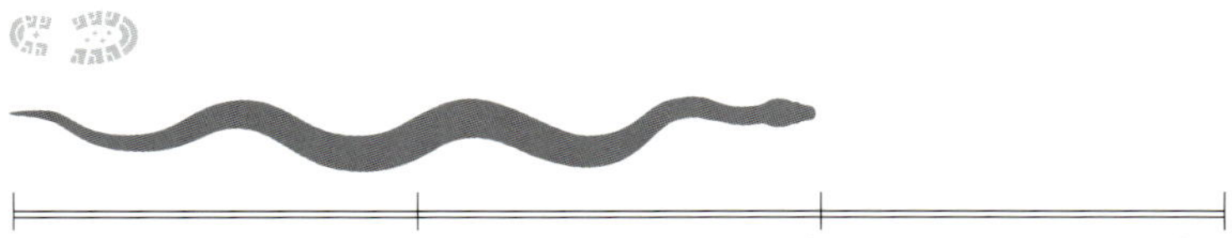

Steckbrief

Art:	*Epicrates cenchria*
Familie:	Boidae (Riesenschlangen)
Lebensraum:	Regenwald und Grasland
Vermehrung:	Das Weibchen bringt bis zu 25 lebende Junge zur Welt
Nahrung:	Vögel und Kleinsäuger
Verbreitung:	Nördliches und zentrales Südamerika

Große Anakonda

An Gewicht und Umfang übertrifft diese gigantische südamerikanische Schlange vermutlich alle anderen Arten. Weil sie so schwer wird, muss sie einen Teil ihres Lebens im Wasser verbringen und ihrer Beute durch Auflauern nachstellen. Frühe Berichte viktorianischer Entdecker von bis zu 18 Meter langen Anakondas waren sicher übertrieben, gleichwohl: Ausgewachsene Anakondas sind eindrucksvoll. Sie haben außer dem Menschen wenige Feinde und können mehr als 50 Jahre alt werden.

Tarnung im Wasser
Die gesprenkelte Zeichnung tarnt die Schlange, wenn sie zwischen Vegetation im seichten Wasser liegt.

Hauptmerkmale

Die Große Anakonda ist eine gewaltige olivgrüne oder braune Schlange mit zahlreichen runden oder ovalen schwarzen Flecken, die unregelmäßig über den ganzen Körper verteilt sind. Es gibt nirgends auf der Welt ähnliche Schlangen, so dass sie aufgrund ihrer Größe, ihrer Färbung und ihres Lebensraums nicht zu verwechseln ist.

Hochstehende Augen
Die Augen der Großen Anakonda sind zum Schädeldach hin verschoben, so dass bei der untergetauchten Schlange kaum mehr als die Augen über die Wasseroberfläche ragen.

Große Anakonda
Ein geschmeidiger, biegsamer Körper dient der Großen Anakonda zur Fortbewegung in Sumpf und seichtem Wasser sowie zum Erwürgen ihrer Beute. An Land hingegen lässt der schwere Körper die Schlange träge erscheinen, besonders im fortgeschritteneren Alter, wenn Länge und Umfang zunehmen.

Großer Kopf
Der dicke, kräftige Hals geht in den großen Kopf über. Von jedem Auge zieht sich ein dunkler Streifen zum Kiefergelenk; bei älteren Tieren kann diese Zeichnung verschwinden, da der ganze Körper dunkler wird.

Durchschnittliche Länge ausgewachsener Tiere

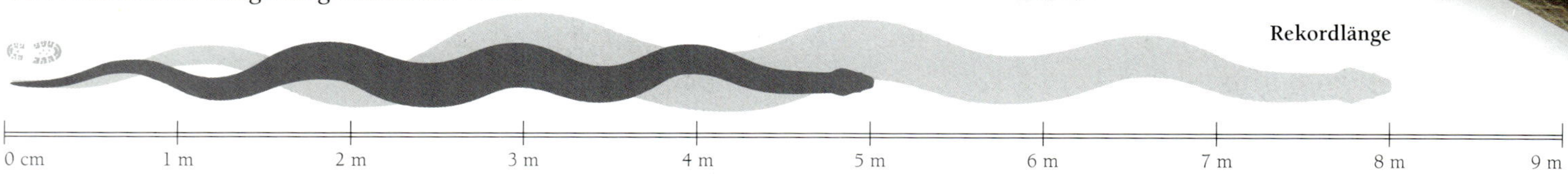

Ein vielseitiger Jäger
Außer Säugetieren und Vögeln frisst diese Schlange auch Süßwasser-Schildkröten und sogar Kaimane. Kämpfe mit solch beachtlichen Gegnern können mehrere Stunden dauern, doch die Schlange verliert selten. Es gibt einige Berichte über Anakondas, die Kinder gefressen haben sollen.

Ein mächtiger Körper
Den kraftvollen Schlingen dieses Leibes entkommt eine Beute nur selten.

Steckbrief

Art:	*Eunectes murinus*
Familie:	Boidae (Riesenschlangen)
Lebensraum:	Sümpfe und überflutete Wälder
Vermehrung:	Das Weibchen bringt bis zu 40 lebende Junge zur Welt
Nahrung:	Nahezu alle Tiere, einschließlich Fischen, Reptilien, Vögeln und Säugern
Verbreitung:	Südamerika, vor allem das Amazonasbecken, und Trinidad

Gelbe Anakonda

Die Süd- oder Gelbe Anakonda, *Eunectes notaeus*, ist viel kleiner als die Große Anakonda, sie wird »nur« 2–3 m lang. Sie ist lebhafter gefärbt, mit kräftigen schwarzen Flecken auf gelbem oder ockerfarbenem Grund. Verhalten und Gewohnheiten sind denen der Großen Anakonda ähnlich. So sind beide Arten aquatisch und lebend gebärend. Junge Gelbe Anakondas ernähren sich häufig von Fischen.

Gelbe Anakonda im seichten Wasser.

Dreistreifen-Rosenboa

Die Dreistreifen-Rosenboa ist ein hübscher, aber versteckt lebender Bewohner der Wüsten im Südwesten Nordamerikas. Man findet sie in felsigem Terrain, wo sie sich tagsüber in Spalten und Höhlen versteckt und nachts auf Nagetiere und andere Kleinsäuger Jagd macht. Die Rosenboa bewegt sich langsam und bedächtig, kann aber rasch zuschlagen. Wie alle Riesenschlangen ist sie eine kräftige Würgeschlange. Gegenüber Menschen ist sie völlig friedlich und wird oft zahm gehalten.

Mexikanische Rosenboa
Die Mexikanische Rosenboa, C. trivirgata trivirgata, *hat dunkelbraune oder schwarze Streifen auf cremefarbenem Grund, womit sie die am markantesten gezeichnete Unterart ist. Man findet sie im südlichen Niederkalifornien, in der Sonora und lokal im südlichen Arizona.*

Hauptmerkmale

Die Dreistreifen-Rosenboa ist eine dickleibige Schlange mit kleinem Kopf und kurzem Schwanz. Die kleinen Schuppen sind glatt und glänzend. Der walzenförmige Körper ist mit 3 breiten Längsstreifen auf hellem Grund gezeichnet. Die Farbe der Streifen variiert je nach Unterart.

Langer Kopf
Der Kopf ist gestreckt und von zahlreichen kleinen Schuppen bedeckt. Die kleinen Augen haben senkrechte Pupillen, typisch für nächtliche Jäger. Die Rosenboa besitzt keine wärmeempfindlichen Gruben.

Küsten-Rosenboa
Die Streifen der Küsten-Rosenboa, C. trivirgata roseofusca, *sind ausgefranst, besonders bei alten Individuen. Diese Unterart lebt in der Küstenregion des südlichen Kaliforniens und in Teilen des angrenzenden Niederkaliforniens.*

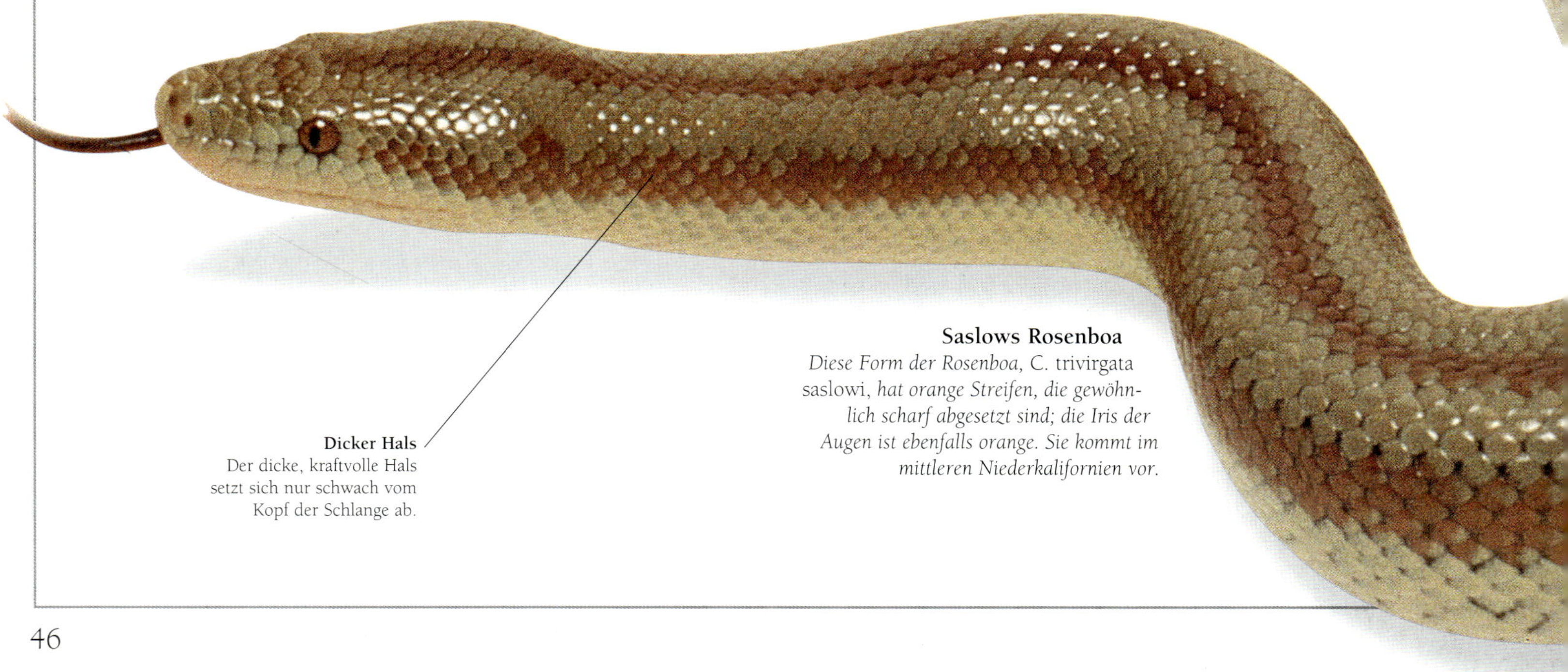

Saslows Rosenboa
Diese Form der Rosenboa, C. trivirgata saslowi, *hat orange Streifen, die gewöhnlich scharf abgesetzt sind; die Iris der Augen ist ebenfalls orange. Sie kommt im mittleren Niederkalifornien vor.*

Dicker Hals
Der dicke, kraftvolle Hals setzt sich nur schwach vom Kopf der Schlange ab.

Steckbrief

Art: *Charina trivirgata*
Familie: Boidae (Riesenschlangen)
Lebensraum: Wüsten und felsige Erhebungen
Vermehrung: Das Weibchen bringt bis zu 8 lebende Junge zur Welt
Nahrung: Kleinsäuger
Verbreitung: Nordamerika

Wüsten-Rosenboa
Die Wüstenrasse, C. trivirgata myriolepis, *ist gelblich mit orangebraunen Streifen, die am Rand gezackt und nicht so scharf abgesetzt sind wie die der Rasse im mittleren Niederkalifornien. Die Wüsten-Rosenboa kommt im nördlichen Arizona vor sowie in angrenzenden Teilen anderer Wüstenstaaten.*

Variable Färbung
Diese Form, wie die meisten anderen auch, entspricht nicht ihrem Populärnamen, da sie selten rosa gefärbt ist. Nur wenige Individuen weisen eine orange- oder rosafarbene Tönung auf.

Durchschnittliche Länge ausgewachsener Tiere

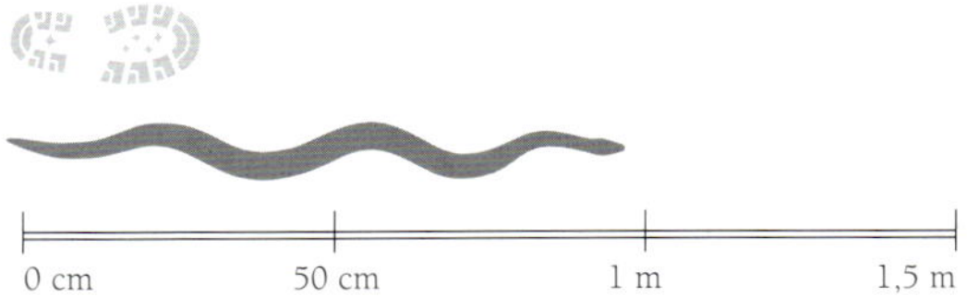

Dumeril-Boa

Die Art lebt in der Laubstreu des Waldbodens im südlichen und südwestlichen Madagaskar. Durch Lebensraumzerstörung und Tierhandel wurden die Bestände der Dumeril-Boa stark reduziert. Immerhin wird sie im Rahmen eines Arterhaltungsprogramms in vielen Zoos gezüchtet. Bei guten Zuchterfolgen sollte es möglich sein, wieder Tiere auszuwildern, vorausgesetzt es gelingt, auf Madagaskar die Zerstörung der Wälder als Lebensraum der Schlange zu beenden.

Steckbrief

Art:	*Boa dumerili*
Familie:	Boidae (Riesenschlangen)
Lebensraum:	Trockenwälder
Vermehrung:	Das Weibchen bringt bis zu 15 lebende Junge zur Welt
Nahrung:	Vögel und Säuger
Verbreitung:	Madagaskar

Hauptmerkmale

Die Dumeril-Boa ist eine stämmige Schlange, deren Zeichnung beim Jungtier rosa getönt ist, was aber bald verschwindet. Adulte Tiere sind komplex hell- und dunkelbraun gezeichnet. Die tintenschwarzen Flecken auf den Schuppen am Mundrand sind charakteristisch.

Dumeril-Boa
Wie die meisten anderen Riesenschlangen, hat auch die Dumeril-Boa einen kräftigen, muskulösen Leib, mit dem sie ihre Beute erdrosselt, und einen kurzen Schwanz. Diese Körperform setzt ihrer Geschwindigkeit Grenzen, sie kann jedoch schnell zuschlagen, wenn Beute dem lauernden Tier nahe kommt. Ihre Färbung, die kleinen Schuppen und der schwere Körper ähneln der Abgottboa.

Kopfschuppen
Auf dem Schädeldach befinden sich viele kleine Schuppen.

Kinngrube
Alle Schlangen besitzen unterm Kinn eine auffällige Grube, die man als Kinnfurche bezeichnet. Hier ist die Haut besonders elastisch, wodurch der Unterkiefer während des Schluckens stark gespreizt werden kann.

Zungenschlitz
Die Zunge einer Schlange wird durch einen Schlitz im Oberkiefer vorgestreckt, den man als Rostrallücke bezeichnet. Das gestattet der Schlange, Düfte durch Züngeln aufzunehmen, ohne den Mund zu öffnen.

Veränderliche Farben
Die Schuppen der adulten Schlange haben die rote, rosa oder orange Tönung der jungen Dumeril-Boa verloren.

Durchschnittliche Länge ausgewachsener Tiere

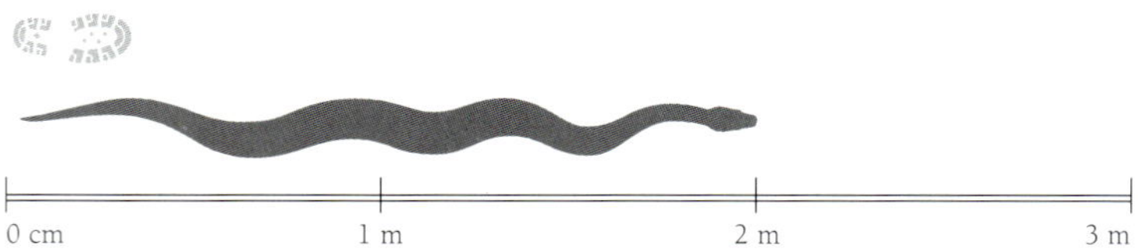

Entwaldung

Die Dumeril-Boa ist eine der vielen einmaligen Reptilien, Amphibien, Säugetiere und Pflanzen auf Madagaskar, die durch die Zerstörung ihrer Lebensräume gefährdet sind. Alle schweben in großer Gefahr, ausgerottet zu werden, wenn die Entwaldung in gleicher Weise fortschreitet. Nur ein kleiner Teil der Wälder Madagaskars besteht noch. Das Abholzen zur Gewinnung landwirtschaftlicher Flächen vernichtet nicht nur die Wälder, sondern führt auch zu Bodenerosion und Verlandung der Gewässer.

Für Weideland abgeholzter Landstrich in Madagaskar.

Ungewöhnliche Zeichnung
Die Musterung ist außerordentlich variabel, keine zwei Schlangen gleichen sich vollständig. Bei manchen Tieren bildet der Sattel entlang der Mittellinie ein perfektes Oval, bei anderen passen die Sattelhälften nicht zusammen.

Walzenförmiger Körper
Der dicke, stämmige Körper ist nahezu walzenförmig geformt.

Tarnung
Die Zeichnung der Dumeril-Boa in den Farben Braun, Ocker, Orange und Olivgrün verschmilzt mit dem Mosaik von Blättern und anderen Abfällen, die den Waldboden bedecken.

Calabar-Zwergboa

Man weiß sehr wenig über die Biologie der Calabar-Zwergboa, die in unterirdischen Gängen eine versteckte Existenz führt. Sie lebt in tropischen Wäldern und ernährt sich wahrscheinlich von jungen Nagetieren, die sie in ihren Höhlennestern aufstöbert. Gegenüber Menschen ist sie völlig friedlich und versucht nie zu beißen. Calabar war der frühere Name jenes Teils von Westafrika, wo die Schlange vorkommt.

Hauptmerkmale

Die Calabar-Zwergboa scheint zwei Köpfe zu haben. Kopf und Schwanz sind stumpf und der Schwanz ist kurz. Ihr Körper ist nahezu vollständig walzenförmig und besitzt glatte Schuppen. Alle diese Eigenschaften findet man auch bei vielen anderen grabenden Schlangen, aber die Calabar-Zwergboa ist wohl das perfekteste Beispiel, woran sie leicht zu erkennen ist.

Calabar-Zwergboa
Die stumpfe Schnauze, der dicke Hals, der walzenförmige Körper und der kurze Schwanz der Calabar-Zwergboa sind Anpassungen an ihre grabende Lebensweise, die es ihr erleichtern, sich durch den Boden zu wühlen.

Stumpfer Kopf
Der als Ramme dienende Kopf bewegt sich hin und her, während die Schlange sich vorwärts schiebt, wodurch die aufgewühlte Erde an den Wänden des Tunnels verdichtet wird.

Schwerer Körper
Im Gegensatz zu anderen Schlangen mit schweren Körpern kriecht diese Art nicht auf dem Bauch, sondern stemmt sich mit Teilen des Körpers gegen die Gangwände, während sie andere Körperteile durch den unterirdischen Gang schiebt oder zieht.

Täuschender Schwanz
Der Schwanz soll zweifellos den Kopf der Schlange vortäuschen. Er ist von gleicher Form und Färbung und hat sogar ähnliche weiße Schuppen unter dem »Kinn«. Viele Individuen weisen Narben an ihrem Schwanz auf, was darauf hindeutet, dass sie hier von Feinden verletzt wurden, die den Schwanz für den Kopf hielten.

Verteidigungshaltung
Bei Gefahr versteckt die Calabar-Zwergboa ihren Kopf im Knäuel ihrer Körperschlingen und hebt den Schwanz. Manchmal macht sie sogar irritierende Bewegungen mit dem Schwanz, um den Angreifer vom verletzlichen Kopf abzulenken

Variable Färbung
Dieses Individuum hat viele rote oder orange Flecken, andere können ganz einfarbig sein. Die rötlichen Schuppen sind unregelmäßig über den ganzen Körper verteilt.

Steckbrief

Art: *Charina reinhardtii*
Familie: Boidae (Riesenschlangen)
Lebensraum: Wälder
Vermehrung: Das Gelege besteht aus 1–4 mittelgroßen Eiern
Nahrung: Kleinsäuger
Verbreitung: Westafrika

Durchschnittliche Länge ausgewachsener Tiere

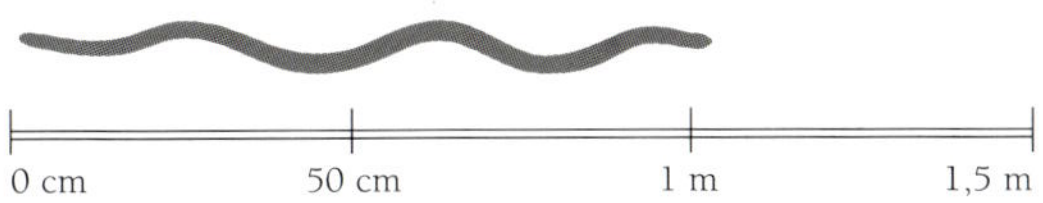

Diamantpython

Dieser schlanke, graziöse Python tritt in seinem weiten Verbreitungsgebiet von Australien und Neuguinea in vielen Farbvarianten auf. Er bewohnt verschiedene Lebensräume und ist gewöhnlich nachtaktiv, unter bestimmten Klimabedingungen aber auch tagaktiv. Man findet den Diamantpython oft in der Nähe menschlicher Wohnungen, wo er sich als Vernichter von Ratten und anderem Ungeziefer nützlich macht.

Hauptmerkmale

Die meisten Formen zeigen eine aus hellen und dunklen Bändern oder Netzen bestehende komplexe Zeichnung auf grauem, braunem oder rötlichbraunem Grund. Alle Formen haben einen dreieckigen Kopf, der sich deutlich vom Hals abbhebt und mit vielen kleinen Schuppen bedeckt ist. Die Schuppen der Mundränder tragen eine Reihe auffälliger Grubenorgane; die Augen sind mäßig groß und besitzen senkrechte Pupillen.

Wirksame Tarnung
Das unregelmäßige Muster dient der verbergenden Auflösung der Körperform zum Schutz vor Feinden.

Dreieckiger Kopf
Die auffällige Kopfform ist für die Art typisch.

Steckbrief

Art:	*Morelia spilota*
Familie:	Pythonidae (Pythonschlangen)
Lebensraum:	Unterschiedlich, von Wüsten bis zu tropischen Regenwäldern
Vermehrung:	Das Gelege besteht aus über 20 Eiern
Nahrung:	Reptilien, Vögel und Kleinsäuger
Verbreitung:	Australien und Neuguinea

Durchschnittliche Länge ausgewachsener Tiere

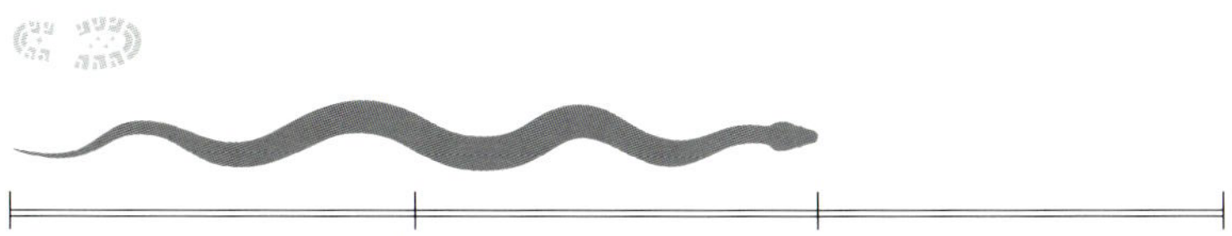

Dschungel-Diamantpython
Die schwarz-gelbe Zeichnung des Dschungel-Diamantpythons ist sehr auffallend. In ihrer natürlichen Umgebung wirkt diese Zeichnung aber wie ein Tarnkleid, wenn die Schlange aufgerollt in den Zweigen eines Baumes oder im gefleckten Licht des Regenwaldes von Queensland ruht.
Als eine von mehreren Unterarten lebt der Dschungel-Diamantpython teilweise in Bäumen.

Exotische Muster
Helle und dunkle Bänder auf blassem Untergrund wirken wie ein orientalischer Teppich, daher wird die Art auch gelegentlich Teppichpython genannt.

Starker Körper
Die kräftigen Körpermuskeln blockieren in kurzer Zeit die Herz- und Lungentätigkeit der Beute, was zu rascher Bewusstlosigkeit und Tod führt.

Jagdmethoden
Mit seinen wärmeempfindlichen Gruben spürt der Diamantpython seine warmblütige Beute auf, vor allem Nager. Nachdem er seine Beute ausgemacht hat, schlägt er rasch zu, indem er mehrere Schlingen um das Tier wirft und sie dann zuzieht, bis die Beute nicht mehr atmen kann.
Die Schlange beginnt ihre Beute erst dann zu verschlingen, wenn sie kein Lebenszeichen mehr von sich gibt.

Zentralaustralischer Rautenpython

Der Zentralaustralische Rautenpython, *Morelia bredli*, ist nahe verwandt mit dem Diamantpython, jedoch etwas kleiner. Auch als Zentralaustralischer Diamant- oder Teppichpython bekannt, wird er erst seit 1981 als eigene Art angesehen. Er unterscheidet sich vor allem durch kleinere (und deswegen mehr) Kopfschuppen. *Morelia bredli* kommt in den zentralaustralischen Wüsten vor, wo er im Bereich felsiger Erhebungen oder in der Nähe von Bäumen und Büschen lebt. Seine rötlichbraune Färbung passt perfekt zum roten Boden und Gestein seines Lebensraums. In den meisten anderen Merkmalen gleicht diese Art dem Diamantpython.

Altier in Tarnfärbung auf einem Felsvorsprung.

Tigerpython

Gewöhnlich findet man den Tigerpython in der Nähe von Dörfern und sogar Städten, wo er durch die Vertilgung von Ratten und anderen Schädlingen eine nützliche Funktion erfüllt. Leider ist er nicht immer willkommen, da er auch Hühner und andere Haustiere frisst. Alle Pythons ringeln sich um ihre Eier, der Tigerpython kann aber sogar seine Körpertemperatur erhöhen. Wie das geschieht, ist noch nicht ganz klar.

Hauptmerkmale

Neben seiner beträchtlichen Größe – gewöhnlich bis 4 m und manchmal größer – erkennt man den Tigerpython an seinem satten Kastanienbraun, an den glatten Schuppen, an den großen Kopfschuppen und am Vorhandensein von Grubenorganen. Außerhalb seines Lebensraums kann er mit dem afrikanischen Felsenpython verwechselt werden, der ihm in Größe und Färbung gleicht, jedoch ein anderes Muster aufweist.

Albinoformen
Aufgrund einer genetischen Anomalie fehlt einigen Tigerpythons das dunkle Pigment, das ihnen ihre kräftige Färbung verleiht. In Gefangenschaft werden diese Albinos reinerbig vermehrt und als Goldpythons gehandelt.

Tigerpython
Diese kräftig gefärbte Form lebt in einem Gebiet, dessen Zentrum in Burma liegt. Die großen dunklen Flecken auf dem Rücken sind stets vorhanden, auch bei helleren Formen. Die Zeichnung verschmilzt hervorragend mit dem fleckigen Licht seines natürlichen Lebensraums.

Durchschnittliche Länge ausgewachsener Tiere

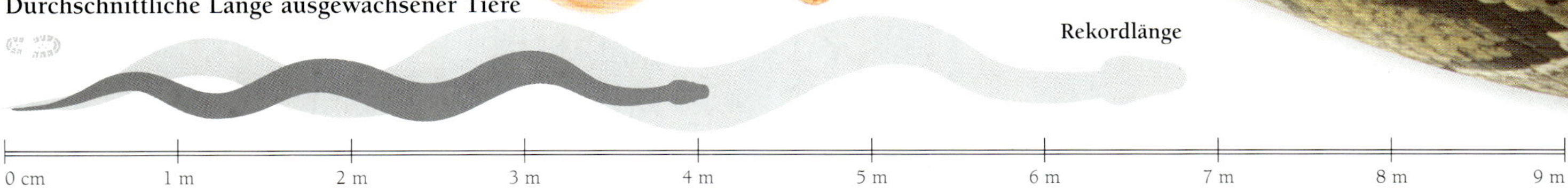

Begehrte Haut
Die kräftigen Farben und glatten Schuppen haben dazu geführt, dass der Tigerpython wegen seiner Haut stark verfolgt wird. In einigen Regionen bereits ausgerottet, ist er heute in vielen Gegenden selten, wo er früher häufig war.

Kopfzeichnung
Dunkle Pfeilzeichnungen helfen bei der Artbestimmung. Eine keilförmige Zeichnung zieht sich von jedem Auge zum Kiefergelenk, eine weitere befindet sich direkt unterm Auge.

Auffallende Grubenorgane
Grubenorgane helfen der Schlange, ihre Beute sogar in völliger Dunkelheit zu lokalisieren.

Steckbrief

Art: *Python molurus*
Familie: Pythonidae (Pythonschlangen)
Lebensraum: Regenwälder, Plantagen und Felder
Vermehrung: Das Gelege besteht aus bis zu 50 Eiern
Nahrung: Vögel und Säuger
Verbreitung: Süd- und Südostasien

Netzpython

Der als längste Schlange der Welt angesehene Netzpython ist ein Bewohner der feucht-heißen tropischen Regenwälder Südostasiens. Bestens getarnt, führt er in der Waldvegetation ein verstecktes Leben. Gelegentlich taucht er in Dörfern und Vorstädten auf, wahrscheinlich angezogen von potenzieller Beute, wie Ratten und Haustieren. Er ist eine von nur einer Hand voll Schlangen, von denen bekannt ist, dass sie Menschen gefressen haben – allerdings sind solche Fälle extrem selten.

Steckbrief

Art:	*Python reticulatus*
Familie:	Pythonidae (Pythonschlangen)
Lebensraum:	Regenwälder
Vermehrung:	Das Gelege besteht aus etwa 60 Eiern
Nahrung:	Vögel und Säuger, in Ausnahmefällen auch Menschen
Verbreitung:	Südostasien

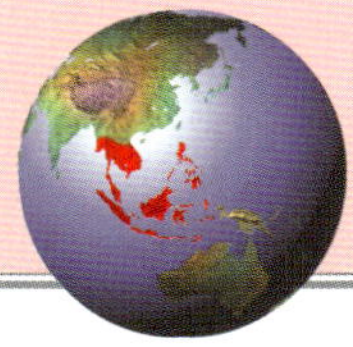

Hauptmerkmale

Der Netzpython zeigt ein komplexes, geometrisches Muster, das aus einer Anzahl verschiedener Farben besteht. Eine Reihe unregelmäßiger Rautenformen erstreckt sich über den Rücken und wird flankiert von kleineren Zeichnungen mit oft hellem Zentrum. Seine Größe und der ungezeichnete Kopf genügen meist, die Art zu identifizieren, auch wenn es bei den Zeichnungsmustern eine ziemliche Variationsbreite gibt. Trotz seines großen Verbreitungsgebietes und der Variabilität in Größe, Färbung und Zeichnung wurden bisher keine Unterarten beschrieben. Das hängt teilweise mit den Schwierigkeiten zusammen, die mit dem Fangen, Konservieren und Transportieren eines Tieres dieser Größe verbunden sind.

Netzpython
Ein netzartiges Muster gibt dieser Schlange ihren volkstümlichen und wissenschaftlichen Namen. Der breite Kopf und ein riesiger Rachen ermöglichen es ihr, große Beute zu verschlingen, und zeichnen sie als effizienten Jäger aus. Lange, gebogene Zähne sorgen dafür, dass der Schlange selten eine einmal gefangene Beute wieder entkommt.

Geometrische Zeichnung
Über den gesamten Rücken zieht sich eine Reihe unregelmäßiger Rautenmuster.

Großer Körper
Die ausgewachsene Schlange ist eine mächtige Würgerin, die mühelos Tiere von der Größe eines Rehs, eines Schweins oder eines Hundes tötet.

Sehen im Dunkeln
Der Netzpython hat senkrechte Pupillen mit helloranger Iris. Er jagt bei Nacht und verlegt sich dabei vor allem aufs Lauern.

Einfarbiger Kopf
Eine auffällige Binde, die sich vom Auge zum Kiefergelenk zieht, ist die einzige Zeichnung des sonst einfarbigen Kopfes.

Glatte Schuppen
Die Art hat glatte Schuppen. Die meisten sind einfarbig, so dass die Zeichnungen am Rand gezackt erscheinen.

Waldtarnung
Trotz seiner gewaltigen Größe ist der Netzpython erstaunlich schwer zu entdecken, selbst an Orten, an denen er häufig ist. Das hängt teilweise mit der ausgezeichneten Tarnung zusammen und teilweise mit der Tatsache, dass er tagsüber nicht sehr aktiv ist, sondern in dichter Vegetation, in einem hohlen Baum oder halb vergraben im Falllaub des Waldes ruht.

Durchschnittliche Länge ausgewachsener Tiere

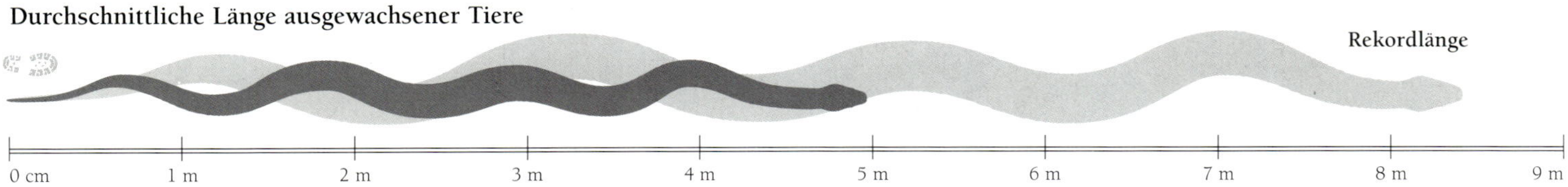

Blutpython

Der untersetzte Blutpython bewohnt die feuchten Dschungel Südostasiens. Versteckt im Falllaub und Mulch des Waldes führt er ein sesshaftes Leben und wartet darauf, dass seine nächste Mahlzeit in Reichweite kommt. Seine große Körpermasse bildet ein gutes Gegengewicht, wenn er durch plötzliches Zuschlagen sein Opfer überrumpelt.

Blutpython
Der Blutpython hat seinen Namen von seiner orangen oder roten Färbung. Jedoch sind nicht alle Unterarten so gefärbt, so dass der Name dann irreführend sein kann. Er hat einen gedrungenen Schwanz, was ihm seinen zweiten Namen eingetragen hat: Kurzschwanz-Python.

Hauptmerkmale

Der Blutpython ist der dickste aller Pythons, so dass man ihn allein an seiner Körperfülle erkennen kann. Der Kopf ist oberseits hell und an den Seiten dunkel, die Augen sind klein. Die Schuppen sind glatt und glänzend, und der Körper ist immer mit großen dunklen Flecken auf hellem Grund gezeichnet. Die Farben der verschiedenen Formen können recht unterschiedlich sein.

Bewegliche Augen
Ungewöhnlich für eine Schlange: Seine Augen sind beweglich, wodurch der Blutpython Beute oder Raubfeinde beobachten kann, ohne den Kopf zu bewegen. Die Augen sind klein und auffällig gefärbt; sie haben eine orange Iris und vertikale Pupillen.

Schlüpfendes Jungtier
Der junge Python benutzt einen Eizahn, einen kleinen, hornigen Anhang der Schnauzenspitze, um das Ei an ein oder zwei Stellen aufzuschlitzen. Der Eizahn fällt bald ab.

Gelbe Form
Blutpythons von Borneo sind kastanienbraun und gelb. Man hält sie für eine eigene Unterart, die kleiner ist als die übrigen.

Keilförmiger Kopf
Die Oberseite des Kopfes ist mit großen Schuppen bedeckt. Er ist einfarbig ocker, hellbraun oder grau, bis auf eine dunkle Linie, die sich in der Mitte vom Hals bis zur Schnauze zieht.

Durchschnittliche Länge ausgewachsener Tiere

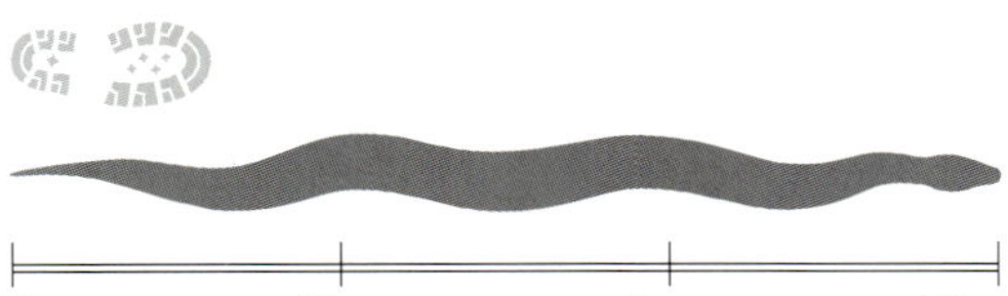

Steckbrief

Art:	*Python curtus*
Familie:	Pythonidae (Pythonschlangen)
Lebensraum:	Regenwälder und Sümpfe
Vermehrung:	Das Gelege besteht aus bis zu 30 Eiern
Nahrung:	Vögel und Säugetiere
Verbreitung:	Südostasien

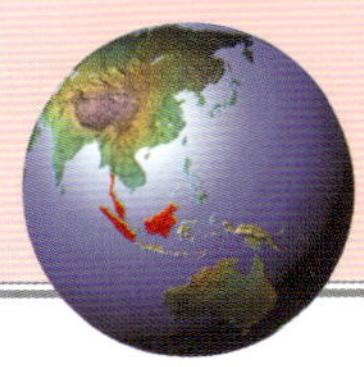

Childrens Python

Die Art ist zu Ehren von J.G. Children benannt, der in der ersten Hälfte des 19. Jahrhunderts die zoologische Sammlung des Britischen Museums in London betreute. Der Childrens Python bewohnt eine Vielfalt von Lebensräumen, hält sich meist am Boden auf, klettert aber manchmal auch in Bäume. Diese nachtaktive Art macht Jagd auf Echsen, kleine Vögel und kleine Säugetiere.

Hauptmerkmale

Der junge Childrens Python ist kräftig gefleckt und wird dann zunehmend braun oder rotbraun. Große Schuppen auf dem Schädeldach kontrastieren mit den kleinen, glatten Schuppen des Körpers. Dieses Merkmal ist typisch für die Art und ihre nahe Verwandtschaft; die meisten Pythons haben kleine Kopfschuppen. Einige Schuppen an den Mundrändern tragen Grubenorgane.

Steckbrief

Art:	*Antaresia childreni*
Familie:	Pythonidae (Pythonschlangen)
Lebensraum:	Waldland, Monsunwälder und Wüsten, gewöhnlich zwischen Gestein
Vermehrung:	Das Gelege besteht aus bis zu 15 Eiern
Nahrung:	Reptilien, Vögel und Kleinsäuger
Verbreitung:	Nordaustralien

Childrens Python
Der Childrens Python gehört zu den kleinsten Pythons, er wird nie größer als 1 m. Trotz seiner geringen Größe ist er eine kräftige Würgschlange. Die abgebildete Schlange ist halbwüchsig und wird mit zunehmendem Alter einfarbiger.

Vorragende Augen
Die vorragenden Augen haben die senkrechten Pupillen des nächtlichen Jägers.

Erbrüten der Eier
Wie alle Pythons erbrütet der Childrens Python seine Eier, indem er sich während der gesamten Brutzeit von fast 2 Monaten über dem Gelege zusammenrollt. Dieses Verhalten versteckt und schützt die Eier vor Feinden. Außerdem hält es Temperatur und Feuchtigkeit konstant.

Durchschnittliche Länge ausgewachsener Tiere

0 cm – 50 cm – 1 m – 1,5 m

Fleckenpython

Dieser kleine Python kommt in den meisten Lebensräumen vor, bevorzugt aber felsige Hänge und Erhebungen mit Spalten und Höhlungen. Er geht nachts auf Beutefang. Insekten fressende Fledermäuse, die er am Eingang ihrer Schlafhöhlen fängt, sind seine Lieblingsnahrung.

Steckbrief

Art: *Antaresia maculosa*
Familie: Pythonidae (Pythonschlangen)
Lebensraum: Feuchte und trockene Wälder, Grasländer und felsige Erhebungen
Vermehrung: Das Gelege besteht aus bis zu 15 Eiern
Nahrung: Reptilien, Vögel und Kleinsäuger, einschließlich Fledermäusen
Verbreitung: Nordostaustralien

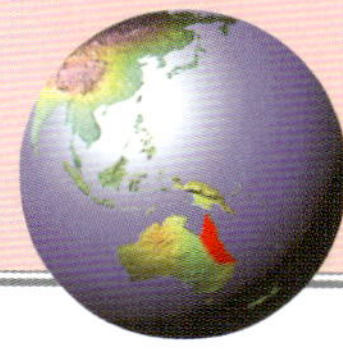

Hauptmerkmale

Der Fleckenpython hat einen schlanken, walzenförmigen Körper, der mit glatten, irisierenden Schuppen bedeckt ist. Das unregelmäßig gesprenkelte Muster bleibt das ganze Leben erhalten, aber die Größe der Flecken und der Kontrast zur Grundfärbung können variieren. Bei manchen Tieren verschmelzen die Punkte und es entsteht ein ausgefranstes Zickzack-Muster auf dem Rücken.

Große Schuppen
Die Schuppen des Schädeldachs sind groß; einige Schuppen am Rand des Mundes tragen flache Grubenorgane.

Unregelmäßiges Muster
Die typischen Flecken haben gezackte Ränder wie ein Teppich. Der Grund dafür: Die Pigmentierung erstreckt sich jeweils auf die ganze Schuppe.

Fleckenpython
Früher galt der Fleckenpython als Rasse des Childrens Python (gegenüberliegende Seite); zur eigenen Art wurde er erst 1985 erhoben. Die Unterscheidung der beiden Arten kann schwierig sein, besonders bei Jungtieren. Die kräftigere Fleckung, die größere Länge und die dunklere Gesamtfärbung des Fleckenpython sind aber in der Regel gute Unterscheidungsmerkmale.

Töten der Beute
Der Fleckenpython ist eine kräftige Würgschlange, die mehrere Schlingen um ihr Opfer windet und es dann erdrückt. Die Beute wird erst verschluckt, wenn sie tot ist. Auch dann lockert er nur langsam die Schlingen, aus denen er die Beute beim Schlucken herauszieht.

Durchschnittliche Länge ausgewachsener Tiere

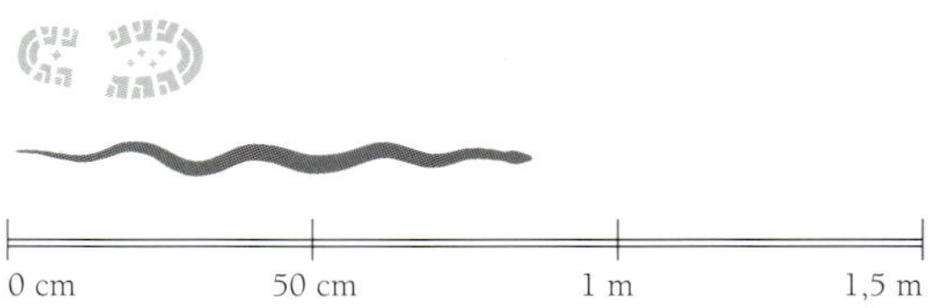

Grüner Baumpython

Eine schöne Schlange, die den allgemeinen Vorstellungen von einer Dschungelschlange entspricht. Den Grünen Baumpython findet man in den Regenwäldern von Neuguinea, auf den Aru-Inseln und im äußersten Norden von Queensland. Er verbringt sein gesamtes Leben im Kronenbereich, wo er tagsüber in spektakulärer Weise über einen Ast drapiert ist, während er nachts auf Jagd nach baumlebenden Kleinsäugern und schlafenden Vögeln geht.

Hauptmerkmale

Der Grüne Baumpython sieht äußerlich dem Grünen Hundskopfschlinger (S. 38–39) aus Südamerika ähnlich. Die ausgewachsene Schlange ist hellgrün und hat gewöhnlich eine unterbrochene weiße Linie auf der Rückenmitte. Jungtiere sind hell schwefelgelb oder, selten, rot; im Alter von etwa 1 Jahr werden sie grün. Andere wichtige Unterscheidungsmerkmale des Grünen Baumpythons sind die kleinen Schuppen auf dem Kopf und die Grubenorgane in den Schuppen am Mundrand.

Grüner Baumpython
Dies ist der einzige Python, der hauptsächlich grün ist. Außerdem ist er schlanker als andere Pythons. Beide Eigenschaften sind Anpassungen an das Leben in Baumkronen.

Starke Muskeln
Den Großteil des Gewichts der Schlange machen die kräftigen Muskeln aus. Die Fähigkeit, sich ohne Unterlage weit vorzustrecken, hilft dieser Schlange beim Klettern von Ast zu Ast.

Kopfhöcker
Die Höcker verbergen kraftvolle Kiefermuskeln. Ein fester Biss ist wichtig für baumlebende Arten, da fallen gelassene Beute kaum noch aufzufinden ist.

Große Augen
Senkrechte Pupillen und große Augen lassen den nächtlichen Jäger erkennen. Erwachsene Tiere haben cremefarbene Augen, die der Jungen sind weiß und haben eine schwarze Linie durch die Mitte.

Schuppiger Kopf
Der Kopf ist von vielen kleinen, körnigen Schuppen bedeckt. Die Nasenschuppen sind größer. Adulte Tiere haben einen einfarbig grünen Kopf mit hellgrünen, gelblichen oder weißen Lippen. Manche Individuen haben verstreute blaue Schuppen auf ihrem Kopf.

Durchschnittliche Länge ausgewachsener Tiere

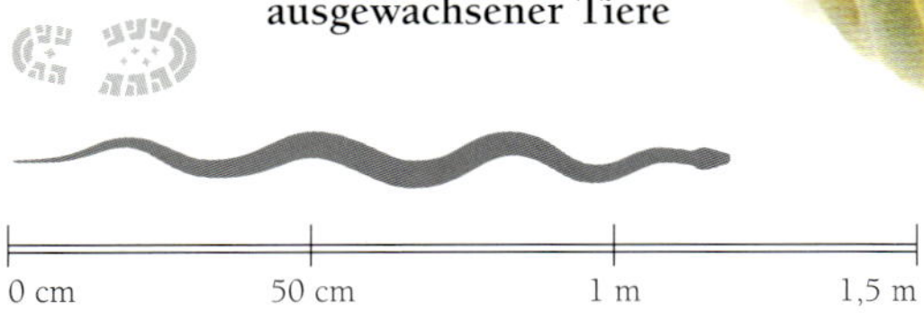

Grubenorgane
Sie sitzen in den Schuppen, während die des Grünen Hundskopfschlingers zwischen den Schuppen liegen.

Steckbrief

Art: *Morelia viridis*
Familie: Phytonidae (Phytonschlangen)
Lebensraum: Regenwälder
Vermehrung: Die Gelege bestehen aus jeweils bis zu 25 Eiern
Nahrung: Reptilien, Vögel und Kleinsäuger
Verbreitung: Neuguinea mit umgebenden Inseln und der äußerste Norden von Queensland, Australien

Gelbe Jungtiere
Wie alle weiblichen Pythons ringelt sich auch der Grüne Baumpython während der gesamten Brutzeit um seine Eier, um sie vor Feinden und Temperaturschwankungen zu schützen. Die Jungen schlüpfen nach etwa 2 Monaten und sind leuchtend gelb. Dies ist auch beim Grünen Hundskopfschlinger so. Der Grund dafür ist den Zoologen unbekannt.

Königspython

Der dem Menschen gegenüber nicht aggressive Königspython ist die kleinste der drei afrikanischen Pythons. Er bewohnt die westafrikanischen Steppen und Savannen, wo er einen großen Teil seines Lebens unterirdisch verbringt. Er ist hauptsächlich nachtaktiv, verlässt aber während der Trockenzeiten kaum sein Versteck.

Hauptmerkmale

Als kurze, stämmige Schlange ist der Königspython schwarz und hellbraun gezeichnet, wodurch er in niedriger Vegetation fast unsichtbar ist. Er hat einen kurzen Schwanz und einen kräftigen, muskulösen Körper, mit dem er seine Beute erdrosselt. Seine Schuppen sind klein und glänzend und überlappen nicht. Er wird maximal 2 m lang.

Sichtbare Grubenorgane
Die Grubenorgane, die dem Aufspüren von Beute dienen, sind gut entwickelt und deutlich sichtbar.

Breiter Kopf
Die Art hat eine abgerundete Schnauze, und der breite Kopf ist von kleinen Schuppen bedeckt. Die großen Augen besitzen senkrechte Pupillen, wie bei den meisten nachtaktiven Schlangen.

Kräftiger Körper
Der Körper ist kurz und stämmig. Im Querschnitt ist er leicht dreieckig.

Geballte Verteidigung
Der Königspython rollt sich zu einem Ball zusammen, sobald er sich bedroht fühlt. Den Kopf verbirgt er in der Mitte und bietet dem Angreifer nur seine schuppige Rüstung.

Durchschnittliche Länge ausgewachsener Tiere

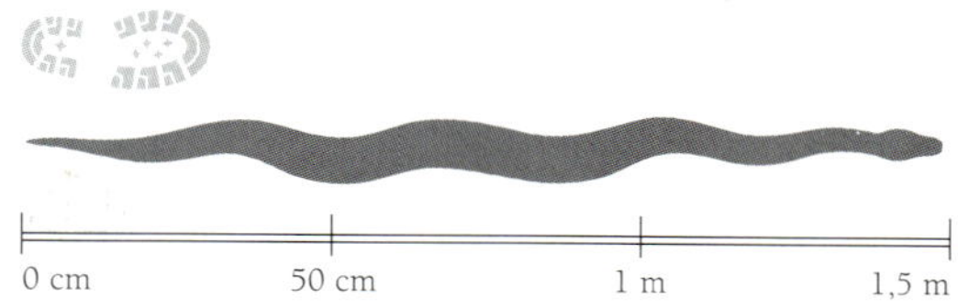

Steckbrief

Art: *Python regius*
Familie: Pythonidae (Pythonschlangen)
Lebensraum: Grasland und Trockenwälder
Vermehrung: Das Gelege besteht aus 4–8 Eiern
Nahrung: Vögel und Kleinsäuger
Verbreitung: Westafrika

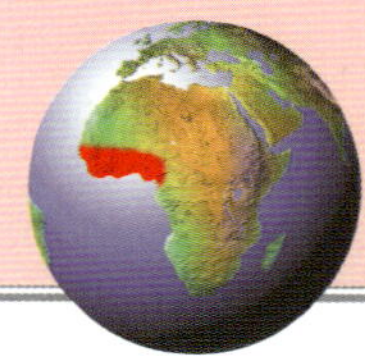

Variable Sattelzeichnung
Kleine Unterschiede in Form und Anzahl der Sättel lassen jeden Sattel individuell geformt erscheinen.

Kraftvolle Schlingen
Wie andere Pythons auch, nutzt diese Art ihre kräftigen Muskeln zum Erdrosseln ihrer warmblütigen Beute, die vor allem aus Nagetieren besteht.

Augenstreif
Die hellen Streifen zu beiden Seiten des Kopfes lösen die Umrisse des Kopfes auf, was es Angreifern erschwert, die Schlange zu erkennen.

Königspython
Die dunkel- und hellbraune Musterung machen diese Art zu einem der schönsten Pythons. Wegen ihrer kleinen Schuppen und der attraktiven Zeichnung ist die Schlange begehrtes Objekt des Häutehandels, was zu umfangreichen Abschlachtereien führt.

Dunkle Farben
Die braune Grundfarbe, die man hier in ihrer dunkelsten Variante sieht, kann nachts heller werden.

Haiti-Erdboa
Der kleine Kopf, der biegsame Körper und die gefleckte Färbung tragen alle zur Tarnung dieser Schlange bei. Mäßig große Augen ermöglichen der Haiti-Erdboa die nächtliche Jagd auf Beute.

Verstecke
Erdboas rollen sich während der Tagesruhe in engen Nischen zusammen. Eingerollte Palmwedel und die Trichter von Epiphyten sind bevorzugte Verstecke. Erdboas verbergen sich aber auch unter Stämmen, Brettern oder einem Stück Müll. Wenn man sie entdeckt, bleiben sie zunächst unbeweglich und können leicht übersehen werden.

Durchschnittliche Länge ausgewachsener Tiere

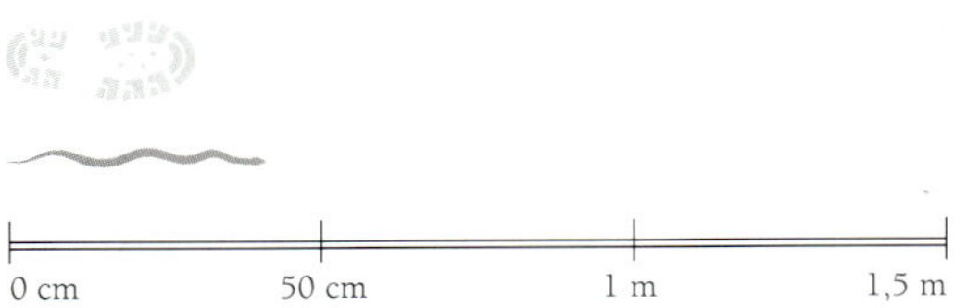

Haiti-Erdboa

Früher sah man sie als Mitglieder der Boa-Familie an, heute ordnet man die Erdboas einer eigenen Familie zu. Die Haiti-Erdboa ernährt sich fast ausschließlich von Echsen, die sie nachts im Schlaf überrascht und erwürgt. Wenn sie selbst gestört wird, rollt sie sich zu einem Ball zusammen und sondert eine übel riechende Flüssigkeit aus ihrer Kloake ab.

Hauptmerkmale

Die Haiti-Erdboa ist schlank und hat glatte Schuppen, einen kleinen, mit großen Schuppen bedeckten Kopf und eine ungewöhnliche Zeichnung aus dunkelgrünen Flecken auf braunem Grund. Keine andere Schlange hat das gleiche Farbmuster, dunkle Individuen können gleichwohl mit anderen Arten verwechselt werden. Für Schlangen ungewöhnlich ist ein gelegentlicher Farbwechsel, bei dem die dunkle Grundfarbe gelb wird.

Steckbrief

Art:	*Tropidophis haetianus*
Familie:	Tropidophiidae (Erdboas)
Lebensraum:	Wälder
Vermehrung:	5–10 Junge werden lebend geboren
Nahrung:	Echsen und Kleinsäuger
Verbreitung:	Kuba, Hispaniola und Jamaika

Kuba-Erdboa

Die häufigste Erdboa, die Kuba-Erdboa, kommt in vielerlei Lebensräumen vor, so in Regenwäldern, an steinigen Hängen und in Plantagen. Die meiste Zeit hält sie sich am Boden auf, bei der Suche nach Beute klettert sie aber auch in Büsche und auf Felsen. Ihre Nahrung besteht aus Baumfröschen, Echsen, Kleinsäugern und gelegentlich aus Vögeln. Attackierende Menschen beißt sie nie, scheidet aber einen übel riechenden Schleim aus ihrer Kloake ab, wenn sie sich bedroht fühlt.

Heller Schwanz
Die lebhaft gefärbte Schwanzspitze lockt Beute an oder lenkt Angriffe vom Kopf ab.

Kuba-Erdboa
Die einheitlich orange Färbung dieses Tieres ist ungewöhnlich; nur wenige Erdboas sind so gefärbt. Ihnen scheint die schwarze Pigmentierung ganz oder teilweise zu fehlen, die anderen Individuen ihre Zeichnung gibt.

Kleine Augen
Die Schlange jagt mehr nach Geruch als nach Sicht, daher die kleinen Augen.

Hauptmerkmale

Die Kuba-Erdboa ist die größte Erdboa. Sie hat einen stämmigen Körper, einen kleinen Kopf, kleine Augen mit senkrechten Pupillen und einen kurzen Schwanz. Die Schwanzspitze kann schwarz oder gelb sein und hebt sich deutlich vom Rest des Körpers ab. Die Schuppen sind glatt und haben einen satinartigen Schimmer.

Steckbrief

Art:	*Tropidophis melanurus*
Familie:	Tropidophiidae (Erdboas)
Lebensraum:	Laubwälder
Vermehrung:	Etwa 8 lebende Junge kommen zur Welt
Nahrung:	Frösche, Reptilien und Kleinsäuger
Verbreitung:	Kuba

Farbunterschiede
Die Art zeigt große Farbvariabilität. Das gewöhnliche Muster ist rotbraun, grau oder gelbbraun mit unregelmäßigen schwarzen Flecken entlang dem Rücken. Diese Zeichnung gewährleistet eine gute Tarnung, wenn das Tier zwischen toten Blättern und anderem organischen Material ruht.

Durchschnittliche Länge ausgewachsener Tiere

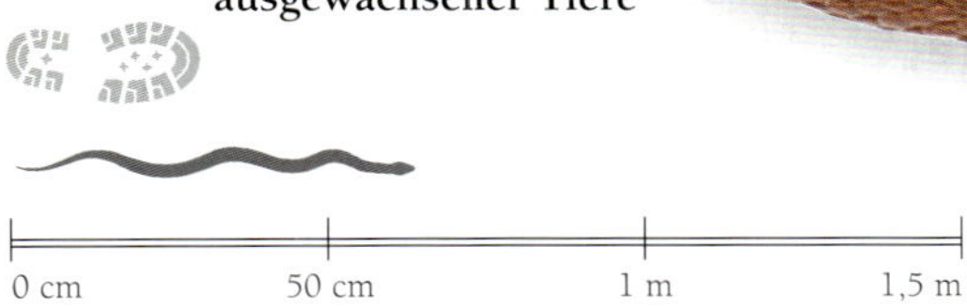

Ringelnatter

Diese halb-aquatische Art bewohnt eine Vielzahl feuchter Lebensräume. Beim Schwimmen hält sie gewöhnlich den Kopf hoch über der Wasseroberfläche. Sie ernährt sich hauptsächlich von Fröschen, nimmt aber auch Kröten, Molche, Kaulquappen und Fische. Sie ist dem Menschen gegenüber unaggressiv und versucht nie zu beißen. In ihrem riesigen Verbreitungsgebiet ist sie eine der häufigsten und anpassungsfähigsten Schlangen. Die Weibchen sind stets größer als die Männchen, und im Süden des Areals sind die Tiere im Durchschnitt größer als im Norden.

Ringelnatter
Schmale, stark gekielte Schuppen mögen zur Fortbewegung im Wasser nützlich sein, und ihr biegsamer Körper ermöglicht es ihr, sich durch Röhricht, Binsen und andere dichte Wasservegetation zu schlängeln.

Hauptmerkmale

Man kann die Ringelnatter gewöhnlich leicht an den beiden auffälligen Halbmondflecken am Hinterkopf erkennen, die meist gelb sind, aber auch orange, cremefarben oder weiß sein können; unmittelbar dahinter liegen zwei schwarze Flecken. Die Färbung der Schlange variiert von braun oder grünlich grau bis zu olivgrün und manchmal schwarz. Bei den Tieren einiger südosteuropäischer und norditalienischer Populationen verlaufen zwei helle Längslinien an den Körperseiten. Spanische Tiere sind meist kontrastärmer ohne hellen Kragen und Seitenlinien. Die auffälligen Halbmondflecken sind bei sehr dunklen Individuen kaum erkennbar.

Durchschnittliche Länge ausgewachsener Tiere

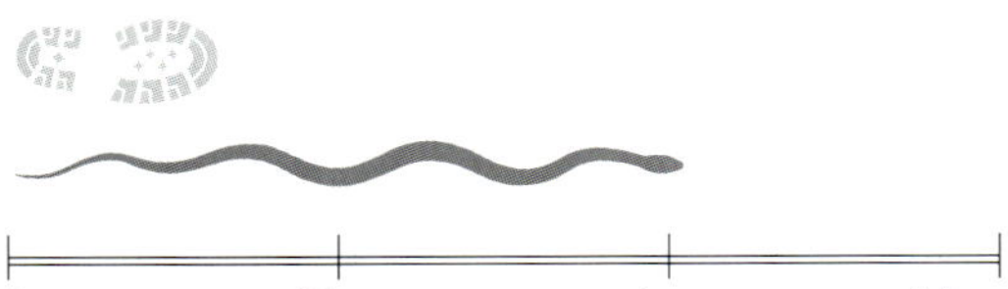

Steckbrief

Art: *Natrix natrix*
Familie: Colubridae (Nattern)
Lebensraum: Sümpfe, Flussufer, Tümpel, Seen und Gräben
Vermehrung: Das Gelege besteht aus bis zu 30 Eiern
Nahrung: Fische, Amphibien und Kaulquappen
Verbreitung: Fast ganz Europa, Teile Nordafrikas und Nordasien

Einfarbiger Kopf
Der Schädel ist mit großen Schuppen bedeckt und gewöhnlich einfarbig.

Auffällige Zeichnung
Das helle Hinterkopfband mit den zwei schwarzen Flecken dahinter ist ein gutes Erkennungsmerkmal.

Orange Iris
Die Art hat mittelgroße Augen mit runden Pupillen und orangefarbener Iris.

Verteidigungsmechanismus
Diese Schlange hat sich aufgebläht, um größer zu erscheinen und damit Feinde einzuschüchtern.

Flankenzeichnung
Die schwarzen Querbinden an den Flanken treten bei fast allen Tieren auf, sofern sie nicht schwarz sind.

Bebrüten der Eier
Da sie gewöhnlich in kalten Gegenden leben, suchen weibliche Ringelnattern verrottende Vegetation für ihr Gelege. Die bei der Kompostierung entstehende Wärme beschleunigt die Entwicklung der Eier. An bevorzugten Stellen können mehrere Weibchen ihre Eier gemeinsam ablegen.

Verteidigung
Eine in die Enge getriebene Ringelnatter kann sich tot stellen, indem sie ihre Unterseite zeigt und die Zunge aus dem offenen Mund hängen lässt. Gleichzeitig scheidet ihre Kloake eine übel riechende Flüssigkeit aus. Nach einer Weile richtet sie sich wieder auf und verschwindet. In der Regel versucht sie ins Wasser oder in dichte Vegetation zu entkommen.

Gewöhnliche Eierschlange

Der anatomisch modifizierte Kopf und dreißig spezialisierte Wirbel ermöglichen es der Gewöhnlichen Eierschlange, von Vogeleiern zu leben. Die Schlange legt im Frühjahr ihre eigenen Eier, wenn nistende Vögel eine reichliche Nahrungsgrundlage bieten. Den Rest des Jahres fastet die Schlange und ist trotz ihrer Häufigkeit selten zu sehen. Frisch geschlüpfte Jungschlangen müssen sich von den kleinen Eiern von Webervögeln, Meisen und Finken ernähren.

Hauptmerkmale

Die Gewöhnliche Eierschlange kann bis zu 1 m lang werden, ist meist aber kleiner. Die Kombination von schmalem Kopf, runder Schnauze und sehr rauen Schuppen lässt kaum Bestimmungsschwierigkeiten zu. Die Färbung ist grau, hellbraun oder oliv mit stets einer Reihe unregelmäßiger dunkler Flecken auf dem Rücken. Die Oberseite des Kopfes ist mit zwei dunklen, nach vorn gerichteten Winkeln gezeichnet. Eine ähnliche Zeichnung findet sich am hinteren Hals.

Dehnbare Kiefer
Die Kiefer der Schlange können ohne weiteres ein Ei von der fünffachen Größe des Kopfes umfassen.

Die Schlange dehnt ihre Kiefer und ihren Hals.

Das Ei ist fast vollständig verschluckt.

Verzehr eines Eies
Eierschlangen verschlucken ganze Eier, indem sie diese gegen einen festen Gegenstand pressen, bevor sie das Ei in den Schlund zwingen. Der 22. und 28. Wirbel durchbohren dann die Schale, während die Wirbel 29 und 30 das Ei festhalten und die Wirbel 1 bis 21 dafür sorgen, dass das Ei nicht aus dem Maul rutscht. Das Ei wird dann von den Wirbeln 23 bis 27 zerbrochen. Der Inhalt des Eies wird geschluckt, die in typischer Weise gefaltete Schale jedoch wieder ausgewürgt.

Durchschnittliche Länge ausgewachsener Tiere

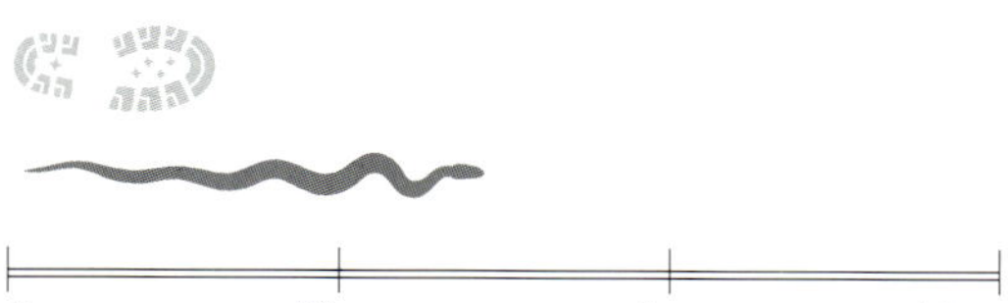

0 cm | 50 cm | 1 m | 1,5 m

Verteidigung

Die Gewöhnliche Eierschlange hat keine funktionsfähigen Zähne und ist für Menschen völlig harmlos. Um sich vor potenziellen Feinden wie Greifvögeln und Säugern zu schützen, ahmt die Schlange giftige Vipern nach, die im gleichen Lebensraum vorkommen. Ein graues Tier gleicht beispielsweise einer Krötenviper oder einer Sandrasselotter. Die Eierschlange kann sogar das Verteidigungsverhalten der Otter imitieren, indem sie halbkreisförmige Schlingen bildet, die rauen Schuppen der Flanken geräuschvoll gegeneinander reibt und die Kiefer spreizt, damit der Kopf so groß wie möglich erscheint.

Gewöhnliche Eierschlange

Sandrasselotter

Deutliche Zeichnung
Zwei dunkle Winkel auf dem Kopf und eine ähnliche Zeichnung auf dem Hals sind für die Art typisch.

Gewöhnliche Eierschlange
Stark gekielte Schuppen verleihen der Gewöhnlichen Eierschlange eine oberflächliche Ähnlichkeit mit Sandrasselottern. Diese Täuschung erstreckt sich sogar bis auf die schräg angeordneten Kiele auf den Flanken, mit denen sie das rasselnde Geräusch dieser Vipern nachahmen kann.

Unterschiedliche Färbung
Die Grundfarbe ist gewöhnlich grau, kann aber entsprechend der Bodenfarbe des Lebensraums abgewandelt sein.

Gekielte Schuppen
Die Schuppen auf der Mitte des Rückens sind verlängert und stark gekielt.

Steckbrief

Art:	*Dasypeltis scabra*
Familie:	Colubridae (Nattern)
Lebensraum:	Savannen, Gebüsch, offenes Waldland
Vermehrung:	Das Gelege besteht aus bis zu 18 Eiern
Nahrung:	Vogeleier
Verbreitung:	Afrika, südlich der Sahara

Rückenzeichnung
Eine Reihe unregelmäßiger dunkler Flecken zieht sich über den Rücken.

Kornnatter

Die auch als Rote Rattennatter bekannte Kornnatter ist eine ebenso häufige wie schöne Art des Südostens der USA. Man findet sie in der Nähe von Häusern und Gärten ebenso wie in natürlichen Lebensräumen. Die Kornnatter ist zu einem beliebten Haustier geworden, und die Züchtung hat zu Formen geführt, die nicht mehr viel Ähnlichkeit mit den wild lebenden Vorfahren haben. Alle diese Formen gehören jedoch derselben Art an.

Hauptmerkmale

Kornnattern sind schlank und haben einen schmalen Kopf und eine deutlich ausgebildete Halsregion. Zahl und Größe der Sattelflecken auf dem Rücken können variieren, ebenso die Färbung, wenn auch die Unterschiede bei wild lebenden Schlangen geringer sind. Bei manchen Formen verschmelzen die Rückenflecken und bilden einen breiten Streifen oder eine unregelmäßige Zickzack-Linie.

Baumkletterer
Wilde Kornnattern klettern recht gut, auch wenn sie nicht zu den in Bäumen lebenden Arten zählen. Sie klettern auf der Suche nach Beute. Hier sucht eine nach Vogelnestern mit unbewachten Eiern oder Jungen.

Steckbrief

Art:	*Elaphe guttata*
Familie:	Colubridae (Nattern)
Lebensraum:	Nadelwälder und steinige Hänge
Vermehrung:	Das Gelege besteht aus bis zu 30 Eiern
Nahrung:	Echsen, Vögel und Kleinsäuger
Verbreitung:	Südosten der USA

Durchschnittliche Länge ausgewachsener Tiere

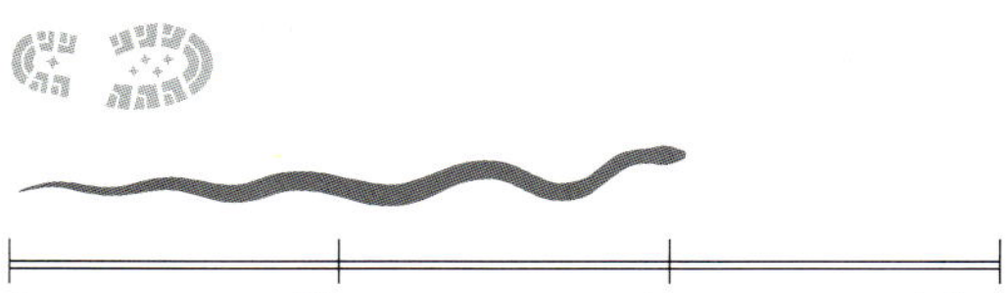

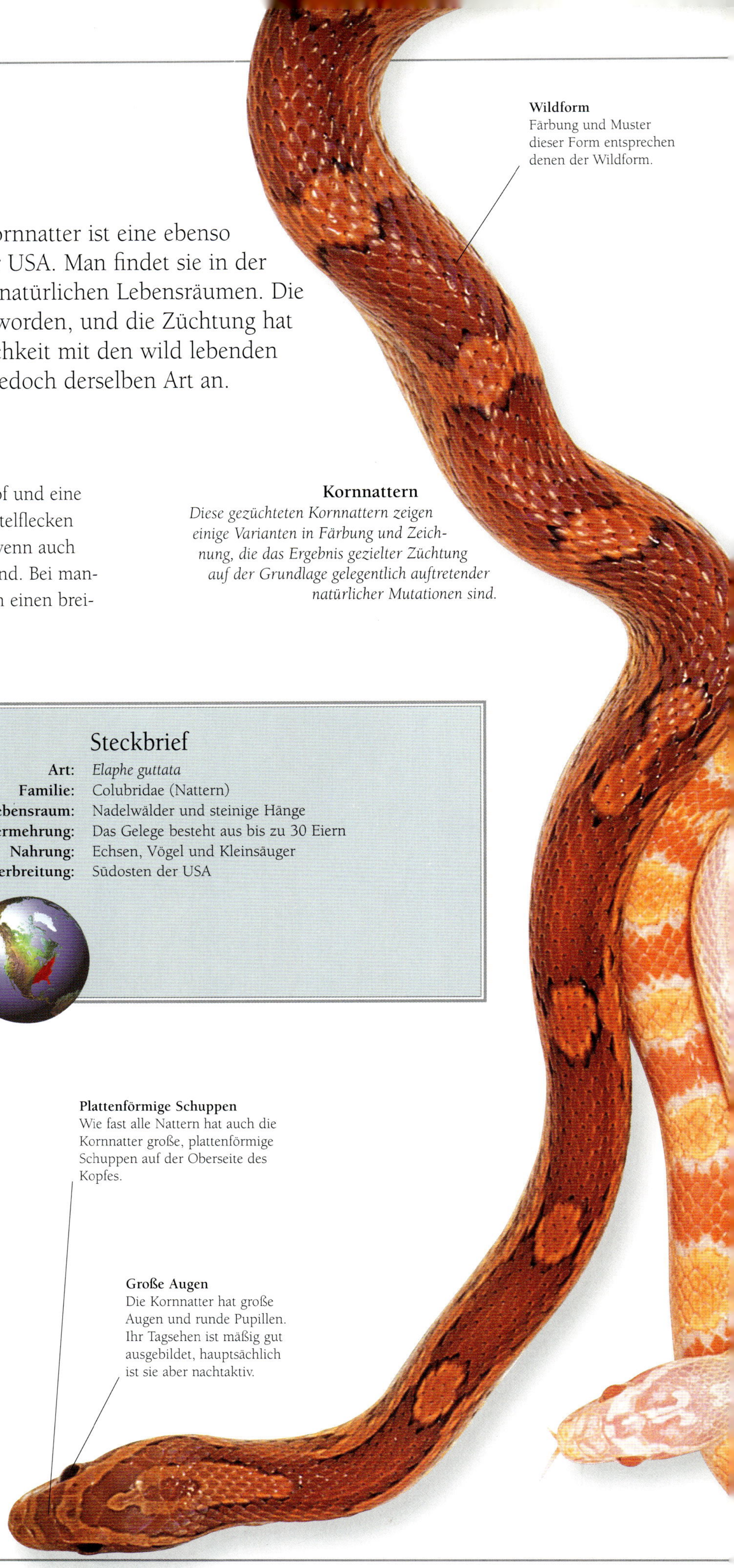

Wildform
Färbung und Muster dieser Form entsprechen denen der Wildform.

Kornnattern
Diese gezüchteten Kornnattern zeigen einige Varianten in Färbung und Zeichnung, die das Ergebnis gezielter Züchtung auf der Grundlage gelegentlich auftretender natürlicher Mutationen sind.

Plattenförmige Schuppen
Wie fast alle Nattern hat auch die Kornnatter große, plattenförmige Schuppen auf der Oberseite des Kopfes.

Große Augen
Die Kornnatter hat große Augen und runde Pupillen. Ihr Tagsehen ist mäßig gut ausgebildet, hauptsächlich ist sie aber nachtaktiv.

Amelanistische Form
Wenn eine Variante kein schwarzes Pigment bildet, nennt man sie amelanistisch. Es treten nur noch Rot- und Orangetöne auf, und die Augen sind rosa.

Schnee-Kornnatter
Individuen, denen schwarze und rote Pigmente fehlen, werden als Schnee-Kornnattern bezeichnet. Sie sind nahezu rein weiß und zeigen nur eine leichte rosa Tönung.

Rückenzeichnung
Die Rückenfelder sind gewöhnlich rechteckig und deutlich getrennt, zum Hals hin werden sie jedoch länger und können miteinander verschmelzen.

Bairds Kletternatter

Eine lange, schlanke, elegante Schlange, die nach S. F. Baird, einem Zoologen des 19. Jahrhunderts, benannt ist. Sie lebt in den felsigen Wüsten von Texas und in den angrenzenden Gebieten des nordöstlichen Mexiko. Man sieht sie selten, da sie sich tagsüber versteckt und nur nachts, besonders nach Regen erscheint, um kleine Nager und Vögel zu jagen.

Hauptmerkmale

Mit zunehmendem Alter verändert die Bairds Kletternatter ihre Färbung. Jungtiere sind grau mit dunklen Querbinden. Diese verschwinden mit der Zeit, und die Schlange wird zunächst einfarbig grau, dann orange und grau, da jede Schuppe an ihrer Basis einen orangen Halbmond bildet. Oft, wenn auch nicht immer, treten zwei düstere Linien entlang dem Rücken auf.

Glatte Schuppen
An den meisten Stellen des Körpers sind die Schuppen glatt und glänzend.

Mexikanische Bairds Kletternatter
Die blasse Färbung und der graue Kopf unterscheiden die Mexikanische Bairds Kletternatter von der dunkleren texanischen Form. Ihre Färbung hat sich seit der Geburt langsam verändert und wird sich mit zunehmendem Alter weiter wandeln.

Gekielte Schuppen
Entlang der Rückenmitte sind die Schuppen im hinteren Teil des Körpers schwach gekielt.

Jugendfärbung
Die charakteristischen Querbinden sind verblasst, aber die typische orange Färbung des Alterskleides hat sich noch nicht entwickelt.

Junge Bairds Kletternatter
Wie viele junge Schlangen, sind junge Bairds Kletternattern relativ schlank und werden erst mit der Zeit dicker. Ihre Färbung verändert sich ebenfalls. Die Gründe dafür sind nicht eindeutig geklärt, sie könnten aber etwas mit der sich ändernden Lebensweise zu tun haben.

Grauer Kopf
Die Kopffarbe der mexikanischen Form bleibt grau, die der texanischen ändert sich.

Ungezeichneter Kopf
Die erwachsene Schlange weist keinerlei Kopfzeichnung auf, wodurch die großen Schuppen deutlich hervortreten. Die großen Augen haben runde Pupillen.

Körperform
Die Unterseite des Körpers ist abgeflacht, wodurch zwei Kanten entlang der Flankenbasis entstehen. Die Schlange benützt sie beim Erklettern rauer Oberflächen, wie Rinde und Fels.

Steckbrief

Art:	*Elaphe bairdi*
Familie:	Colubridae (Nattern)
Lebensraum:	Felsige Bereiche in Halbtrockengebieten
Vermehrung:	Das Gelege besteht aus bis zu 15 Eiern
Nahrung:	Kleinsäuger und Vögel, einschließlich Fledermäusen
Verbreitung:	Südtexas und die angrenzenden Staaten des nördlichen Mexiko

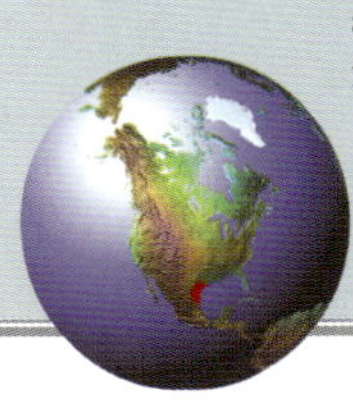

Durchschnittliche Länge ausgewachsener Tiere

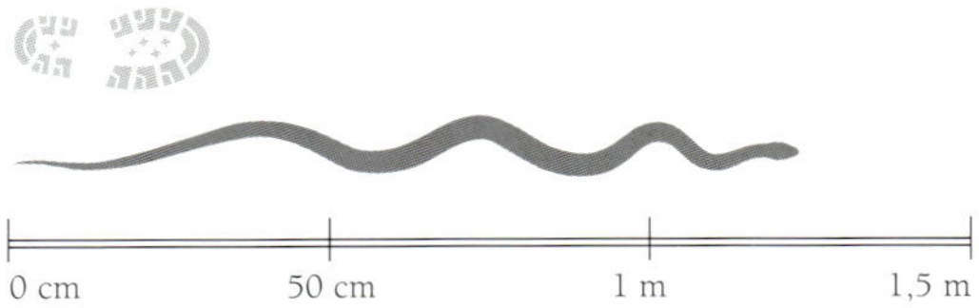

Trans-Pecos-Rattennatter

Die Trans-Pecos-Rattennatter lebt in den trockenen Bergen und Tälern der Chihuahua-Wüste in Südtexas und im nordöstlichen Mexiko. Sie geht nachts auf Jagd nach kleinen Nagern, von denen sie fast ausschließlich lebt. Tagsüber versteckt sie sich zwischen Steinen oder in Nagerhöhlen, um der tödlichen Hitze zu entgehen. Wegen ihrer versteckten Lebensweise bekommt man sie selten zu sehen, obwohl sie in geeigneten Lebensräumen in großer Zahl vorkommen kann.

»Blonde« Form
Diese Farbvariante ist weniger häufig als die der typischen Form. Die Zeichnung ist kleiner und verwaschener, die Grundfarbe heller.

Hauptmerkmale

Zwei Zeichnungsvarianten treten bei dieser Schlange auf, die typische und die »blonde« Form; beide sind jedoch im Wesentlichen gelb oder hellbraun mit dunkleren Flecken. Der Kopf ist ungezeichnet, so dass man die Grenzen der großen Deckschuppen gut erkennt. Die vorstehenden Augen mit ihren runden Pupillen sind sehr auffallend und unterscheiden sich von denen aller übrigen amerikanischen Kletternattern.

Steckbrief

Art:	*Bogertophis subocularis*
Familie:	Colubridae (Nattern)
Lebensraum:	Felsige, halbtrockene Täler und Senken
Vermehrung:	Das Gelege besteht aus bis zu 12 Eiern
Nahrung:	Hauptsächlich Kleinsäuger und Vögel
Verbreitung:	Nordamerika

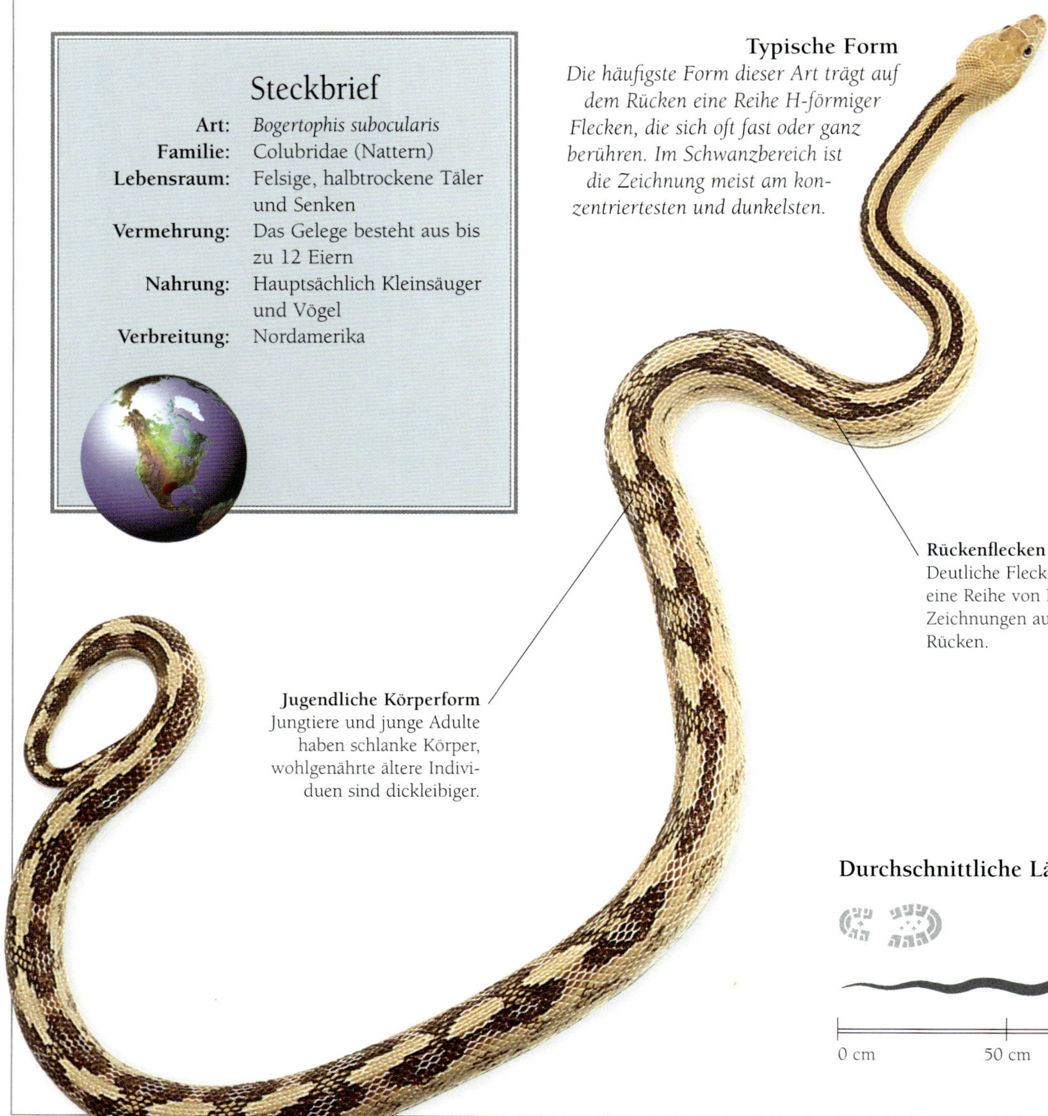

Typische Form
Die häufigste Form dieser Art trägt auf dem Rücken eine Reihe H-förmiger Flecken, die sich oft fast oder ganz berühren. Im Schwanzbereich ist die Zeichnung meist am konzentriertesten und dunkelsten.

Rückenflecken
Deutliche Flecken bilden eine Reihe von H-förmigen Zeichnungen auf dem Rücken.

Jugendliche Körperform
Jungtiere und junge Adulte haben schlanke Körper, wohlgenährte ältere Individuen sind dickleibiger.

Große Augen
Große, vorstehende Augen lassen den nächtlichen Jäger erkennen.

Durchschnittliche Länge ausgewachsener Tiere

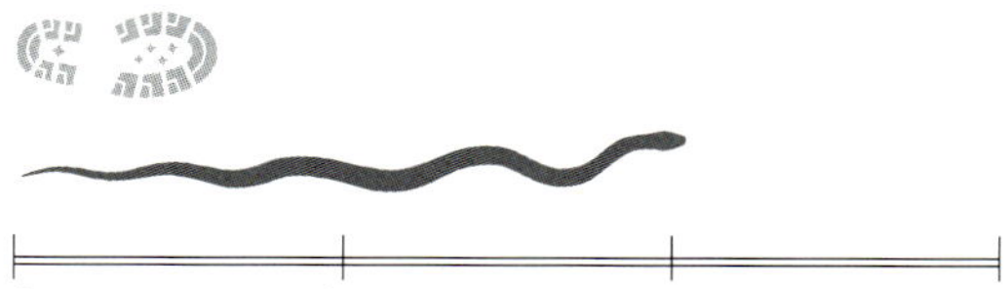

Trans-Pecos-Rattennatter
Als eine der längsten und schlanksten Rattennattern wird die Trans-Pecos-Rattennatter gelegentlich bis zu 2 m lang.

Gekielter Körper
Die Trans-Pecos-Rattennatter hat abgeflachte Flanken, die am Übergang zur Unterseite zwei Grate bilden, mit denen die Schlange über Felsen klettern kann.

Rückenschuppen
Die Rückenschuppen sind leicht gekielt, die der Flanken jedoch glatt. Alle zeigen einen samtigen Glanz. Die Bauchschuppen sind silbrig-weiß und absolut glatt.

Mandarinnatter

Ungewöhnliche Farben und Zeichnungen unterscheiden diese fernöstliche Kletternatter von anderen Arten der Gattung. Sie lebt gewöhnlich in kühlen Bergregionen in bis zu 3000 m Höhe, vor allem in Wäldern und felsigen Gebüschen; sie kommt aber auch in geringeren Höhen vor, besonders auch auf landwirtschaftlichen Flächen, z. B. in Reisfeldern, wo sie wahrscheinlich von den dort lebenden kleinen Nagern angezogen wird.

Hauptmerkmale

Die gelbe Bullaugen-Zeichnung, umgeben von schwarzen Kreisen oder Dreiecken, und der kräftig gezeichnete Kopf sind einmalig unter Schlangen. Die Grundfärbung kann grau, braun oder rötlichbraun sein. Größe und Form der Rückenflecken variieren etwas.

Stumpfe Haut
Die Zeichnung der Schlange ist etwas unscharf, da das Tier kurz vor der Häutung steht.

Schwarze Augenstreifen
Sternförmige, dicke schwarze Linien tarnen die Augen vor Beutetieren.

Schmaler Kopf
Der Kopf ist kaum breiter als der Hals und kräftig schwarz und gelb gezeichnet. Der schmale Kopf und die runde Schnauze ermöglichen es der Mandarinnatter, in kleinen Spalten und Höhlen auf der Suche nach Nagernestern herumzustochern.

Mandarinnatter
Die kontrastreiche Schwarz-Gelb-Zeichnung, besonders im Gesicht, scheint auf die orientalische Herkunft dieser Schlange hinzuweisen und lässt den deutschen Namen besonders passend erscheinen. Die Mandarinnatter ist schlanker als andere Kletternattern, möglicherweise in Anpassung an ihre halb unterirdische Lebensweise.

Variable Schuppen
Die einzelnen Schuppen können leicht gekielt oder glatt sein.

Schlanke Form
Diese Art ist länger und schlanker als die meisten Kletternattern.

Grundfärbung
Die Grundfärbung dieses Individuums ist grau, Abweichungen davon kommen aber vor.

Ungewöhnliche Zeichnung
Die Bullaugen-Zeichnung trägt zur Auflösung der Körperumrisse bei, wenn die Schlange zwischen Laub in Flecken von Licht und Schatten liegt.

Durchschnittliche Länge ausgewachsener Tiere

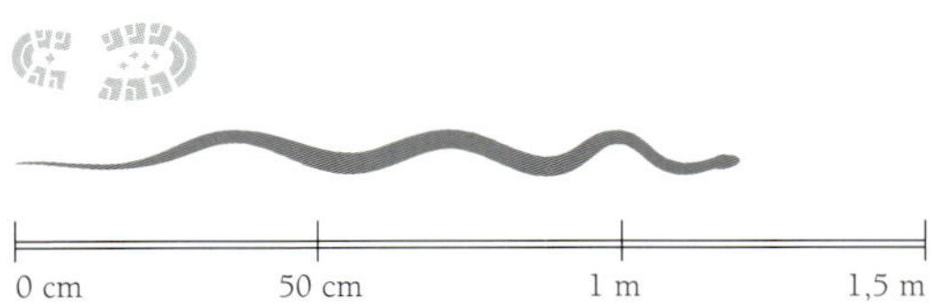

Steckbrief

Art:	*Elaphe mandarina*
Familie:	Colubridae (Nattern)
Lebensraum:	Leicht bewaldete, gebüschreiche Berghänge
Vermehrung:	Das Gelege besteht aus 3–8 Eiern
Nahrung:	Nagetiere, speziell ihre Jungen
Verbreitung:	China

Raue Grasnatter

Diese zierliche, schlanke Schlange lebt in Ufergebüschen und -dickichten und bevorzugt die dichteste Vegetation im Saum von Flüssen und Seen. Sie hält sich gern auf wasserüberragenden Ästen und gelegentlich auch im Wasser auf. Die Raue Grasnatter ernährt sich hauptsächlich von Insekten, von Grillen, Heuschrecken, Engerlingen, Raupen und Spinnen.

Hauptmerkmale
Diese Natter ist lang und sehr dünn, ihre Oberseite leuchtend grün, die Unterseite weiß oder blassgrün. Durch ihre gekielten Schuppen wirkt ihre Oberfläche rau. Dadurch unterscheidet sie sich von der einzigen ähnlichen Art in Nordamerika, der Glatten Grasnatter.

Kopfschuppen
Die großen Schädelschuppen sind von dunkler Farbe und stellen eine gute Tarnung dar.

Große Augen
Die Tiere haben relativ große Augen mit runden Pupillen; sie jagen tagsüber nach Sicht.

Schmaler Kopf
Der Kopf mit spitzer Schnauze ist nur wenig breiter als der Hals. Die Grasnatter frisst nur kleine Beutetiere und braucht daher keinen großen Rachen.

Raue Grasnatter
Die leuchtend grüne Färbung und die schlanke Gestalt sind eine gute Tarnung. Solange sich die Schlange nicht bewegt, ist sie schwer zu entdecken, und wahrscheinlich ist sie häufiger als man nach den seltenen Anblicken vermutet.

Raue Schuppen
Jede Schuppe ist deutlich gekielt, was der Schlangenhaut eine raue Oberfläche verleiht.

Gekonnte Tarnung
Die Raue Grasnatter klettert gelegentlich in Stauden und Büsche, verbringt jedoch die meiste Zeit im Gras oder anderer bodennaher Vegetation, wo man sie wegen ihrer ausgezeichneten Tarnung in all dem Grün kaum wahrnimmt.

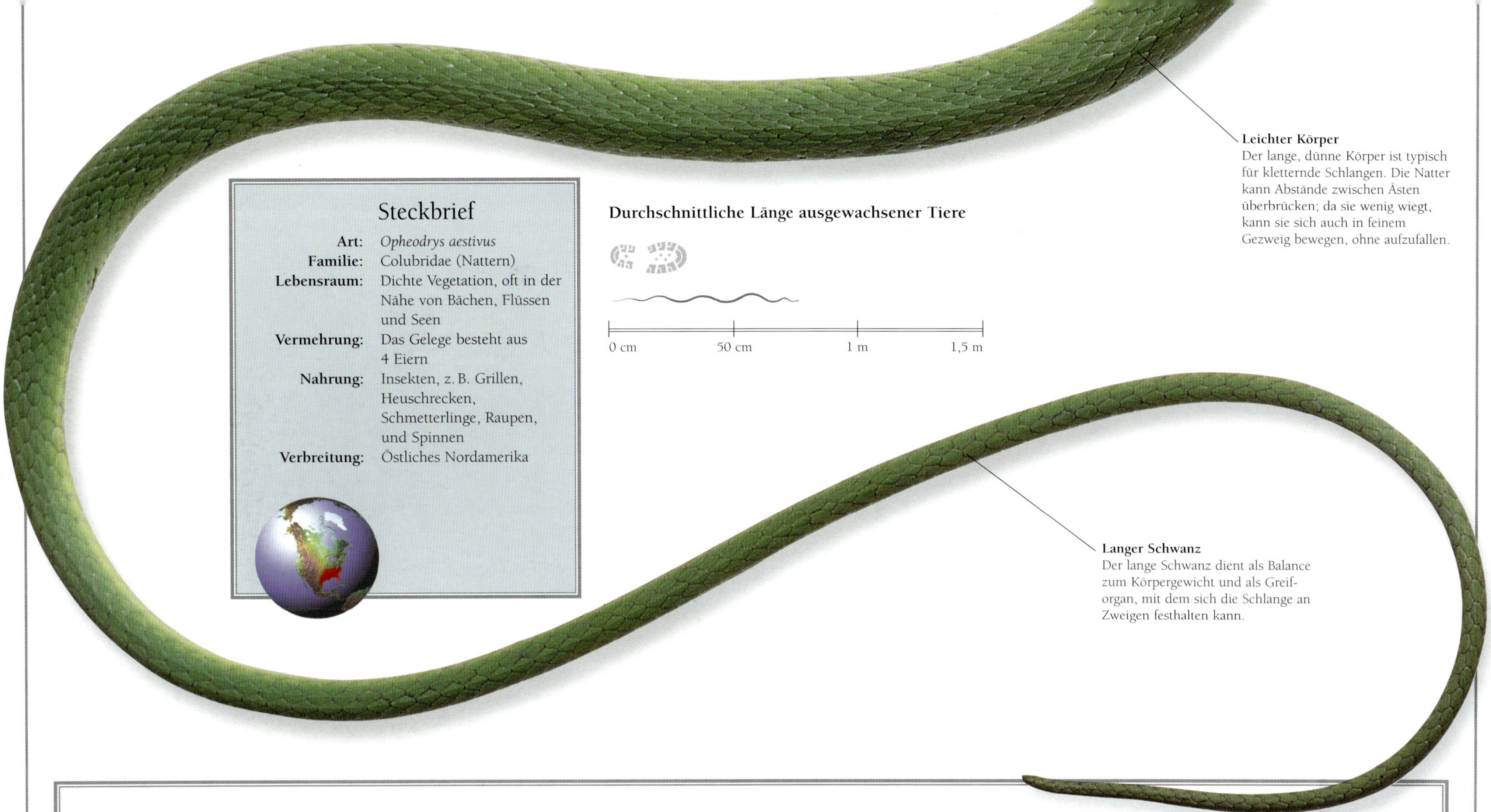

Leichter Körper
Der lange, dünne Körper ist typisch für kletternde Schlangen. Die Natter kann Abstände zwischen Ästen überbrücken; da sie wenig wiegt, kann sie sich auch in feinem Gezweig bewegen, ohne aufzufallen.

Langer Schwanz
Der lange Schwanz dient als Balance zum Körpergewicht und als Greiforgan, mit dem sich die Schlange an Zweigen festhalten kann.

Steckbrief

Art: *Opheodrys aestivus*
Familie: Colubridae (Nattern)
Lebensraum: Dichte Vegetation, oft in der Nähe von Bächen, Flüssen und Seen
Vermehrung: Das Gelege besteht aus 4 Eiern
Nahrung: Insekten, z. B. Grillen, Heuschrecken, Schmetterlinge, Raupen, und Spinnen
Verbreitung: Östliches Nordamerika

Durchschnittliche Länge ausgewachsener Tiere

0 cm – 50 cm – 1 m – 1,5 m

Nahrung: Wirbellose

Die Raue Grasnatter ist eine von vielen Schlangen, die ausschließlich von Wirbellosen leben. Zu dieser Gruppe gehören spezialisierte Arten, etwa die asiatische Kurzkopf-Schneckennatter, *Aplopeltura boa*, und die zentralamerikanische Tausendfüßer-Natter, *Scolecophis atrocinctus*, ebenso wie weniger spezialisierte Arten, z. B. die Schaufelnasen-Natter, *Chionactis occipitalis*, die von Skorpionen, Spinnen, Schaben und Larven lebt.

Die asiatische Kurzkopf-Schneckennatter

Die zentralamerikanische Tausendfüßer-Natter.

Die Schaufelnasen-Natter.

Gewöhnliche Königsnatter

Die in weiten Teilen Nordamerikas verbreitete Gewöhnliche Königsnatter kommt in den verschiedensten Lebensräumen vor: in den Sümpfen Floridas ebenso wie in den Wüsten Arizonas und des nördlichen Mexiko. Die Anpassungsfähigkeit der Schlange drückt sich auch in ihren Nahrungsgewohnheiten aus, sie macht Jagd auf nahezu alle Tiere bestimmter Größe, von Fischen, Fröschen, Echsen und Nagern bis hin zu Giftschlangen.

Hauptmerkmale

Die Gewöhnliche Königsnatter hat einen walzenförmigen Leib, glatte, glänzende Schuppen und einen schmalen Kopf. Der Kopf ist fast ebenso breit wie der Körper. Die Färbung ist von Ort zu Ort verschieden, gewöhnlich aber schwarz oder dunkelbraun mit weißen oder elfenbeinfarbenen Zeichnungen in verschiedenen Mustern. Eine der mexikanischen Formen ist völlig schwarz.

Schmaler Kopf
Der Kopf endet in einer stumpfen Schnauze. Meist hat die Gewöhnliche Königsnatter weiße Punkte auf dem vorderen Kopf. Viele Unterarten tragen weiße Bänder auf den Schuppen des Mundrandes.

Runde Pupillen
Die Augen haben runde Pupillen und sitzen weiter vorne als bei vielen anderen Schlangen.

Glänzende Schuppen
Die Schuppen sind glatt und glänzend. Der wissenschaftliche Name *Lampropeltis* bedeutet »glänzende Schilder«.

Steckbrief

Art:	*Lampropeltis getulus*
Familie:	Colubridae (Nattern)
Lebensraum:	Vielfältig, einschließlich Sümpfen und Wüsten
Vermehrung:	Das Gelege besteht aus bis zu 20 Eiern
Nahrung:	Reptilien, Vögel und Kleinsäuger
Verbreitung:	Nordamerika

Schlange frisst Schlange
Gewöhnliche Königsnattern ernähren sich von vielerlei Beutetieren, einschließlich anderen Schlangen. Auch Giftschlangen, wie die Klapperschlange, werden erbeutet, da die Königsnatter in gewissem Maße resistent gegen Schlangengifte ist. Wenn eine Klapperschlange sich bedroht fühlt, hebt sie ihren Vorderkörper vom Boden, um größer zu erscheinen. Diese Strategie hat jedoch nur begrenzten Erfolg, die meisten werden von den kräftigen Schlingen der Königsnatter rasch überwältigt.

Auffällige Zeichnung
Diese Schlange aus Südkalifornien ist deutlich mit breiten, kontrastierenden Bändern oder Ringen gezeichnet. Bei manchen Individuen sind die Bänder geöffnet oder gespalten, im Allgemeinen nahe der Mittellinie des Rückens.

Kalifornische Königsnatter
Die kalifornische Unterart, Lampropeltis getulus californiae, *ist eine der auffälligsten Königsnattern, mit breiten hellen Bändern auf dunklerem Grund. Die Schwarz-Weiß-Färbung ist typisch für Individuen des Binnenlands, an der Küste sind sie braun und cremefarben. Selten besteht die Zeichnung aus Streifen statt aus schmalen Bändern.*

Durchschnittliche Länge ausgewachsener Tiere

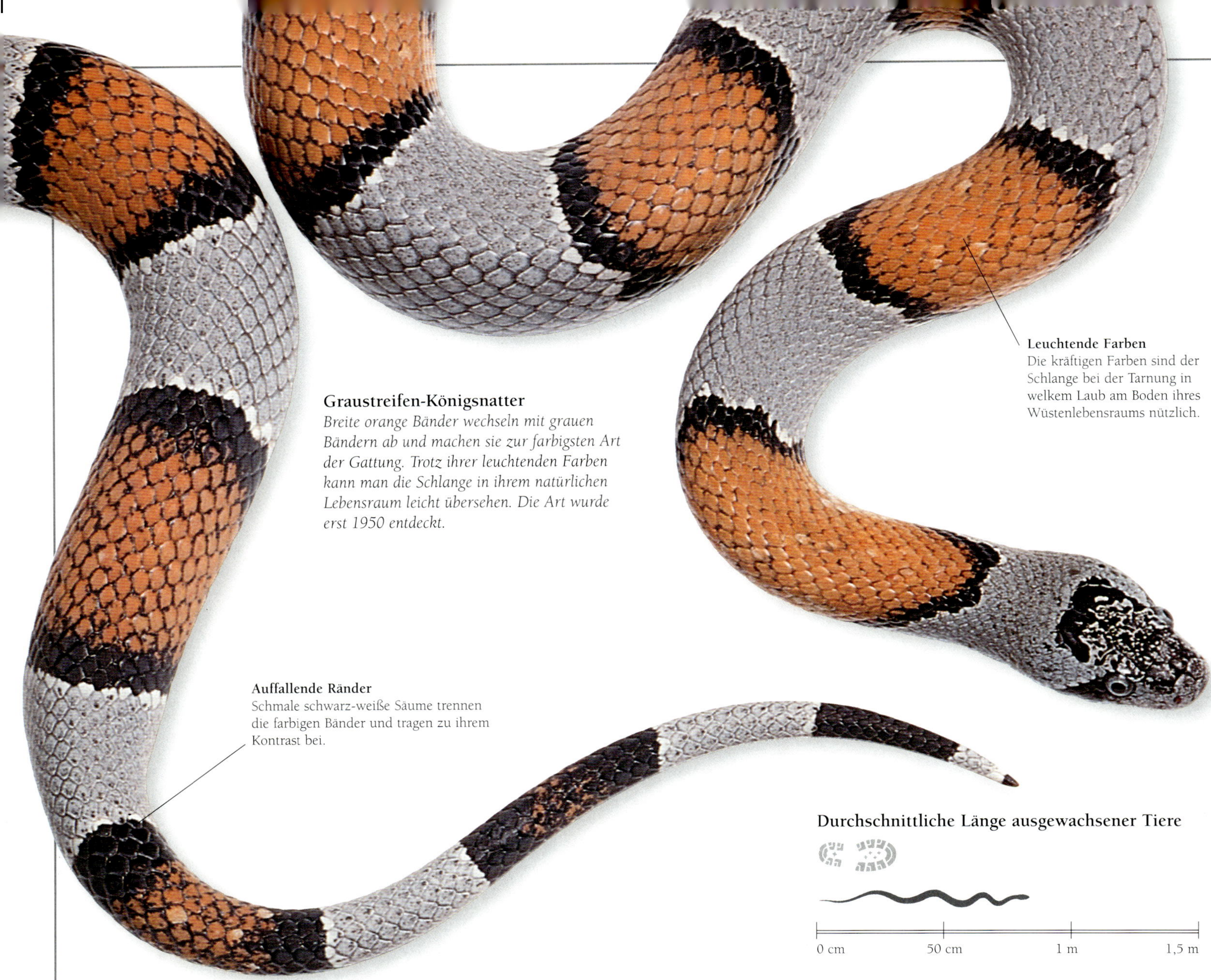

Graustreifen-Königsnatter
Breite orange Bänder wechseln mit grauen Bändern ab und machen sie zur farbigsten Art der Gattung. Trotz ihrer leuchtenden Farben kann man die Schlange in ihrem natürlichen Lebensraum leicht übersehen. Die Art wurde erst 1950 entdeckt.

Leuchtende Farben
Die kräftigen Farben sind der Schlange bei der Tarnung in welkem Laub am Boden ihres Wüstenlebensraums nützlich.

Auffallende Ränder
Schmale schwarz-weiße Säume trennen die farbigen Bänder und tragen zu ihrem Kontrast bei.

Durchschnittliche Länge ausgewachsener Tiere

0 cm – 50 cm – 1 m – 1,5 m

Graustreifen-Königsnatter

Eine sehr farbige Schlange, die das südliche Texas und die angrenzenden Teile Mexikos bewohnt, besonders die Chihuahua-Wüste, wo das Kalkgestein Spalten und unterirdische Höhlen bietet, in denen sie sich versteckt. Man trifft sie selten offen herumstreifend, außer im Frühjahr, wenn die Männchen auf Partnersuche sind, und auch dann nur nachts.

Hauptmerkmale

Die Graustreifen-Königsnatter ist in ihrer Färbung höchst variabel – sogar die Jungen desselben Geleges können sich deutlich unterscheiden. Die Rückenbänderung kann orange, rot oder bräunlich rot sein, oder sie kann ganz fehlen und sich auf schmale schwarze Bänder beschränken. Die Schlange hat einen kleinen Kopf mit kleinen Augen. Die glatten Schuppen sind eher satinartig als glänzend.

Steckbrief

Art:	*Lampropeltis alterna*
Familie:	Colubridae (Nattern)
Lebensraum:	Felsige Wüsten auf Kalkstein
Vermehrung:	Das Gelege besteht aus bis zu 12 Eiern
Nahrung:	Reptilien, Vögel und Kleinsäuger
Verbreitung:	Texas, USA, und nordöstliches Mexiko

Mexikanische Königsnatter

Es gibt mehrere Königsnattern in Mexiko, aber diese Art lebt ausschließlich hier. Sie bewohnt die Berge im Nordosten, wo sie sich zwischen Felsen von Echsen und kleinen Nagern ernährt. Es sind mindestens drei Unterarten beschrieben; alle Formen sind sehr farbig, aber Färbung und Zeichnung variieren erheblich.

Steckbrief

Art: *Lampropeltis mexicana*
Familie: Colubridae (Nattern)
Lebensraum: Felsige Wüsten und Täler
Vermehrung: Das Gelege besteht aus bis zu 12 Eiern
Nahrung: Reptilien, Vögel und Kleinsäuger
Verbreitung: Nordöstliches Mexiko

Hauptmerkmale

Die Mexikanische Königsnatter hat einen walzenförmigen Körper, einen schmalen Kopf und glatte Schuppen. Die rote oder orange Zeichnung hat die Form breiter Sättel oder schmaler Querstreifen. Alle Zeichnungen sind stets schwarz gesäumt. Die Grundfarbe kann grau, elfenbeinfarben oder rosa sein. Eine der drei Unterarten, die San-Luis-Potosi-Königsnatter, hat auf dem Kopf eine auffällige rote Zeichnung, die den anderen beiden Rassen fehlt.

Farbvariabilität
Die Mexikanische Königsnatter von Nuevo Leon gehört zu der Unterart Lampropeltis mexicana thayeri. *Sie ist oft cremefarben mit schmalen roten, schwarz gesäumten Bändern. Andere Individuen der gleichen Region können aber anders gezeichnet sein*

Mexikanische Königsnatter
Die großen roten Sättel und die komplexe Kopfzeichnung lassen diese Lampropeltis mexicana mexicana *sofort als Vertreterin der Population von San Luis Potosi erkennen.*

Sattelzeichnung
Wenn sich die Zeichnung nur auf den oberen Teil des Körpers beschränkt, wird sie als Sattel bezeichnet, obwohl sie von oben eher wie ein Band aussieht.

Durchschnittliche Länge ausgewachsener Tiere

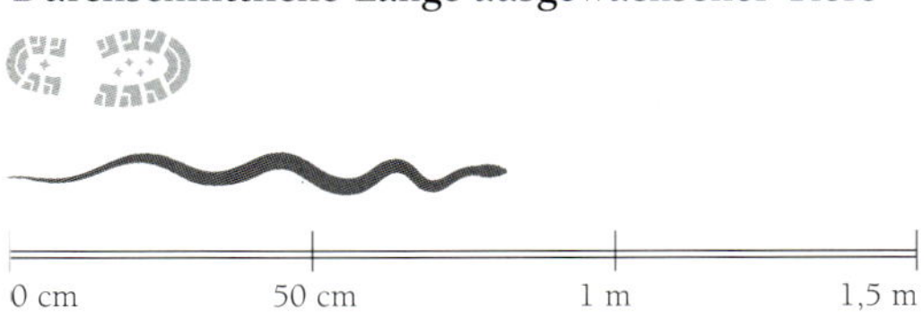

Sonora-Königsnatter

Der frühere Name, Arizona-Königsnatter, wurde geändert, um die geographische Verbreitung genauer zu umschreiben, die sich nicht nur über den Norden, Osten und Süden Arizonas erstreckt. Ihr Vorkommen ist jedoch ausschließlich auf Bergregionen in diesem Areal beschränkt. Man nimmt an, dass die Art eine lange Zeit des Jahres in der Winterruhe verbringt. In ihrer aktiven Zeit lebt sie von Echsen und Kleinsäugern.

Hauptmerkmale

Die auffällige Zeichnung erleichtert die Bestimmung. Die weißen, stets vollständigen Ringe wechseln mit roten Ringen ab, die manchmal auf rote Seitenstreifen reduziert sind; die schwarzen Bänder verbreitern sich auf dem Rücken zur dorsalen Mittellinie hin. Die roten Ringe weisen keine schwarzen Spitzen auf, wie dies für die meisten Formen der Milchschlange (S. 88–89) der Fall ist, die eine ähnliche Zeichnung hat. Die Schnauze ist immer weiß, im Unterschied zur Kalifornischen Königsnatter (gegenüberliegende Seite), die eine schwarze Schnauze hat.

Glänzende Schuppen
Wie alle Königsnattern hat auch diese Art glatte, sehr glänzende Schuppen.

Wechselnde Binden
Die Kombination von Rot-Schwarz-Weiß-Schwarz-Rot der Binden bezeichnet man als Triaden. Die Zahl der Körpertriaden kann bei den verschiedenen Populationen der Sonora-Königsnatter unterschiedlich sein.

Sonora-Königsnatter
Die leuchtend roten, schwarzen und weißen Streifen, die für diese Art typisch sind, scheinen zu flimmern, wenn sich das Tier rasch zwischen Felsen oder Vegetation bewegt; das mag dazu dienen, die Aufmerksamkeit eines Feindes lang genug abzulenken, um schützende Deckung zu erreichen.

Durchschnittliche Länge ausgewachsener Tiere

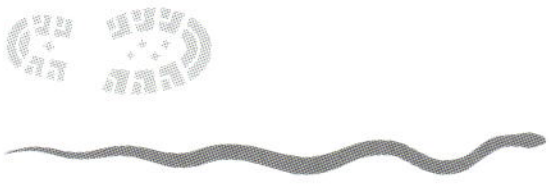

Steckbrief

Art: *Lampropeltis pyromelana*
Familie: Colubridae (Nattern)
Lebensraum: Gebüsche und Nadelwälder auf Gesteinsschutt und felsigen Hängen, oft in Wassernähe
Vermehrung: Das Gelege besteht aus 2–8 länglichen Eiern
Nahrung: Echsen, kleine Schlangen und Nager
Verbreitung: Südwestliche USA und nordwestliches Mexiko

Schlanker Körper
Der lange, schlanke Körper ermöglicht der Schlange, zwischen den Felsen und Steinen ihres Lebensraums hindurchzugleiten.

Weiße Schnauze
Eine weiße Schnauze unterscheidet diese Art von anderen Berg-Königsnattern.

Berglebensraum
Man sieht die Sonora-Königsnatter selten offen herumkriechen, obwohl sie hauptsächlich tagaktiv ist. Sie lebt zwischen Felsen und Gesteinsschutt an ungestörten Orten steiniger Hänge, die im Winter oft für mehrere Monate mit Schnee bedeckt sind.

Kalifornische Königsnatter

Die Kalifornische Königsnatter, *Lampropeltis zonata*, bewohnt ähnliche Lebensräume wie die Sonora-Königsnatter, kommt aber weiter westlich vor. Außerdem gibt es eine isolierte Population auf einer kleinen felsigen Insel vor der atlantischen Küste von Mexiko, der ungewöhnlicherweise die roten Ringe fehlen. Die Hauptpopulation ist häufig hell kirschrot gefärbt und hat eine schwarze Schnauze. Nach langer Überwinterung unter oft hohem Schnee in ihrem gebirgigen Lebensraum ist der Frühling die Zeit der Paarung.

Männchen und Weibchen bei der Paarung.

Milchschlange

Die Milchschlange ist eine variable Art, die man gegenwärtig in 28 Unterarten gliedert. In ihrem großen Verbreitungsgebiet, das von Kanada im Norden bis nach Ekuador im Süden reicht, bewohnt sie eine Vielzahl verschiedener Lebensräume, von Ebenen bis zu Bergen und von Regenwäldern bis zu Wüsten; sehr trockene Gebiete meidet sie jedoch. Wenn sie sich bedroht fühlt, bewegt sie sich rasch und ruckartig, so dass ihre farbigen Binden den Feind verwirren. In manchen Gegenden kann man sie leicht mit den giftigen Korallenottern (gegenüberliegende Seite) verwechseln.

Breites Halsband
Eine schwarze Schnauze und ein breites weißes Band kennzeichnen die Pueblo-Milchschlange.

Flimmernde Farben
Die rot, weiß und schwarz gefärbten Bänder flimmern, wenn sich die Schlange schnell bewegt; das erschwert die Verfolgung und irritiert Angreifer.

Hauptmerkmale

Die Milchschlange hat einen schlanken, walzenförmigen Körper, glänzende Schuppen und einen schmalen Kopf, der kaum breiter als der Hals ist. Die meisten Formen haben rote, weiße und scharze Bänder um den Körper. Sie können etwa gleich breit sein, oder die roten Bänder sind breiter. Einige Formen haben Sättel statt vollständige Bänder. Frisch geschlüpfte Jungtiere sind besonders leuchtend gefärbt, ihre Zeichnung wird mit zunehmendem Alter etwas matter, und auf den Schuppen bilden sich kleine trübe Flecken.

Sinaloa-Milchschlange
Die Sinaloa-Form aus Teilen des nordwestlichen Mexiko unterscheidet sich durch besonders breite rote und enge schwarz-weiß-schwarze Binden von den meisten anderen Formen der Milchschlange. Sie ist außerdem schlanker und etwas kürzer als die Pueblo-Unterart.

Eier legend
Die Milchschlange legt im Frühling oder Frühsommer zwischen 6 und 15 Eier. Die Jungen schlüpfen etwa 10 Wochen später und messen 20–30 cm.

Mimikry

Die Milchschlange teilt ihr Verbreitungsgebiet in bestimmten Regionen mit verschiedenen Arten der hochgiftigen Korallenottern, die zur Kobra-Familie gehören. Man nimmt an, dass die Milchschlange durch Imitation von Zeichnung und Verhalten der Korallenottern in gewissem Maße vor Feinden geschützt ist. Andere Fachleute führen die Muster auf die allgemeine Angst vieler Tiere vor grellen Farbkombinationen zurück.

Korallenotter

Pueblo-Milchschlange

Dies ist eine der größten und am kräftigsten gezeichneten Unterarten mit breiten weißen Binden, besonders am Hals. Ihr stämmiger Körper eignet sich offenbar zur Speicherung ausreichender Reservestoffe für die langen Winter der Berge im südlichen Zentralmexiko, wo die Art lebt.

Steckbrief

Art:	*Lampropeltis triangulum*
Familie:	Colubridae (Nattern)
Lebensraum:	Unterschiedlich: von Sümpfen bis zu Wüsten
Vermehrung:	Das Gelege besteht aus bis zu 15 Eiern
Nahrung:	Reptilien und Kleinsäuger
Verbreitung:	Nord-, Mittel- und Südamerika

Durchschnittliche Länge ausgewachsener Tiere

0 cm — 50 cm — 1 m — 1,5 m

Gebänderte Schwimmnatter

Die Sümpfe, Seeufer, Flüsse und Feuchtgebiete im Südosten der USA sind die Heimat der Gebänderten Schwimmnatter. Sie ernährt sich von Fischen und Amphibien und sonnt sich auf Ästen und an Flussufern. Bei Störung reagiert sie zustoßend und wild beißend. Obwohl sie harmlos ist, wird sie manchmal in der Annahme getötet, sie sei eine giftige Wassermokassinotter, eine Grubenotter, mit der sie ihren Lebensraum teilt.

Hauptmerkmale

Der schmale Kopf unterscheidet sie von der giftigen Wassermokassinotter, mit der sie manchmal verwechselt wird; letztere hat einen breiten, dreieckigen Kopf. Im Gegensatz zur Otter ist die Gebänderte Schwimmnatter schlank; allerdings können Weibchen recht schwer werden, besonders wenn sie trächtig sind. Gewöhnlich trägt die Art ein Bindenmuster, dessen Breite und Färbung aber variabel sind.

Gebänderte Schwimmnatter
Breite Binden unterscheiden diese im Mississippibecken lebende Form. Das Bindenmuster ist oft schwer erkennbar, besonders wenn die Schlange in schlammigem Wasser geschwommen ist.

Gekielte Schuppen
Die Schuppen sind gekielt, was möglicherweise bei der Fortbewegung im Wasser von Nutzen ist.

Tarnzeichnung
Eine unregelmäßige, fleckige Zeichnung löst die Umrisse der Schlange auf, wenn sie bewegungslos im Schlamm oder in der Ufervegetation liegt.

Paarungsknäuel
Schwimmnattern bilden oft ein Paarungsknäuel, wenn mehrere Männchen ein Weibchen zu begatten versuchen. Bei Schlangen mit solchem Paarungsverhalten sind die Männchen oft deutlich kleiner als die Weibchen, da sie nicht um einen Partner kämpfen müssen. Die Weibchen bringen 3 oder 4 Monate nach der Paarung lebende Junge zur Welt.

Durchschnittliche Länge ausgewachsener Tiere

0 cm 50 cm 1 m 1,5 m

Steckbrief

Art: *Nerodia fasciata*
Familie: Colubridae (Nattern)
Lebensraum: Alle Arten von Süßwasser-Biotopen, einschließlich Tümpel, Seen, Sümpfe und Flüsse
Vermehrung: Gewöhnlich werden 10–20 (ausnahmsweise 50) Junge geboren
Nahrung: Fische und Amphibien
Verbreitung: Das südöstliche Nordamerika

Abgeflachter Körper
Der Körper ist zum Schwanz hin leicht abgeflacht, was der Schlange beim Schwimmen nützlich ist.

Schnitte und Schürfungen
Kleine Bereiche verletzter Haut werden bei der nächsten Häutung repariert.

Gefährdeter Lebensraum

Im südlichen Florida gehören Zypressensümpfe zum bevorzugten Lebensraum der Gebänderten Schwimmnatter. Durch den ständig steigenden Wasserverbrauch einer rasch wachsenden Bevölkerung sinkt der Wasserstand in den Sümpfen. Als Folge davon sind Pflanzen und wild lebende Tiere der Sümpfe ernstlich bedroht.

Zypressensumpf im südlichen Florida.

Kiefernatter

Die Kiefernatter ist eine große, kräftige Schlange, die ihre Beute erwürgt. Sie droht Feinden mit aufgerissenem Rachen, lautem Zischen und wütendem Zustoßen. Sie gräbt gut, besonders in den sandigen Böden, die für einen Großteil ihres Verbreitungsgebietes typisch sind. Auch ihre Beute sucht sie oft unterirdisch. Die Kiefernatter verzehrt große Mengen von Ratten und Mäusen und wird dadurch zu einem nützlichen Besucher menschlicher Siedlungen. Gelegentlich frisst sie auch Vögel und ihre Eier, unglücklicherweise auch von Hausgeflügel.

Hauptmerkmale

Die verschiedenen Unterarten unterscheiden sich in ihrer Zeichnung. Es kommen braune oder schwarze Flecken auf weißem Grund vor, manche sind einförmig beige, bei anderen verlaufen die Farben. Die Schwarze Kiefernatter ist einfarbig schwarz. Alle haben sehr spitze Schnauzen und stark gekielte Schuppen. In den meisten Teilen ihres Verbreitungsgebietes kann die Art schon an ihrer bedeutenden Größe erkannt werden.

Präfrontale Schuppen
Die Kiefernatter hat vier präfrontale Schuppen, im Gegensatz zu den üblichen zwei.

Nördliche Kiefernatter
Die nördliche Unterart hat große dunkle Flecken auf weißem oder elfenbeinfarbenem Grund und ist dadurch kräftiger gezeichnet als andere Formen. Wie bei allen Kiefernattern ist die Schlange am Vorderkörper am stärksten pigmentiert.

Durchschnittliche Länge ausgewachsener Tiere

0 cm – 50 cm – 1 m – 1,5 m

Vielschuppiger Kopf
Die Kiefernatter hat auf dem Schädeldach mehr Schuppen als die meisten anderen Nattern, mit 4 präfrontalen Schuppen (unmittelbar vor der großen Schuppe zwischen den Augen). Sie hat außerdem relativ große Augen, was für überwiegend nachtaktive Schlangen typisch ist.

Lebensraum Nadelwald
Wie der Name sagt, lebt die Schlange hauptsächlich in Nadelwäldern; sie kommt aber auch auf Feldern, in menschlichen Siedlungen und auf felsigen Bergrücken vor. Am wichtigsten ist ihr etwas lockerer, sandiger Boden, in dem sich gut graben lässt.

Steckbrief

Art:	*Pituophis melanoleucus*
Familie:	Colubridae (Nattern)
Lebensraum:	Nadelwälder, Grasländer, Bauernhöfe
Vermehrung:	Das Gelege besteht aus bis zu 10 Eiern
Nahrung:	Kleinsäuger
Verbreitung:	Östliches und südöstliches Nordamerika

Gopher- und Bullennattern

Weitere Mitglieder der Gattung *Pituophis* sind die Gophernattern und die Bullennatter. Sie ersetzen die Kiefernatter im Westen der USA und wurden früher der gleichen Art zugerechnet. Man findet diese Schlangen in sehr unterschiedlichen Lebensräumen, einschließlich Prärien, trockenem Hügelland, semiariden Flächen und sogar echten Wüsten. Gewöhnlich sieht man sie in der Nähe kultivierter und bewässerter Flächen, wo sie wahrscheinlich eine große Zahl an Nagern finden. Wie die Kiefernatter sind sie ausgezeichnete Rattenfänger und daher für den Menschen nützlich.

San-Diego-Gophernatter

Westliche Hakennasennatter

Als Experte in der Kunst des Bluffens bläst sich die Westliche Hakennasennatter gefährlich auf und zischt laut, wenn sie sich einem Feind gegenübersieht. Wenn diese Taktik versagt, rollt sie sich auf den Rücken und stellt sich tot. Sie ist völlig harmlos und ernährt sich von Fröschen und Kröten in Prärien und Wäldern. Sie gehört zu den wenigen Schlangen, die auch in Verwesung übergehendes Aas fressen.

Hauptmerkmale

Man unterscheidet 3 Arten von Hakennasennattern, die sich alle in Körper- und Verhaltens-Merkmalen sehr ähnlich sind. Die Westliche Hakennasennatter ist eine kurze, stämmige Art mit rauen Schuppen und einem Fleckenmuster auf dem Rücken sowie mit der unverkennbaren, aufgeworfenen Schnauze. Sie ist gewöhnlich braun, kann aber grünlich oder rötlich getönt sein. Manche Formen haben außerdem nicht scharf begrenzte Flecken auf dem Rücken.

Grober Kopf
Hakennasennattern haben einen breiten, groben Kopf. Ein Band zieht sich über die Schnauze von Auge zu Auge. Das löst die Umrisse auf und schützt die Schlange vor Angreifern.

Rostralschuppe
Die scharfkantige, schaufelförmige Rostralschuppe an der Spitze der Schnauze wird zum Ausgraben von Kröten verwendet, die die wichtigste Nahrung der Natter sind.

Steckbrief

Art:	*Heterodon nasicus*
Familie:	Colubridae (Nattern)
Lebensraum:	Trockene, sandige Prärien, sandiges Buschland und Farmen
Vermehrung:	Das Gelege besteht aus bis zu 20 Eiern
Nahrung:	Amphibien, Echsen, kleine Vögel und Säuger
Verbreitung:	Nordamerika

Durchschnittliche Länge ausgewachsener Tiere

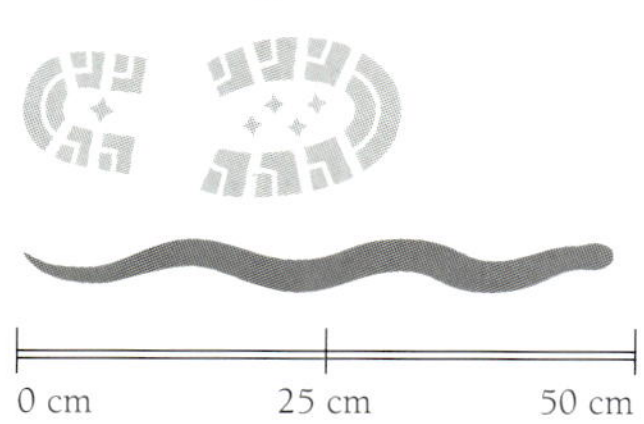

Hauptnahrung

Alle Hakennasennattern ernähren sich lieber von Kröten als von Kleinsäugern. Sie sind effiziente, tagaktive Grabtiere, die jede eingegrabene Beute aufstöbern. Man nimmt an, dass die Schlangen immun sind gegen das in warzigen Drüsen auf Kopf und Rücken produzierte Gift der Kröten. Da sich Kröten aufblähen, müssen Hakennasennattern in der Lage sein, ihr Maul enorm weit aufzureißen, um sie zu schlucken.

Östliche Hakennasennatter verschlingt eine Kröte.

Westliche Hakennasennatter
Diese Art hat eine deutlich erkennbare Reihe von Rückenflecken, die mit kleineren Flecken an den Flanken abwechseln. Die Flecken sind gewöhnlich braun, manchmal aber auch oliv oder rötlich. Andere Arten haben weniger deutliche Zeichnungen.

Raue Schuppen
Hakennasennattern haben stark gekielte Schuppen, möglicherweise, um beim Graben besseren Halt zu finden.

Farbe der Westrasse
Die Westliche Hakennasennatter ist heller als ihre östlicher lebenden Verwandten.

Kurzer Schwanz
Der kurze Schwanz der Schlange ist typisch für grabende Arten.

Ausschlüpfen
Die Jungen schlüpfen etwa 2 Monate nach der Eiablage. Sie häuten sich sofort und beginnen nach Nahrung zu suchen, die aus jungen Fröschen, Kröten und Echsen besteht.

Leopardnatter

Diese kleine Kletternatter ist wohl die attraktivste europäische Schlange. Sie lebt zwischen Felsen und trockenen Steinmauern, oft in der Nähe von Feldern und menschlichen Siedlungen, wo sie Jagd auf Mäuse macht. Da sie hauptsächlich nachtaktiv ist, trifft man sie selten an, selbst dort, wo sie häufig vorkommt. Obwohl die Zeichnung recht variabel ist, sind die Farben immer leuchtend. Manchmal wird sie für eine Viper gehalten und unnötigerweise getötet, obwohl sie doch so nützliche Nahrungsgewohnheiten hat.

Hauptmerkmale

Die Leopardnatter ist schlank und von zierlicher Erscheinung. Sie ist gewöhnlich cremefarben, gelblich oder hellgrau mit dunkelroter oder rötlich brauner, fein schwarz gesäumter Zeichnung. Das Muster kann je nach geografischer Herkunft unterschiedlich angeordnet sein. Die kräftige Kopfzeichnung ist charakteristisch.

Durchschnittliche Länge ausgewachsener Tiere

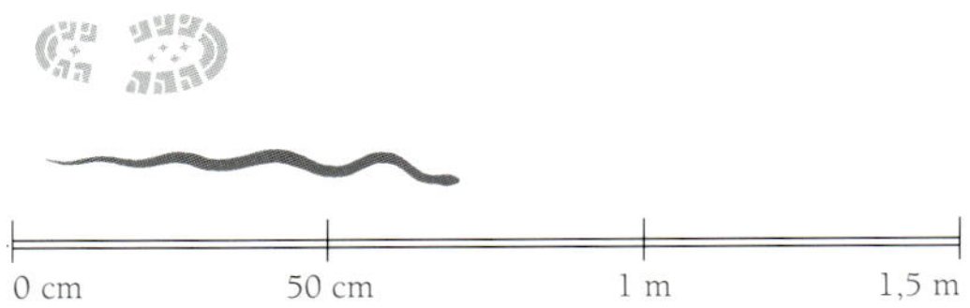

Leopardnatter
Die gefleckte Form ist die häufigste, im gesamten Verbreitungsgebiet der Art vorkommende Variante. Die Flecken können auf bestimmten Körperteilen in der Mitte zusammenrücken und erinnern dann an kleine Hanteln. Gelegentlich teilen sich die Flecken und bilden eine Doppelreihe.

Schmaler Kopf
Der schlanke Kopf schränkt die Größe der Beutetiere ein.

Große Augen
Die großen Augen haben eine orange Iris und runde Pupillen. Ihre Umrisse werden durch mehrere, sternförmig verlaufende dunkle Binden aufgelöst.

Kopfzeichnung
Auf dem hellen Kopf verläuft eine kräftige schwarze Linie zwischen den Augen, eine weitere zieht sich vom Augendach zum Kiefergelenk. Das Schädeldach ist von großen Schuppen bedeckt.

Steckbrief

Art: *Elaphe situla*
Familie: Colubridae (Nattern)
Lebensraum: Felsige Hänge und Mauern, lockere Wälder und Felder
Vermehrung: Das Gelege besteht aus bis zu 6 Eiern
Nahrung: Kleinsäuger
Verbreitung: Südeuropa und westliches Asien

Gestreifte Form
In einigen Teilen des Verbreitungsgebietes tragen die Tiere eine rötliche Zeichnung in Form von parallelen Linien, statt als Flecken. Die Streifen können ganz glatt sein, häufiger sind sie aber an den Rändern etwas gezackt und in Abständen vereint.

Walzenförmiger Körper
Der Körper ist nahezu walzenförmig, die Unterseite aber etwas abgeflacht.

Glatte Schuppen
Im Gegensatz zu den meisten Kletternattern hat die Leopardnatter glatte Schuppen.

Indigonatter

Diese große, prächtige Schlange bildet auf dem amerikanischen Kontinent zahlreiche unterschiedliche Formen aus. Die Indigonatter bewohnt trockene, sandige Plätze in Florida und Texas. Trotz ihrer Größe ist sie nicht aggressiv und versucht nie zu beißen, auch wenn sie zischt und ihren Hals abflacht, sobald sie sich bedroht fühlt. In Mittel- und Südamerika sind Vertreter der Art braun statt glänzend schwarz, bewohnen eine größere Vielzahl von Lebensräumen und neigen zu größerer Aggressivität. Alle Formen sind tagaktive, wachsame, sich schnell bewegende Jäger der verschiedensten Beutetiere, von Fischen bis zu Vogeleiern. Sie verzehren auch Schlangen, einschließlich giftiger Arten.

Dunkle Färbung
Die schwarzen Schuppen der Florida-Indigonatter tragen zur Absorption von Wärme bei.

Indigonatter
Dies ist die längste Schlangenart in Nordamerika, oft über 2 m lang. Einzelne Individuen werden sogar über 2,5 m lang, was aber die Ausnahme ist.

Hauptmerkmale

In Florida ist die Art lackschwarz, mit tiefroter, rosa oder blassgelber Kehle. Sie lebt in Kieferndickichten und anderen leicht erhöhten, trockenen Biotopen. In Texas ist der vordere Körperteil, in Mittel- und Südamerika der ganze Körper braun mit dunkler Zeichnung in Form unregelmäßiger Querbinden. Die wichtigsten Erkennungsmerkmale sind für alle Formen ihre Größe, die großen, glänzenden Schuppen und der leicht dreieckige Körperquerschnitt.

Waldtarnung
In Mittelamerika lebende Schlangen der gleichen Art heißen dort »cribo«. Ihre Färbung bietet ihnen beste Tarnung am Boden tropischer Wälder.

Steckbrief

Art:	*Drymarchon corais*
Familie:	Colubridae (Nattern)
Lebensraum:	Lichtungen, Nadelwälder und tropische Trockenwälder
Vermehrung:	Das Gelege besteht aus bis zu 12 Eiern
Nahrung:	Fische, Amphibien, Reptilien, Vögel, Eier und Kleinsäuger
Verbreitung:	Nord-, Mittel- und Südamerika

Durchschnittliche Länge ausgewachsener Tiere

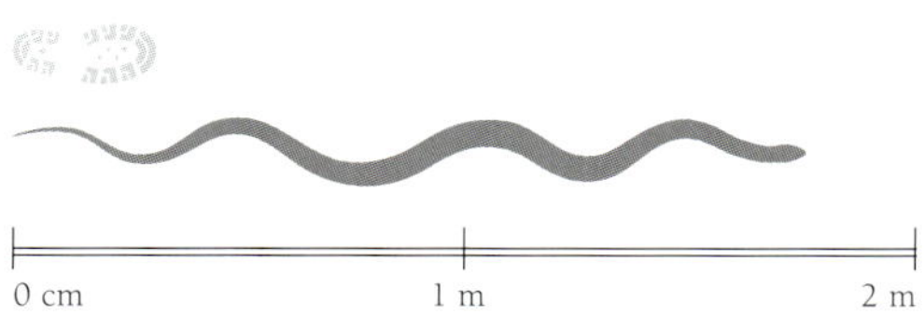

Kontrastierende Kehlfärbung
In dramatischem Kontrast zum lackschwarzen Körper kann die Kehle tiefrot, rosa oder blassgelb gefärbt sein.
Glänzende Schuppen
Die großen Schuppen glänzen stark und sind ein auffallendes Merkmal dieser prächtigen Schlange.

Bunte Strumpfbandnatter

Die Bunte Strumpfbandnatter ist eine der anpassungsfähigsten Strumpfbandnattern, die sich aber nie weit vom Wasser entfernt. Sie hat ihr Verbreitungsgebiet kräftig ausgeweitet, indem sie saisonal Wasser führende Flussbetten und Bewässerungsgräben bis in semiaride Regionen und Wüsten hinein besiedelt hat. Sie ist gewöhnlich tagaktiv, wird in solchen Trockengebieten aber oft zum nächtlichen Jäger, um der Tageshitze auszuweichen. Außerdem reduziert sie in solchen Gebieten ihre Abhängigkeit von Fischen und Amphibien als Nahrung durch einen größeren Anteil an Nagetiernestlingen.

Steckbrief

Art:	*Thamnophis marcianus*
Familie:	Colubridae (Nattern)
Lebensraum:	Teiche, Bäche, Flüsse, Gräben – auch in sonst trockenen Gebieten
Vermehrung:	Das Weibchen bringt 6–18 lebende Junge zur Welt
Nahrung:	Fische, Frösche, Kröten, Kaulquappen, Echsen und Kleinsäuger
Verbreitung:	Nord- und Mittelamerika

Hauptmerkmale

Dies ist die einzige Strumpfbandnatter mit einem Muster von kräftigen, annähernd quadratischen Flecken beiderseits eines blassgelben Mittelstreifens. Die schwarze Nackenzeichnung unmittelbar hinter dem Kopf ist ebenfalls charakteristisch. Der Kopf ist einfarbig, bis auf eine kleine helle Stelle auf dem Oberkopf. Wie alle Strumpfbandnattern hat die Art kräftig gekielte Schuppen und eine schlanke Körperform, obwohl sie stämmiger als manch andere Strumpfbandnatter ist.

Bunte Strumpfbandnatter
Das Rautenmuster ist deutlich genug, um ihren Vulgärnamen zu rechtfertigen. Andere Strumpfbandnattern sind kräftig gestreift.

Kopfschuppen
Große, plattenförmige Schuppen bedecken den Kopf, auf dessen First ein kleines helles Mal zu erkennen ist.

Flachland-Strumpfbandnatter

Das Areal der Flachland-Strumpfbandnatter, *Thamnophis radix,* schließt nördlich an das der Bunten Strumpfbandnatter an. Sie ist eine von mehreren Strumpfbandnattern mit Streifenmuster; der leuchtend orange dorsale Mittelstreifen ist aber ein zuverlässiges Erkennungsmerkmal. Die Art ist stärker an Wasser gebunden als ihre südliche Verwandte und nur in Flusstälern und an Seeufern häufig.

Flachland-Strumpfbandnatter mit Streifenmuster.

Zugespitzte Schnauze
Die Schnauze ist lang und spitz zulaufend, wie die aller Strumpfbandnattern.

Große Augen
Die Bunte Strumpfbandnatter hat große Augen mit runden Pupillen; sie geht tagsüber auf Nahrungssuche.

Kopffärbung
Der Kopf ist oberseits stets hell. Die hellen Lippenschuppen tragen oft kurze schwarze Binden, die vom Auge ausstrahlen.

Schlanker Schwanz
Der Schwanz ist lang und schlank. Die Dicke der Schwanzwurzel zeigt, dass es sich um ein Männchen handelt – bei Weibchen ist sie dünner.

Durchschnittliche Länge ausgewachsener Tiere

0 cm 50 cm 1 m 1,5 m

San-Francisco-Strumpfbandnatter

Die San-Francisco-Strumpfbandnatter ist eine Unterart der Gewöhnlichen Strumpfbandnatter. Die Art ist in Nordamerika weit verbreitet und tritt in verschiedenen Farbvarianten und Unterarten auf. Viele dieser Formen sind durchaus häufig, doch diese spezielle Unterart ist kritisch gefährdet, da der größte Teil ihres Lebensraums bereits zerstört ist, und die Reste durch die Ausbreitung von Siedlungen und die Verrohrung von Bächen bedroht sind.

Große Augen
Große Augen sichern dieser Schlange ein gutes Sehvermögen. Sie jagt gewöhnlich am Tag.

Schmaler Kopf
Wie andere Strumpfbandnattern auch, hat die Art einen schlanken Kopf, der nur wenig breiter als der Hals ist. Die Schnauze ist zugespitzt.

Hauptmerkmale

Zwei breite rote Streifen zu beiden Seiten einer grünlich gelben dorsalen Mittellinie, alle schwarz gesäumt, machen diese Schlange zu einer der charakteristischsten Strumpfbandnattern. Das Schädeldach ist ebenfalls rot. Ein schlanker Körper und kräftig gekielte Schuppen unterscheiden die San-Francisco-Strumpfbandnatter von allen anderen gestreiften Schlangen der Region.

San-Francisco-Strumpfbandnatter
Die durchgehenden, leuchtend karminroten Rückenstreifen der San-Francisco-Strumpfbandnatter kontrastieren kräftig mit dem breiten grünlich gelben dorsalen Mittelstreifen. Sie ist eine der schönsten Schlangen Nordamerikas, leider auch eine seiner seltensten, obwohl sie geschützt ist.

Auffällige Färbung
Leuchtend gefärbte, schwarz gesäumte Streifen auf der Oberseite des Körpers.

Gekielte Schuppen
Die Schuppen sind lang und schmal und in der Mitte zu einem Kiel oder Grat aufgewölbt.

Durchschnittliche Länge ausgewachsener Tiere

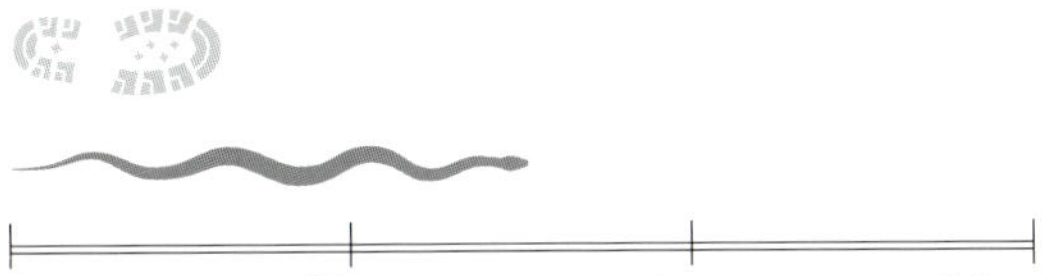

Zur Bestimmung von Strumpfbandnattern (Bändernattern)

Strumpfbandnattern sind teilweise sehr schwer zu bestimmen, besonders wenn mehrere Arten im gleichen Gebiet vorkommen. Eine der zuverlässigsten Bestimmungsmerkmale ist die Lage der Rücken- und Flankenstreifen. Die meisten Arten sind in der Anordnung der Streifen und der Schuppenreihen wenig variabel. Die zwei abgebildeten Arten demonstrieren dies: Man beachte die Unterschiede in Breite und Färbung der Streifen.

San-Francisco-Strumpfbandnatter

Flachland-Strumpfbandnatter

Steckbrief

Unterart:	*Thamnophis sirtalis tetrataenia*
Familie:	Colubridae (Nattern)
Lebensraum:	Teiche, Sümpfe, Straßengräben und Flüsse
Vermehrung:	Das Weibchen bringt 12–24 lebende Junge zur Welt
Nahrung:	Frösche und Kröten, Fische und Kleinsäuger, gelegentlich Wirbellose
Verbreitung:	Westteil der San-Francisco-Halbinsel, Kalifornien, USA

Sonnenbad
Die San-Francisco-Strumpfbandnatter ist nachmittags am aktivsten, nachdem sich der für San Francisco typische Morgennebel aufgelöst hat und die Sonne durchkommt.

Braune Hausschlange

Eine elegante, grazile Art, die man in den verschiedensten Lebensräumen findet, auch in landwirtschaftlichen Gebäuden, in den Vororten von Städten, wo man sie vielfach wegen ihrer Vertilgung von Nagern toleriert. Ihre Fähigkeit, in enge Gänge und Spalten zu kriechen, macht sie zu einem ausgezeichneten Mäusejäger. Ihr Verbreitungsgebiet ist sehr groß in den trockensten Wüsten beschränkt sich ihr Vorkommen jedoch auf die direkte Umgebung von Oasen.

Braune Hausschlange
Die außergewöhnlich seidigen Schuppen sind für den wissenschaftlichen Namen verantwortlich: Lamprophis *bedeutet »matt glänzende Schlange«. Der schmale, geschmeidige Körper ermöglicht ihr den Zugang zu engsten Räumen und macht sie zu einem sehr effektiven Jäger. Die Braune Hausschlange ist die am weitesten verbreitete und häufigste der 14 südafrikanischen Hausschlangen-Arten.*

Hauptmerkmale

Die Braune Hausschlange ist gewöhnlich rötlich braun gefärbt, manchmal aber auch dunkelbraun, dunkeloliv oder sogar schwarz. Ausnahmsweise kommen orangefarbene Individuen vor. Die beiden blassgelben Streifen durch die Augen, die sich manchmal bis zum Hals erstrecken, sind ein gutes Bestimmungsmerkmal. Junge Schlangen haben undeutliche Flecken an den Flanken; manchmal findet man sie auch bei Erwachsenen.

Augenform
Die vorstehenden Augen und die senkrechten Pupillen weisen auf den nächtlichen Jäger hin.

Durchschnittliche Länge ausgewachsener Tiere

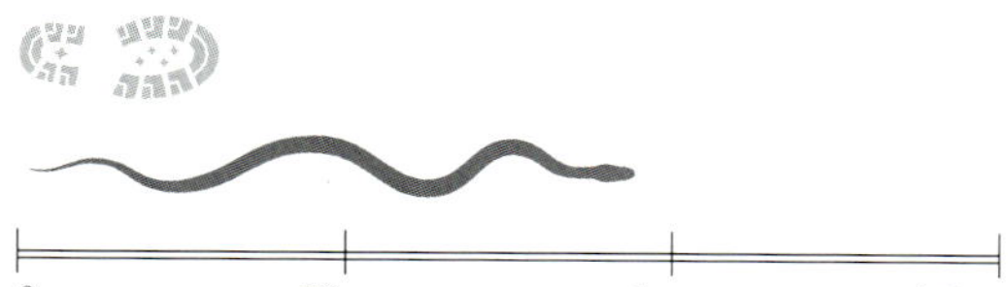

Fressgewohnheiten
Die Braune Hausschlange ist ein effizienter Jäger, der es mit jeder mäßig großen Beute aufnimmt. Die Kehlhaut ist besonders elastisch, was der Schlange gestattet, den Rachen weit zu spreizen. Die Verdauung einer großen Mahlzeit kann 4 Tage und mehr dauern. Erst danach geht die Natter neuerlich auf Jagd.

Steckbrief

Art: *Lamprophis fuliginosus*
Familie: Colubridae (Nattern)
Lebensraum: Gebüsch, Grasland und felsige Gegenden
Vermehrung: Das Gelege besteht aus bis zu 15 Eiern
Nahrung: Kleinsäuger, einschließlich Fledermäusen
Verbreitung: Afrika, südlich der Sahara und Westmarokko

Blasse Färbung unterseits
Die Flankenschuppen werden nach unten zu blasser und sind unterseits schließlich cremeweiß.

Glatte Schuppen
Die Körperschuppen sind glatt, jedoch nicht glänzend, sondern von seidigem Aussehen.

Starke Muskeln
Mit kräftigen Muskeln wird die Beute erdrosselt. Die Kraft der Braunen Hausschlange ist, bei gleicher Größe, der von Boas und Pythons mindestens gleichwertig.

Wüstenform

Braune Hausschlangen der Wüsten von Namaqualand, Südafrika, sind im Allgemeinen blasser und haben große Augen. Breite Striche ziehen sich von der Schnauze durch die Augen und über dem Kiefer an den Kopfseiten entlang. Diese Schlangen werden manchmal auch als eigene Unterart angesehen: Lamprophis fuliginosus mentalis.

Rotschwänzige Falsche Kletternatter

Diese lange und schlanke Schlange ist in den Regenwäldern Südostasiens zu Hause. Sie verbringt die meiste Zeit auf Bäumen, in Büschen oder in der Krautschicht, wo sie gut getarnt ist. Die tagaktive Falsche Kletternatter ist eine behände, kraftvolle Würgschlange, die sich von Vögeln, in Bäumen lebenden Kleinsäugern und Echsen ernährt. Obwohl ungiftig, ist sie eine aggressive Art, stets bereit, sich durch Beißen zu verteidigen.

Rotschwänzige Falsche Kletternatter
Mit ihrem langen, schlanken Körper, ihren glatten Schuppen und dem langen Schwanz kann sich die Schlange rasch in dichter Vegetation bewegen. Trotz ihres Namens ist der anders gefärbte Schwanz niemals wirklich rot.

Hauptmerkmale

Die Rotschwänzige Falsche Kletternatter ist gewöhnlich hellgrün, man findet aber auch braune, graue und rötlich braune Exemplare. Die Schuppen an den Mundrändern sind gewöhnlich heller als die am übrigen Körper und gelb oder gelblich grün getönt. Die Farbe des Schwanzes hebt sich von der Körperfarbe ab und kann braun, grau rostrot oder orange sein.

Gutes Sehvermögen
Die großen Augen ermöglichen der Schlange die Jagd bei Tage auf Vögel, Säuger und Echsen.

Schmaler Körper
Im Querschnitt ist der schmale Körper seitlich zusammengedrückt, was der Schlange beim Ausstrecken mehr Festigkeit verleiht.

Steckbrief

Art:	*Gonyosoma oxycephala*
Familie:	Colubridae (Nattern)
Lebensraum:	Primäre und sekundäre Regenwälder, Mangrovensümpfe und Plantagen
Vermehrung:	Das Gelege besteht aus 5–12 Eiern
Nahrung:	Echsen, Vögel und Kleinsäuger, besonders Fledermäuse
Verbreitung:	Südostasien

Durchschnittliche Länge ausgewachsener Tiere

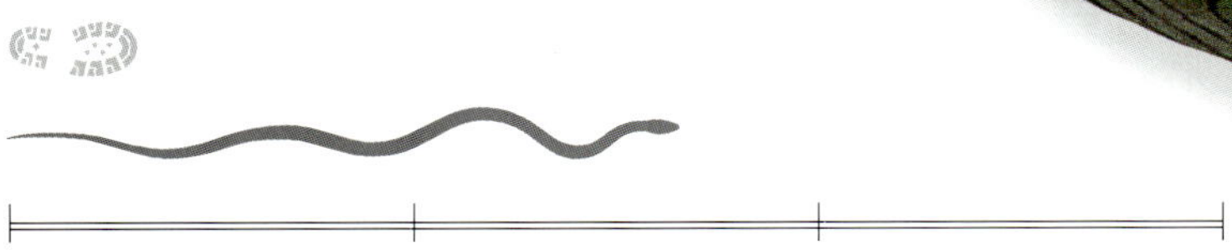

0 cm 1 m 2 m 3 m

Rote Bambusnatter

Verschiedene andere asiatische Schlangen der Gattungen *Gonysoma* und *Elaphe* bezeichnet man auf Englisch als »Racer«. Zu ihnen gehört die Rote Bambusnatter, *Elaphe porphyracea*, die in der gleichen Region, in der die Rotschwänzige Falsche Kletternatter vorkommt, Berg-Lebensräume bewohnt. Allerdings lebt diese Art ausschließlich auf dem Boden, so dass keine oder nur geringe Konkurrenz zwischen den Arten besteht. Europäische Vertreter der Gattung *Elaphe* sind die Äskulap- und die Treppennatter.

Adultes Tier, gut getarnt zwischen Falllaub.

Glatte Schuppen
Die glatten, glänzenden Schuppen sind leicht zu unterscheiden, da ihre Ränder oft schwarz gesäumt sind.

Verteidigungshaltung
Bei Bedrohung flacht die Rotschwänzige Falsche Kletternatter ihren Kehlbereich seitlich ab und hebt Kopf und Vorderkörper vom Boden ab. Diese Haltung lässt die Schlange größer erscheinen und dient zur Einschüchterung von Feinden.

Streifenzeichnung
Ein dunkler Augenstreif trennt den dunkelgrünen Bereich von der helleren Farbe der Lippenschuppen.

Blaue Zunge
Sie gehört mit einigen verwandten asiatischen Arten zu den Schlangen mit blauer Zunge. Die Zunge wird oft für mehrere Sekunden vorgestreckt. Der Grund dafür ist unbekannt.

Mangroven-Nachtbaumnatter

Die prächtig gefärbte Mangroven-Nachtbaumnatter lebt in Bäumen, einschließlich Mangroven, sowie in Ufergebüsch. Sie gehört zu den Arten mit hinterständigen, langen Zähnen, die sie zur Verteidigung jederzeit einsetzt. Obwohl der Biss dem Menschen einigen Schmerz und etwas Übelkeit bereiten kann, ist das Gift doch schwach, so dass ein Biss kaum ernste Folgen hat.

Steckbrief

Art: *Boiga dendrophila*
Familie: Colubridae (Nattern)
Lebensraum: Regenwälder der Niederungen und Mangrovensümpfe
Vermehrung: Das Gelege besteht aus 4–15 Eiern
Nahrung: Reptilien, Vögel und Kleinsäuger
Verbreitung: Südostasien

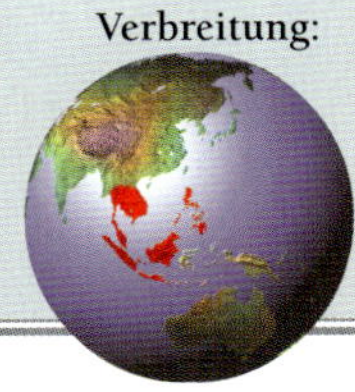

Hauptmerkmale

Man kann die Mangroven-Nachtbaumnatter wegen ihrer glänzenden und charakteristischen Färbung kaum mit irgendeiner anderen Schlange verwechseln. Die einzige ähnliche Art Südostasiens ist der Gebänderte Krait, der im Gegensatz zur Mangroven-Nachtbaumnatter gelbe Binden und einen dreieckigen Körperquerschnitt hat und selten klettert.

Durchschnittliche Länge ausgewachsener Tiere

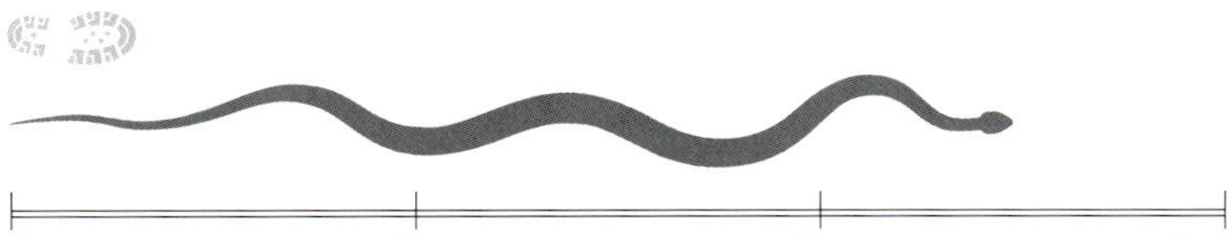

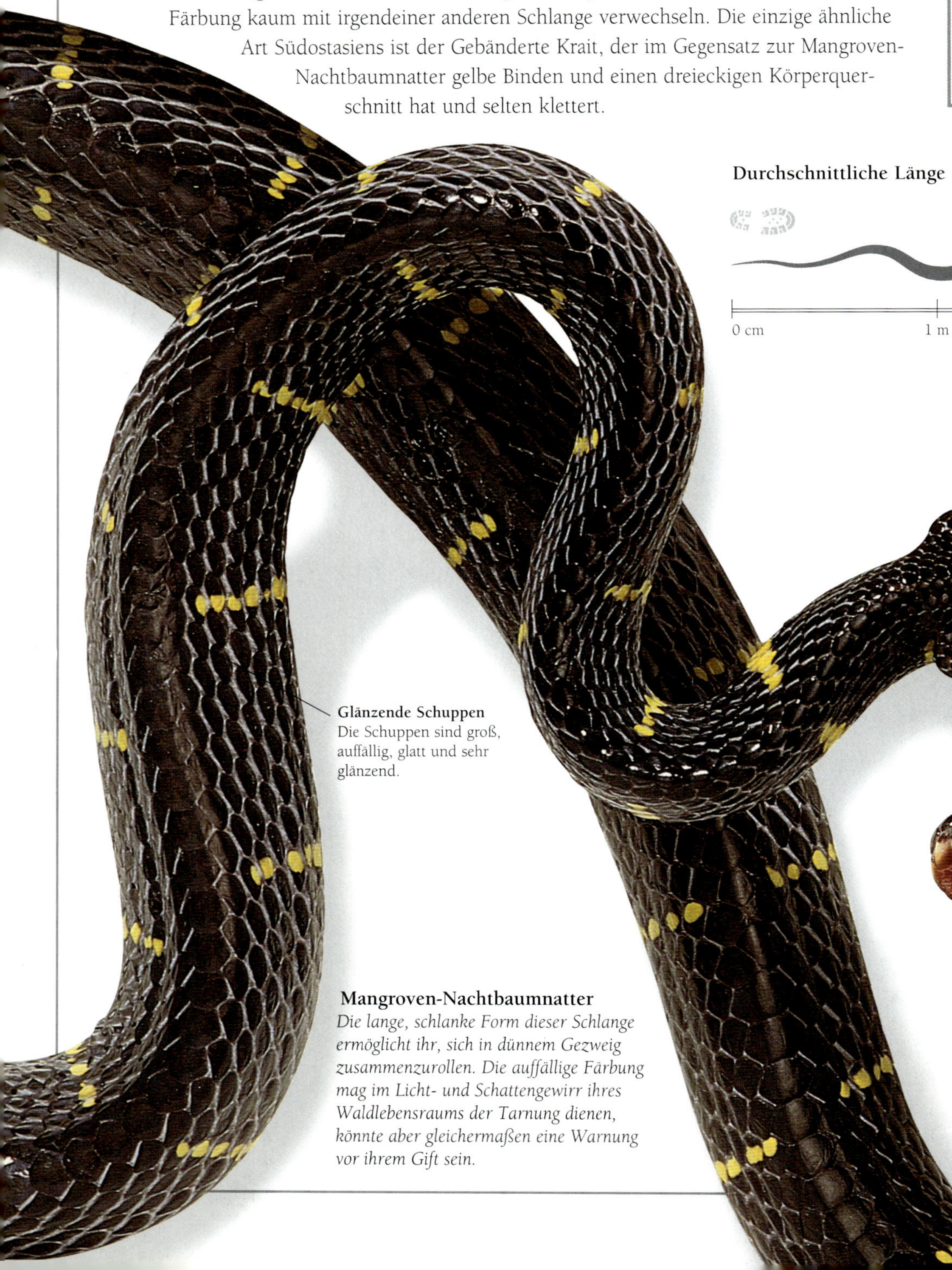

Spatenförmiger Kopf
Der breite, spatenförmige Kopf hebt sich deutlich vom schlanken Hals ab. Die Kopfoberseite ist ungezeichnet.

Glänzende Schuppen
Die Schuppen sind groß, auffällig, glatt und sehr glänzend.

Mangroven-Nachtbaumnatter
Die lange, schlanke Form dieser Schlange ermöglicht ihr, sich in dünnem Gezweig zusammenzurollen. Die auffällige Färbung mag im Licht- und Schattengewirr ihres Waldlebensraums der Tarnung dienen, könnte aber gleichermaßen eine Warnung vor ihrem Gift sein.

Drohhaltung
Bei Beunruhigung stellt die Mangroven-Nachtbaumnatter ihre Lippen mit den leuchtend gelben und schwarzen Schuppen zur Schau. Außerdem versucht sie, mit geöffnetem Rachen ihre Feinde einzuschüchtern.

Grüne Nachtbaumnatter

Die Grüne Nachtbaumnatter bewohnt Bäume und Büsche, wo es wegen ihrer grünen Färbung und ihrer langsamen Bewegungen schwierig ist, sie von Lianen und Kletterpflanzen zu unterscheiden. Gegen Feinde verteidigt sie sich durch Einschüchterung, indem sie ihr Maul weit öffnet und die schwarze Bänderung zeigt. Das Gift der hinterständigen Giftzähne ist schwach und für Menschen harmlos.

Steckbrief

Art: *Boiga cyanea*
Familie: Colubridae (Nattern)
Lebensraum: Wälder, vor allem in Wassernähe
Vermehrung: Das Gelege besteht aus weniger als 10 Eiern
Nahrung: Frösche, Reptilien, kleine Vögel und Säuger
Verbreitung: Südostasien

Hauptmerkmale

Ihre hellgrüne Farbe und ihr schlanker Körper unterscheiden diese Art von den meisten anderen. Ihr Körper ist höher als breit und leicht dreieckig im Querschnitt, die Rückenlinie trägt einen Grat. Der Kopf ist im Vergleich zum Hals sehr breit. Die Rückenmitte der Grünen Nachtbaumnatter trägt eine ungewöhnliche Reihe sehr großer Schuppen. Sie wird manchmal mit der ebenfalls grünen Popes Bambusotter aus der gleichen Region und dem gleichen Lebensraum verwechselt, die jedoch kräftiger gebaut ist und einen höheren Schädel hat, der mit kleinen Schuppen bedeckt ist.

Grüne Nachtbaumnatter
Die hellgrüne Farbe dieser Art ist einmalig unter Nachtbaumnattern, auch wenn Körperform und Lebensraum ähnlich sind. Auffällige große Augen mit senkrechten Pupillen gaben den Schlangen dieser Gattung auch den Namen Katzennattern.

Durchschnittliche Länge ausgewachsener Tiere

0 cm | 50 cm | 1 m | 1,5 m

Vorstehende Augen
Große Augen und eine schmale Schnauze bieten der Schlange ein weites frontales Sehfeld.

Mittelschuppen
Eine Reihe sehr großer Schuppen bedeckt einen Grat, der entlang der Mittellinie des Rückens verläuft.

Schlanker Körper
Der lange, schlanke Körper ist seitlich zusammengedrückt. Diese hohe, schmale Form erleichtert der Schlange die Überbrückung von Ästen.

Große Augen
Riesige Augen und senkrechte Pupillen lassen die Art sofort als nachtaktiv erkennen.

Breiter Kopf
Der birnenförmige Kopf der Grünen Nachtbaumnatter ist viel breiter als der schlanke Hals. Die großen Schädelschuppen heben sich deutlich ab.

Afrikanische Baumschlange

Die tagaktive Afrikanische Baumschlange jagt Chamäleons, Vögel und andere kleine Tiere, wobei ihre Tarnfarbe und die Kunst, sich unbemerkt anzuschleichen, bis sie nahe genug ist, um das Opfer mit einem Stoß zu erbeuten, wichtige Voraussetzungen sind. Sie tötet mit Giftzähnen, die unter den Augen stehen, und gehört zu einer der wenigen Nattern, die einen Menschen töten können. Sie beißt allerdings nur, wenn sie in die Enge getrieben wird.

Hauptmerkmale

Ihre Länge und ihre Lebensweise in Bäumen sind wichtige Erkennungsmerkmale, jedoch können die verschiedenen Farb- und Zeichnungsvarianten für Verwirrung sorgen. Jungtiere sind grau oder graubraun, und Weibchen sind gewöhnlich einfarbig olivbraun. Männchen können einfarbig braun oder schwarz, hellgrün, rötlich oder sogar bläulich grün sein, oft mit dunklen Schuppenrändern. Die Augen sind im Verhältnis zum Kopf größer als bei allen anderen Schlangen.

Spitzer Kopf
Das riesige Auge – grün bei Jungtieren – und die scharfkantige Schnauze sind die auffallendsten Merkmale des Kopfes. Die Schuppen treten deutlich hervor und können bei älteren Individuen schwarz gesäumt sein.

Große Augen
Die Pupillen der außergewöhnlich großen Augen sind tropfenförmig.

Bauchschuppen
Breite Bauchschuppen mit abstehenden Seitenleisten geben sicheren Halt beim Klettern auf rauer Baumrinde.

Bevorzugte Nahrung

Chamäleons sind die Hauptnahrung der Afrikanischen Baumschlange. Sie kommen im gesamten Verbreitungsgebiet der Schlange zahlreich vor und sind durch ihre Langsamkeit eine leichte Beute. Die Afrikanische Baumschlange schnappt ihre Beute, fügt ihr eine tiefe Wunde zu und injiziert ihr Gift über ihre vergrößerten, hinterständigen Giftzähne. Sie hält die Beute fest, bis sie bewegungslos ist, oder beißt mehrfach wie kauend zu, bis die Beute tot ist.

Afrikanische Baumschlange

Die Körperlänge und die großen Augen der Afrikanischen Baumschlange hängen direkt mit ihrer Lebensweise zusammen. Sie lebt in Bäumen und Büschen, gleitet leicht durchs Geäst und hält dabei Ausschau nach Echsen, die zu ihrer bevorzugten Beute gehören.

Jungtiere

Die junge Afrikanische Baumschlange ist grau gefärbt, wobei der Kopf dunkler als der Körper ist, mit weißer Unterlippe und gelber Kehle. Sie trägt dieses Jugendkleid bis sie etwa 1 m lang und etwa 1 Jahr alt ist.

Binokulares Sehen
Die Augen stehen weit vorn am Kopf, und die Pupillen sind leicht verlängert. Das erlaubt der Schlange, beide Augen auf ein Objekt zu richten und so die Entfernung genau abzuschätzen.

Spitze Schnauze
Die schmale spitze Schnauze trägt zur Fähigkeit der Schlange bei, Objekte auf geringe Distanz mit beiden Augen zu fixieren.

Durchschnittliche Länge ausgewachsener Tiere

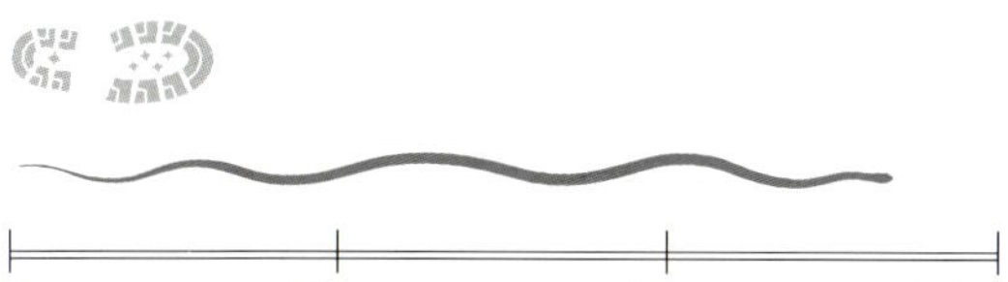

Steckbrief

Art:	*Dispholidus typus*
Familie:	Colubridae (Nattern)
Lebensraum:	Offene Gebüsche und locker baumbestandenes Grasland
Vermehrung:	Das Gelege besteht aus bis zu 25 Eiern
Nahrung:	Echsen und kleine Vögel
Verbreitung:	Südafrika

Rote Speikobra

Diese kleine Kobra der trockenen Gras- und Buschländer Nordostafrikas unterscheidet sich von anderen Kobras durch ihre spektakuläre Färbung. Sie verteidigt sich auf die Entfernung, indem sie aus kleinen Öffnungen an der Vorderseite ihrer Giftzähne mit hohem Druck Gift spritzt. Wenn das Gift ins menschliche Auge gelangt, verursacht es starke Schmerzen. Beim Beutefang injiziert die Schlange ihr Gift durch Biss. Als letztes Hilfsmittel verteidigt sie sich auch auf diese Weise. Gebissene Menschen erholen sich aber gewöhnlich rasch wieder.

Rote Speikobra
Die tiefrote Färbung dieses Individuums ist ein Zeichen seiner Reife – Jungtiere sind heller rot und werden mit zunehmendem Alter dunkler. Auch die Schuppen der Roten Speikobra werden vor der Häutung trübe.

Hauptmerkmale

Diese Kobra ist einigermaßen schlank und hat glatte, glänzende Schuppen. Ihr Hut, die spreizbare Nackenhaut der Kobras, ist schmal, im Gegensatz zum birnenförmigen Nackenschild der asiatischen Kobras. Gewöhnlich ist sie rot oder rotbraun gefärbt, kann aber auch oliv oder grau sein. Die Kehle ist mit einem schwarzen Band gezeichnet, das deutlich sichtbar ist, wenn sich die Schlange aufrichtet. Der Hut wird nur dann gespreizt, wenn sich das Tier bedroht fühlt.

Giftdrüsen
Die Giftdrüsen sitzen unter und hinter den Augen und Wangen.

Spitz zulaufender Kopf
Die breiteste Stelle des Kopfes ist dicht hinter den Augen. Zur Schnauze hin verjüngt er sich stark, was der Schlange ein weites vorderes Sehfeld ermöglicht.

Schmaler Hut
Der Hut (s. o.) tritt nur in Erscheinung, wenn sich die Schlange bedroht fühlt.

Dunkles Band
Bei Beunruhigung hebt die Schlange ihren Kopf und präsentiert die dunklen Kehlschuppen.

Durchschnittliche Länge ausgewachsener Tiere

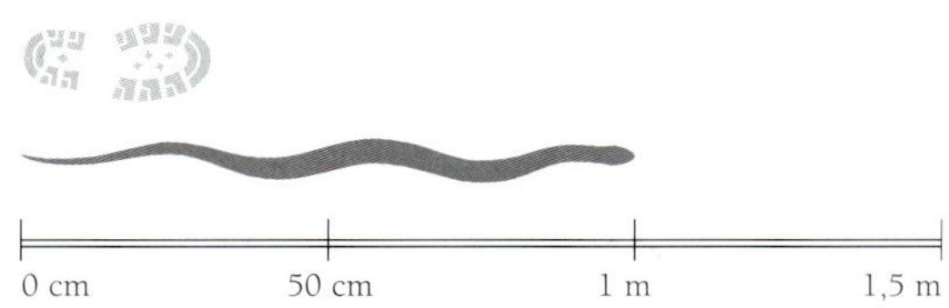

Trockener Lebensraum
Die Schlange lebt in der spärlichen Vegetation von Oasen, Hügeln und Flussufern. Adulte verstecken sich in dichter Vegetation oder in Erdlöchern. Sie sind hauptsächlich nachtaktiv, während Jungtiere manchmal auch tagaktiv sind. Bei Störung verschwindet die Rote Speikobra rasch.

Steckbrief

Art:	*Naja pallida*
Familie:	Elapidae (Giftnattern)
Lebensraum:	Trockenes Grasland und Halbwüsten
Vermehrung:	Das Gelege besteht aus bis zu 15 Eiern
Nahrung:	Andere Schlangen, Vögel und Kleinsäuger
Verbreitung:	Nordostafrika

Tarnfarben
Die rötlich braune Färbung verschmilzt mit den Farben trockener Vegetation, wirkt aber auffällig, wenn man die Schlange außerhalb ihres Lebensraums sieht.

Glänzende Schuppen
Die Art hat glatte, glänzende Schuppen.

Chinesische Kobra

In weiten Teilen Südostchinas und der angrenzenden Länder ist diese Art die häufigste Kobra. Sie bewohnt hauptsächlich offenes Land, wie Grasland, Felder und locker bewaldete Landschaften, und ernährt sich von einer Vielfalt an Beutetieren, einschließlich Fischen, Amphibien, Vögeln und Säugern. Sie gehört nicht zu den aggressiven Arten, ihr potenziell tödliches Gift und ihre Gewohnheit, die Nachbarschaft des Menschen zu suchen machen sie jedoch zu einer dauernden Gefahr, wo immer sie vorkommt.

Steckbrief

Art:	*Naja atra*
Familie:	Elapidae (Giftnattern)
Lebensraum:	Grasland, Felder und locker bewaldete Landschaften
Vermehrung:	Die Größe des Geleges ist unbekannt
Nahrung:	Fische, Amphibien, Vögel und Säuger
Verbreitung:	Südchina, Thailand, Vietnam und Taiwan

Hauptmerkmale

Diese für eine Kobra ziemlich dickliche Art ist gewöhnlich dunkelbraun oder schwarz. Gelegentlich treten auch hellere Individuen auf. Ihre Zeichnung besteht aus undeutlichen hellen Bändern von Schuppenbreite in großen Abständen. Am Hinterrand des Hutes befindet sich ein Augenfleck, der aber auch für die Monokel-Kobra (gegenüberliegende Seite) typisch ist, was zu Verwechslungen führen kann: Bis vor kurzem galten die beiden als eine Art.

Chinesische Kobra
Diese typische Kobra richtet sich bei Störungen auf und verbreitert ihre Nackenhaut (den Hut) mit Hilfe abgespreizter Rippen. Dieses Verhalten zielt darauf ab, den Feind durch Größe einzuschüchtern. Fressfeinde mögen darin auch einen Hinweis auf die Giftigkeit der Schlange sehen.

Augenfleck-Zeichnung
Im Nacken befindet sich ein heller Kreis mit dunkler Mitte und schwarzem Rand.

Massiger Körper
Diese Art ist kräftig gebaut, während viele andere Kobra-Arten schlank sind.

Matte Schuppen
Die Schuppen sind glatt, aber eher matt als glänzend.

Spreizbarer Hut
Der Hut beginnt unmittelbar hinter dem Kopf und ist mit einem auffälligen Augenfleck gezeichnet. Der Kopf selber ist mit großen Schuppen bedeckt.

Durchschnittliche Länge ausgewachsener Tiere

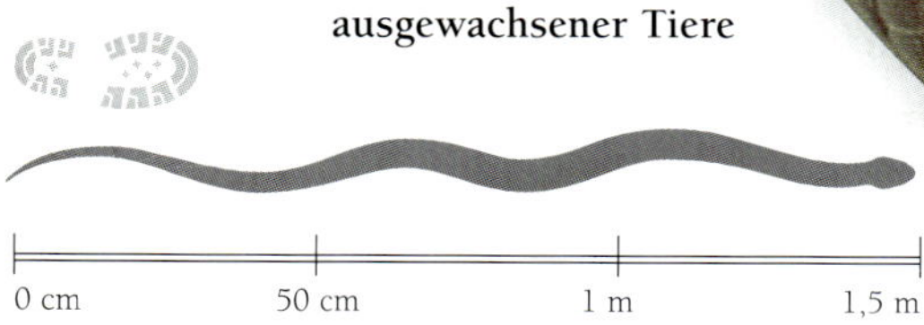

Monokelkobra

Da sie friedfertig ist, arbeiten Schlangenbeschwörer gerne mit der Monokelkobra, obwohl sie sofort als Giftschlange erkennbar ist. Ihr Name bezieht sich auf den Augenfleck auf ihrem Hut, der wie ein Monokel aussieht.

Steckbrief

Art: *Naja kaouthia*
Familie: Elapidae (Giftnattern)
Lebensraum: Felder und lichte Wälder
Vermehrung: Das Gelege besteht aus 10–20 Eiern
Nahrung: Fische, Amphibien, Vögel und Säuger
Verbreitung: Südostasien

Hauptmerkmale

Wie die Chinesische Kobra (gegenüberliegende Seite) ist auch diese Art kräftig gebaut und hat einen einzelnen Augenfleck auf ihrem Hut. Im Durchschnitt ist sie aber etwas kleiner als die Chinesische Kobra. Außerdem ist sie heller gefärbt, und wenn sie helle Flecken auf dem Rücken hat, so sind sie unregelmäßiger verstreut. Der helle Kopf ist ganz ungezeichnet.

Große Augen
Die Augen sind mäßig groß, heben sich aber dunkel deutlich vom hellen Kopf ab.

Helle Färbung
Diese Schlange ist hellbraun mit blassen Flecken.

Monokelkobra
Die Monokelkobra spreizt ihren Hut um Feinde einzuschüchtern. Bei der Jagd auf Beute wird der Hut nie gespreizt, auch wenn die Schlange den Kopf hebt, um sich einen besseren Überblick zu verschaffen.

Glatte Schuppen
Die Art hat die typischen glatten Schuppen der Gattung *Naja*.

Durchschnittliche Länge ausgewachsener Tiere

0 cm | 50 cm | 1 m | 1,5 m

Hutzeichnung
Augenflecken wie dieser dienen im gesamten Tierreich als Warnsignal. Die Zeichnung gab der Schlange auch ihren Namen.

Deutliches Monokel
Die Zeichnung ist gewöhnlich weißlich mit schwarzem Rand und zwei oder drei schwarzen Punkten.

Colletts Schwarzotter

Eine ansehnliche australische Kobra, die isoliert in einer Gegend mit halbtrockenem Grasland und locker bewaldeten Stellen vorkommt. Die Colletts Schwarzotter passt ihre Lebensweise offenbar den Jahreszeiten an: Im Winter ist sie tagaktiv, in den heißeren Zeiten des Sommers nachtaktiv. Über ihr natürliches Verhalten ist wenig bekannt. Obwohl sie als giftige Art potenziell gefährlich ist, sind menschliche Todesfälle eher unwahrscheinlich.

Kupferfärbung
Das dunkelbraune und rote Muster dient der Tarnung, wenn das Tier auf dem dunkelroten Boden seines Wüstenlebensraums ruht.

Hauptmerkmale

Die Colletts Schwarzotter ist eine stämmige Art mit ausgeprägtem Farbmuster, in dem dunkelbraune und rötliche Schuppen einen kupferfarbenen Gesamteindruck erzeugen. An der Unterseite der Flanken bilden die Schuppen oft unregelmäßige Flecken und erwecken manchmal den Eindruck einer Kreuzbänderung. Der Körper kann gefleckt sein.

Glatte Schuppen
Die Schuppen sind glatt, aber nicht sehr glänzend. Jede Schuppe weist nur eine Farbe auf, woraus sich das Mosaikmuster mit gezackten Ecken ergibt.

Colletts Schwarzotter
Diese Schlange ist zweifellos eine der farbigeren australischen Arten. Obwohl die Colletts Schwarzotter nur in rötlichem Dunkelbraun auftritt, gehört sie zu einer Gattung, Pseudechis, *deren Vertreter oft summarisch als Schwarze Kobras bezeichnet werden.*

Durchschnittliche Länge ausgewachsener Tiere

0 cm 50 cm 1 m 1,5 m

Große Schuppen
Wie bei den meisten Vertretern der Kobrafamilie (Giftnattern) und der harmlosen Nattern sind die Schuppen auf dem Kopf groß und deutlich ausgebildet.

Steckbrief

Art:	*Pseudechis colletti*
Familie:	Elapidae (Giftnattern)
Lebensraum:	Grasland und lichte Wälder
Vermehrung:	Die Größe des Geleges ist unbekannt
Nahrung:	Wahrscheinlich Amphibien, Echsen, Schlangen und Kleinsäuger
Verbreitung:	Zentral-Queensland, Australien

Walzenförmiger Körper
Der Körper ist im Querschnitt nahezu walzenförmig, was auf eine unterirdische oder terrestrische Lebensweise schließen lässt. Man nimmt an, dass sich die Colletts Schwarzotter in Erdlöchern oder unter toter Vegetation versteckt und am Boden jagt.

Tigerottern

Tigerottern, die zur Gattung *Notechis* gehören, sind mit der Colletts Schwarzotter nah verwandt. Zwei sehr gefährliche Arten sind für die meisten Todesfälle durch Schlangenbiss in Australien verantwortlich. Die Schwarze Tigerotter kommt in Australien, Tasmanien und auf vielen Inseln der Bass-Meerenge vor. Manche dieser Inselpopulationen, besonders die von Chappel Island, haben bemerkenswerte Fressgewohnheiten. Die Schlangen ernähren sich während der Brutzeit der Sturmvögel von deren Jungen und haben während des übrigen Jahres keine oder fast keine Nahrung; Jungschlangen leben dagegen von Echsen. In Anpassung an diese erzwungene Hunger- und Fastenzeit werden die Tigerottern von Chappel Island fast doppelt so groß wie die des Festlands. Das ermöglicht ihnen, viel Fett zu speichern und mit Hilfe dieser Energiereserven die Fastenzeit zwischen den Brutzeiten der Meeresvögel zu überstehen.

Schwarze Tigerotter

Chappel-Island-Tigerotter

Nördliche Todesotter

Obwohl Todesottern wie Vipern aussehen und sich verhalten, gehören sie zur Kobrafamilie (Giftnattern). Da es in Australasien keine Vipern gibt, haben sich Todesottern entwickelt, um diese ökologische Nische zu füllen (siehe S. 8). Ihr starkes, rasch wirkendes Gift und ihre Trägheit machen sie verantwortlich für einen hohen Anteil an den schwerwiegenden Schlangenbissen in Australien.

Lockender Köder
Die lauernde Schlange versteckt ihren Körper und präsentiert ihren wurmartigen Schwanz in der Nähe des Kopfes. Wenn sich potenzielle Beute nähert, bewegt die Schlange den anders gefärbten Schwanz wie einen Köderwurm.

Hauptmerkmale

Ein dicklicher Körper, der oberflächlich mehr dem einer Viper als dem einer Kobra ähnelt, und Färbungen und Zeichnungen, die sehr genau den Mustern ihres Lebensraums entsprechen, lassen bei den Todesottern Australiens und Neuguineas kaum Verwechslungen zu. Die Nördliche Todesotter ist an den aufgebogenen Schuppenrändern um die Augen zu erkennen.

Steckbrief

Art:	*Acanthophis praelongus*
Familie:	Elapidae (Giftnattern)
Lebensraum:	Feuchte und trockene Wälder
Vermehrung:	Das Weibchen bringt bis zu 20 lebende Junge zur Welt
Nahrung:	Echsen und Kleinsäuger
Verbreitung:	Nordaustralien und Neuguinea

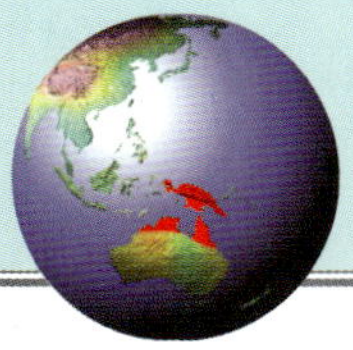

Durchschnittliche Länge ausgewachsener Tiere

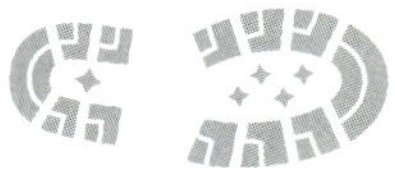

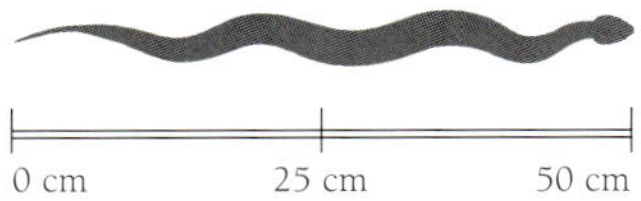

Nördliche Todesotter
Die dunkle Färbung, der dicke Leib und der grobe Kopf verleihen der Nördlichen Todesotter ein ziemlich abschreckendes Aussehen. Obwohl sie sehr giftig ist, beißt sie nur, wenn sie gereizt wird, und zieht es vor, Konfrontationen zu vermeiden.

Dünner Schwanz
Die Schwanzspitze ist dünn und aufgeraut; sie sieht für eine jagende Echse oder Maus wie eine Raupe oder ein Wurm aus. Zuckende Bewegungen verstärken den Effekt.

Dreieckiger Kopf
Der Kopf ist kurz und dreieckig, mit abfallender Schnauze. Die Kopfschuppen sind kleiner als bei den anderen Vertretern der Kobrafamilie, jedoch nicht unterteilt wie die der echten Vipern.

Aufgebogene Schuppenränder
Diese hornartigen Bildungen direkt über den Augen geben der Nördlichen Todesotter ihr charakteristisches Profil. Ihre Bedeutung ist unbekannt.

Wüsten-Todesotter

Die Wüsten-Todesotter, *Acanthophis pyrrhus*, kommt in den entlegenen Wüstenregionen Zentralaustralien vor, wo ihre leuchtend rote Färbung mit dem roten Boden und Gestein übereinstimmt, auf denen sie lebt. Über ihre Lebensweise ist man weniger informiert als über die anderer Todesottern; man nimmt aber an, dass sie ihnen im Wesentlichen gleicht.

Die Rotfärbung der Schlange stellt eine ideale Wüstentarnung dar.

Westliche Grüne Mamba

Die Westliche Grüne Mamba ist eine der drei grün gefärbten Mamba-Arten. Alle gehören zur Gattung *Dendroaspis* (Mambas) und sehen sich ähnlich. Mambas gehören zu den berüchtigtsten Giftschlangen Afrikas, obwohl sie selten beißen. Bei Störung versuchen sie zu fliehen, und sie beißen nur, wenn sie sich in die Enge gedrängt fühlen. Der Biss ist sehr gefährlich und führt meist zum Tod, sofern er nicht sofort behandelt wird.

Abgestufte Färbung Die Färbung jeder Schuppe verläuft von gelblich nach bläulich grün.

Westliche Grüne Mamba *Die lange, dünne Körperform nützt der Grünen Mamba bei der Überbrückung von Ästen in Bäumen und Büschen, in denen sie lebt. Der lange Schwanz dient als Gegengewicht. Wenn sich die Schlange schnell bewegt, scheint sie durchs Blattwerk zu fliegen.*

Hauptmerkmale

Die Westliche Grüne Mamba ist eine leuchtend gefärbte Schlange mit großen Schuppen. Sie hat einen eleganten, spitz zulaufenden Kopf und auffallende Augen. Sie ist insgesamt grün, nur am Schwanz sind die Schuppen gelb mit schwarzem Rand, was den Eindruck eines geflochtenen Seils erweckt. Ihre großen Rückenschuppen sind in 13 Reihen angeordnet, erheblich weniger als bei den meisten Schlangen.

Steckbrief

Art:	*Dendroaspis viridis*
Familie:	Elapidae (Giftnattern)
Lebensraum:	Wälder
Vermehrung:	Das Gelege besteht aus 7–15 Eiern
Nahrung:	Hauptsächlich kleine Nager, Vögel und wahrscheinlich Fledermäuse
Verbreitung:	Westafrika, einschließlich der Insel Sao Tome

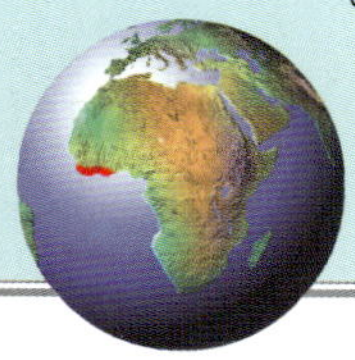

Schwarze Mamba

Mit einer Länge von bis zu 3,5 m ist die Schwarze Mamba, *Dendroaspis polylepis*, die längste und wohl am meisten gefürchtete Schlange Afrikas. Bei Bedrohung erhebt sie sich, und ein großes Exemplar kann einem Menschen ohne weiteres ins Auge schauen! Zur Paarungszeit schlingen Männchen ihre Leiber umeinander und versuchen sich zu Boden zu drücken (Kommentkampf). Die Färbung der Schwarzen Mamba variiert zwischen braun, grau und olive – sie ist nie schwarz.

Kämpfende Männchen.

Große Augen
Die großen Augen und ein ausgezeichnetes Sehvermögen zeigen, dass die Schlange kleinste Bewegungen wahrnehmen kann.

Kopfschuppen
Die plattenförmigen Schuppen des Kopfes sind schwarz gesäumt und heben sich dadurch in ihren Umrissen deutlich ab.

Große Schuppen
Die Schuppen sind besonders in der Rückenmitte sehr groß. Sie sind glatt, aber nicht besonders glänzend.

Durchschnittliche Länge ausgewachsener Tiere

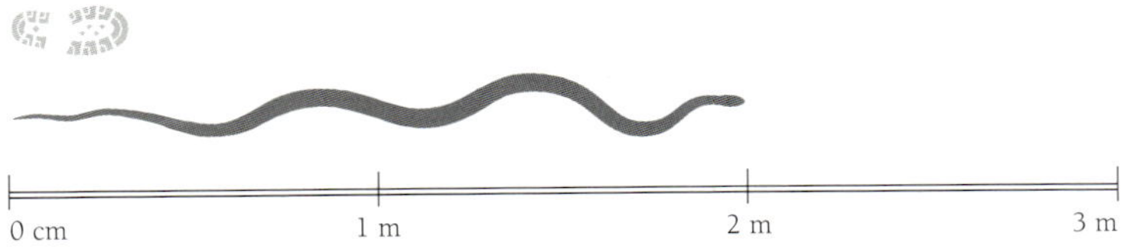

Puffotter

Die Puffotter ist eine große, sich langsam bewegende Viper, auf deren Konto eine beträchtliche Zahl von Schlangenbiss-Unfällen in Afrika geht. Sie ist nicht aggressiv, vertraut vielmehr sehr auf ihre Tarnfärbung und wird daher von Menschen oft übersehen, die dann versehentlich auf die Schlange treten. Sie schlägt rasch zu, und ihre Giftzähne dringen tief ein. Ihr wirksames Gift wird in großen Mengen produziert. Obwohl dieser Schlange in ländlichen Gegenden viele Menschen zum Opfer fallen, kann der Tod gewöhnlich verhindert werden, wenn geeignete medizinische Maßnahmen ergriffen werden.

Hauptmerkmale

Es dürfte schwierig sein, die Puffotter mit irgendeiner anderen Schlange zu verwechseln. Trotz variabler Färbung ist die Kombination von Merkmalen eindeutig: Breiter Körper und Kopf, runde Schnauze und ein Muster aus deutlichen Winkeln auf dem Rücken. Außer in Eile, was selten vorkommt, bewegt sich die Schlange langsam und in gerader Linie.

Puffotter
Die verwaschene Zeichnung dieser Puffotter ist typisch für in Wüsten lebende Formen. Ihr massiger Körper wird optisch noch vergrößert, wenn sich die Schlange gestört oder bedrängt fühlt. Sie bläht sich mit Luft auf, die beim Entweichen ein beängstigendes, lautes tiefes Zischen erzeugt.

Durchschnittliche Länge ausgewachsener Tiere

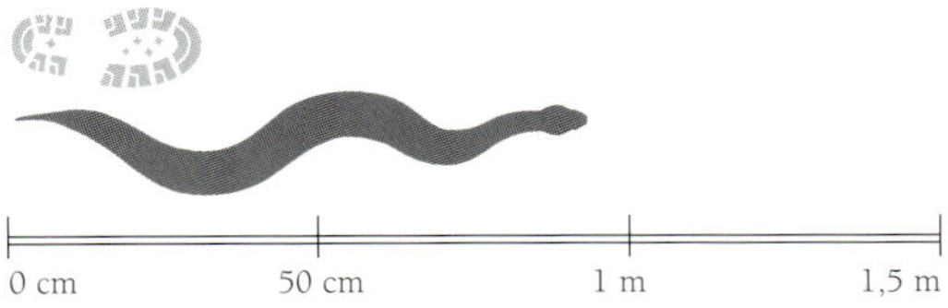

Steckbrief

Art:	*Bitis arietans*
Familie:	Viperidae (Vipern)
Lebensraum:	Grasländer, Gebüsche, Bergland und Halbwüsten
Vermehrung:	Das Weibchen bringt bis zu 50 lebende Junge zur Welt (ausnahmsweise 100–150)
Nahrung:	Hauptsächlich Nager
Verbreitung:	Afrika und Südwestarabien

Gekielte Schuppen
Stark gekielte Schuppen sind für die meisten Vertreter der Vipern charakteristisch. Ihre matte, raue Oberfläche verstärkt die Tarnwirkung des Musters, wenn die Schlange in der Vegetation liegt.

Leuchtende Färbung
In Anbetracht ihres großen Verbreitungsgebietes variieren Puffottern wenig in Färbung und Zeichnung. Die am kräftigsten gezeichneten Tiere kommen von der Kapregion in Südafrika, wo die Männchen leuchtend gelbe und tiefschwarze Muster haben.

Sandviper

Die Sandviper bewohnt Berghänge und Hügel in Südosteuropa und der Türkei. Sie kann tag- oder nachtaktiv sein und liegt oft, teilweise versteckt, in Steinhaufen oder unter einem kleinen Busch. Sie ernährt sich von kleinen Nagern, Eidechsen und Vögeln und klettert auf der Suche nach Vogelnestern gern in niedriges Gesträuch. Obwohl ihr Gift recht stark ist, setzt es die wenig aggressive Schlange selten gegen den Menschen ein. Die isolierten Restpopulationen der Schweiz und Österreichs stehen seit vielen Jahren unter gesetzlichem Schutz.

Hauptmerkmale

Das Horn auf der Schnauze und die kräftige Zickzack-Zeichnung auf dem Rücken reichen als Merkmale aus, um die Sandviper von jeder anderen Schlange zu unterscheiden. Ihre Färbung kann allerdings stark variieren. Neben geografischen Unterschieden sind die Geschlechter dimorph (unterschiedlich aussehend). Die Männchen sind kräftig hellgrau mit schwarzer Zickzack-Linie gezeichnet, während die Weibchen mehr braun oder orange mit dunkler Zeichnung sind. Das Zickzack-Band ist bei beiden Geschlechtern schwarz gesäumt. Gelegentlich findet man Individuen mit gelblicher oder rosa getönter Grundfärbung, sehr selten treten ganz schwarze Stücke auf. In ihrem Verbreitungsgebiet ist sie die häufigste Vipernart.

Steckbrief

Art: *Vipera ammodytes*
Familie: Viperidae (Vipern)
Lebensraum: Trockene, felsige und sandige Hügel und Täler
Vermehrung: Das Weibchen bringt 5–15 lebende Junge zur Welt
Nahrung: Eidechsen, Vögel und Kleinsäuger
Verbreitung: Südosteuropa und Südwestasien

Durchschnittliche Länge ausgewachsener Tiere

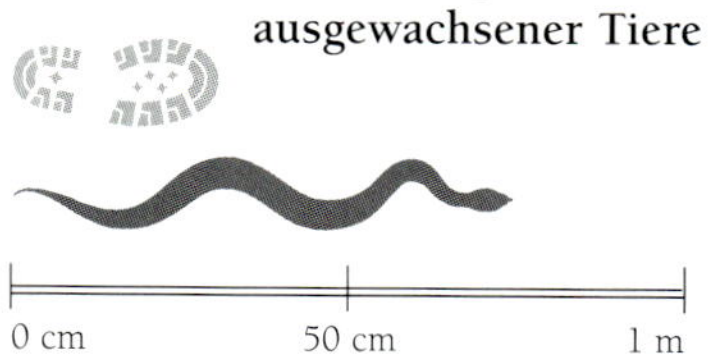

Zickzack-Muster
Eine Zickzack-Zeichnung mit dunklen Rändern auf der Rückenmitte ist Männchen und Weibchen gemeinsam.

Sandviper
Braune oder orange Tiere dieser Art sind offensichtlich Weibchen; Männchen sind gewöhnlich silbergrau mit dunklem Zickzack-Band. Unterschiede in Färbung und Zeichnungen bei verschiedenen Populationen dürften mit verschieden gefärbtem Gestein oder Boden zusammenhängen.

Andere Schwanzfärbung
Die grünliche Schwanzspitze kann auch gelb oder orange sein. Sie dient wahrscheinlich als Köder, um Beute anzulocken.

Gekielte Schuppen
Alle europäischen Ottern, ebenso wie die meisten anderen Vipernarten, haben kräftig gekielte Schuppen.

Stülpnasenotter

Alttier auf einem Felsvorsprung.

In Spanien, Portugal und Teilen Nordafrikas kommt eine kleinere Vipernart mit nur leicht aufgestülpter Nase vor. Die Stülpnasenotter, *Viper latasti*, lebt zwischen Felsen und Gesteinsschutt in unteren Berglagen, manchmal auf locker bewaldeten Flächen. In Südspanien kommt sie auch in Sanddünen vor. Ihre Lebensweise, ihre Nahrung und ihre Vermehrung sind ähnlich denen der Sandviper.

Vorstehendes Horn
Das Horn ist ein fleischiger Auswuchs der Schnauze, der von 9–10 kleinen Schuppen bedeckt ist. Seine Funktion ist unbekannt.

Geburt
Alle Vertreter der Gattung Vipera, *zu der die Sandviper gehört, sind lebend gebärend, obwohl einige nahe verwandte Vipern Eier legen. Die Sandviper paart sich im April oder Mai, und die Jungen kommen im August oder September zur Welt. Sie sind bei der Geburt 16–18 cm lang und tragen bereits Giftzähne mit einer geringen Menge Gift. Nach 2–4 Jahren sind Sandvipern geschlechtsreif.*

Breiter Kopf
Der Kopf der Sandviper ist breit und flach. Die Schuppen auf dem Kopf sind klein und die Überaugenschuppen hängen leicht über und fallen von hinten nach vorne ab, was der Schlange einen finsteren Gesichtsausdruck verleiht. Sie hat mittelgroße Augen und senkrechte Pupillen.

Kreuzotter

Die Kreuzotter ist eine sehr bekannte Art, um die sich viele Legenden und abergläubische Geschichten ranken. Fast alle sind unzutreffend. Die Kreuzotter verschlingt nicht ihre Jungen in Zeiten der Gefahr, sie bildet auch keinen Ring und rollt davon. Von allen Bodenschlangen hat sie das größte Verbreitungsgebiet, das sich von Westeuropa quer durch Zentralasien bis zum Pazifik erstreckt. Sie geht auch weiter nach Norden als jede andere Schlange.

Kämpfende Männchen
Im Frühling ringen die Männchen miteinander um das Recht der Paarung. Zwei Männchen umschlingen sich mit dem Vorderkörper und versuchen sich gegenseitig niederzudrücken; dabei wird nicht gebissen (Kommentkampf). Der Verlierer räumt das Feld, und der Sieger paart sich oft sofort mit dem Weibchen.

Hauptmerkmale

Die Kreuzotter ist eine kleine Schlange mit schmalem Kopf und einem deutlichen Zickzack-Muster auf dem Rücken. Im Gegensatz zu verschiedenen anderen Vipern ist das Rückenmuster nicht schwarz gesäumt, und zusätzliche Flecken auf den Flanken wechseln sich mit den Winkeln des Zickzack-Bandes ab. Fast immer befindet sich im Nacken eine dunkle V- oder X-förmige Zeichnung.

Kreuzotter
Die Zeichnung der Kreuzotter dient der Tarnung in gebrochenem Licht, welches durch das Astwerk von Büschen und Bäumen in ihrem Lebensraum fällt. Der Kontrast zwischen Zickzack-Zeichnung und Grundfarbe kann variieren, im Übrigen ist die Zeichnung der Kreuzotter aber bemerkenswert einheitlich in ihrem großen Areal.

Dunkle Zeichnung
Stets führt eine dunkle Linie vom Auge zum Kiefergelenk.

Einklappbare Giftzähne
Die Giftzähne der Kreuzotter sind wie bei allen Vipern gelenkig und können gegen den Gaumen geklappt werden, wenn sie nicht in Gebrauch sind. Sie werden aufgerichtet kurz bevor die Schlange zuschlägt. Das Gift wird durch kleine Öffnungen nahe den Zahnspitzen gepresst.

Rückenmuster
Das Zickzack-Band des Rückens dient der Tarnung und löst die Körperumrisse der Schlange auf. Dies ist typisch für die meisten europäischen Vipern, auch wenn die Form des Musters von Art zu Art verschieden ist.

Farbunterschiede
Dunkle Zeichnung auf hellem Grund ist typisch für Männchen, während Weibchen eine braune oder rötliche Zeichnung haben, die sich weniger deutlich von der Grundfärbung abhebt.

Durchschnittliche Länge ausgewachsener Tiere

0 cm 25 cm 50 cm

Steckbrief

Art:	*Vipera berus*
Familie:	Viperidae (Vipern)
Lebensraum:	Unterschiedlich, auch locker bewaldete Gebiete, Heiden, Grasländer und Moore
Vermehrung:	Das Weibchen bringt 3–20 lebende Junge zur Welt
Nahrung:	Eidechsen und Kleinsäuger
Verbreitung:	Europa und Zentralasien

Überdauern niedriger Temperaturen
Die Kreuzotter geht im Norden bis fast zum 69. Breitengrad, also bis über den Polarkreis hinaus. Die geringe Größe der Kreuzotter und ihre dunkle Färbung machen rasche Erwärmung in kalter Umgebung möglich, und ihre Fähigkeit, eine viele Monate dauernde Winterruhe zu halten, ermöglicht es ihr, unter sonst für sie tödlichen Bedingungen zu überleben. Die Lebendgeburt ist ebenfalls eine Anpassung an die kalte Umgebung.

Schwarze Kreuzotter
Ein kleiner Teil der Kreuzottern ist vollständig schwarz. Man findet sie häufiger in den kälteren, weiter nördlich gelegenen Teilen ihres Verbreitungsgebietes und in den Alpen, ebenso wie auf kleinen Inseln, besonders in der Ostsee. Die schwarze Färbung ermöglicht es der Schlange, sich rasch zu erwärmen, dafür ist sie weniger gut getarnt.

Gabunviper

Ihren wissenschaftlichen und volkstümlichen Namen hat die Gabunviper von dem afrikanischen Land, in dem sie zuerst gefunden wurde. Dort ist sie eine überaus gefürchtete Schlange, obwohl sie selten beißt. Sie versteckt sich im Spiel von Licht und Schatten zwischen welkem Laub, wo ihre Körperumrisse vom geometrischen Muster der Rechtecke und Dreiecke ihres Schuppenkleides aufgelöst werden. Sie bewegt sich kaum, sondern lauert auf vorbeikommende Beute, schlägt dann mit großer Geschwindigkeit zu und spritzt mit ihren bis 4 cm langen Fangzähnen ihr Gift ein.

Raue Schuppen
Die großen gekielten Schuppen haben eine seidige Oberfläche, ein Eindruck, der durch ihre Pastellfärbung verstärkt wird.

Hauptmerkmale

Das auffallendste Merkmal dieser Art ist ihre beeindruckende Größe, besonders die Dicke des Körpers und die Breite des großen, dreieckigen Kopfes, dessen Oberseite stets hell ist. Ein weiteres Charakteristikum ist ihr geometrisches Muster in Pastelltönen von grau, hellbraun und purpur. Es ist kaum möglich, sie mit einer anderen Schlange zu verwechseln.

Breiter Kopf
Der fast so breite wie lange Kopf verbreitert sich besonders hinter den Augen. Die zwei Hörner auf der Schnauzenspitze sind von unterschiedlicher Größe. Die der westafrikanischen Tiere sind im Durchschnitt größer als die der Individuen im übrigen Verbreitungsgebiet.

Giftdrüsen
Die Breite des Kopfes ist bedingt durch die Giftdrüsen, die unter und hinter jedem Auge liegen. Die Drüsen sind besonders groß und produzieren und lagern gewaltige Mengen an Gift.

Auffällige Zeichnung
An den Kopfseiten trägt die Schlange keilförmige Abzeichen.

Durchschnittliche Länge ausgewachsener Tiere

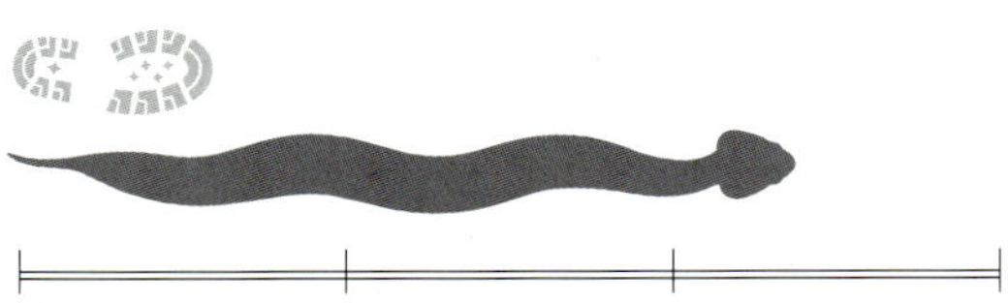

Tarnungsexperte
Die Fähigkeit dieser Art, mit der Umgebung ihres Waldlebensraums zu verschmelzen, ist legendär. Wenn sie auf Blättern liegt, dient das vielfarbige Fleckenkaleidoskop der Gabunviper zur Auflösung der Körperumrisse, und die Augen verschwinden in der Kopfzeichnung.

Gabunviper
Färbung und Körperzeichnung dieser massigen Viper der Regenwälder Westafrikas wirken grell und auffallend, wenn man sie außerhalb ihres Lebensraums sieht. In ihrem natürlichen Habitat sind sie jedoch ein ausgezeichnetes Tarnkleid. Durch ihre Tarnfärbung, ihre ruhige Lebensweise und die geringe Bevölkerungsdichte des Gebietes, in der sie lebt, wird die Schlange selten gesehen.

Stämmiger Körper
Der stämmige Leib ist typisch für lauernde Räuber, die nicht hinter ihrer Beute herjagen müssen. Beunruhigte Gabunvipern können ihren Körper sogar noch weiter aufblähen. Beim Entweichen der Luft entsteht ein tiefes Zischen.

Geometrische Zeichnung
Graue, hellbraune und purpurfarbene Rechtecke und Dreiecke sind zu einem geometrischen Muster auf dem Körper angeordnet.

Steckbrief

Art:	*Bitis gabonica*
Familie:	Viperidae (Vipern)
Lebensraum:	Waldränder und Waldlichtungen
Vermehrung:	Das Weibchen bringt bis zu 60 lebende Junge zur Welt
Nahrung:	Kleine und mittelgroße Säugetiere
Verbreitung:	West- und Zentralafrika

Wüsten-Hornviper

Als Bewohner der Sahara hat sich die Wüsten-Hornviper in interessanter Weise an ihren Lebensraum angepasst. Um über lockeren, windverblasenen Sand zu kriechen, benutzt sie eine ungewöhnliche Technik seitlichen Schlängelns (siehe S. 17). Um ihren Feinden zu entgehen und ihrer Beute aufzulauern, versteckt sie sich im Sand. Ihre Aktivitätszeiten passt sie den Jahreszeiten an: Im heißen Sommer wird sie nachtaktiv, während sie zu kühleren Zeiten tagaktiv ist. Ungewöhnlich für eine Viper ist die Tatsache, dass sie Eier legt.

Hörner
Die Hörner sind durch Längswülste versteift und werden manchmal leicht nach vorn gebogen.

Hauptmerkmale

Eine kurze, stämmige Viper mit rauen Schuppen und einem deutlichen beschuppten Horn über jedem Auge. Ihre Färbung ist etwas variabel, gewöhnlich aber schmutzig gelb, hellbraun, cremefarben oder ocker mit verstreuten, unregelmäßigen Querbinden und Flecken von dunklerer Farbe.

Seltsame Hörner
Wenn sich die Viper in den Sand eingräbt, sind nur noch die Hörner und Augen sichtbar. Jedes Horn besteht aus nur einer lang gestreckten Schuppe. Die Funktion der Hörner ist ungewiss. Sie könnten zur Beschattung der Augen dienen, da man sie auch bei anderen Wüstenvipern findet.

Stumpfer Kopf
Die Wüsten-Hornviper hat den typisch breiten, stumpfen Kopf der Vipernfamilie. Sie hat große Augen mit senkrechten Pupillen. Die Bedeckung mit kleinen, stark gekielten Schuppen gibt dem Kopf eine raue Oberflächenstruktur.

Durchschnittliche Länge ausgewachsener Tiere

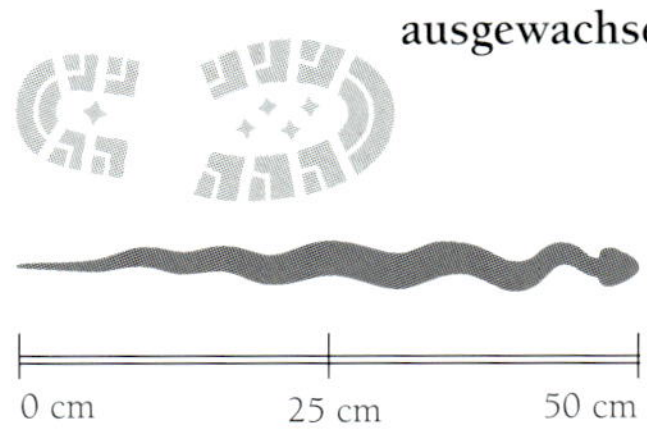

Wüsten-Hornviper

Wenn die Wüsten-Hornviper ihre stark gekielten Schuppen gegeneinander reibt, entsteht ein lautes, rasselndes oder schleifendes Geräusch. Die Schlange benutzt es, um potenzielle Feinde zu warnen.

Gekielte Schuppen
Alle Schuppen sind stark gekielt. Die Flankenschuppen haben schrägstehende Kiele mit gesägten Graten.

Steckbrief

Art:	*Cerastes cerastes*
Familie:	Viperidae (Vipern)
Lebensraum:	Wüsten
Vermehrung:	Das Gelege besteht aus bis zu 23 Eiern
Nahrung:	Echsen, Vögel und Kleinsäuger
Verbreitung:	Nordafrika

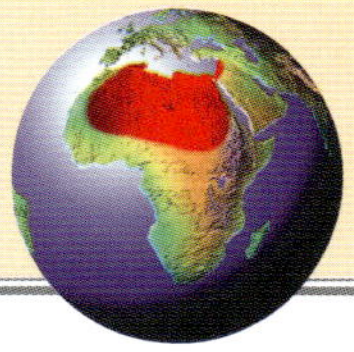

Wüstentarnung

Die Wüsten-Hornviper ist wie der Sand gefärbt, auf dem sie lebt. Die Färbung schwankt zwischen blassgelb und braun. Die Jagdstrategie der Schlange besteht darin, sich einzugraben bis sie von einer dünnen Sandschicht bedeckt ist, aus der nur die Kopfspitze herausschaut. Aus dieser Position kann sie nach kleinen Echsen schnappen, die den Großteil ihrer Nahrung ausmachen.

Weißlippen-Bambusotter

Die Weißlippen-Bambusotter ist an ein Leben in den immergrünen Bäumen und im dichten Unterwuchs der Regenwälder angepasst und kommt nur selten auf den Boden. Sie ist nachts am aktivsten und lauert ihrer Beute auf, wobei sie Kopf und Hals S-förmig gebogen hält, so dass sie rasch zuschlagen kann, wenn sich ein Beutetier nähert. Obwohl sie giftig und leicht erregbar ist, kommen Menschen selten zu Schaden, da das Gift nur schwach ist.

Schuppenstruktur
Die Schuppen sind leicht gekielt. Sie sind von seidigem Glanz, was die grüne Farbe noch verstärkt.

Hauptmerkmale

Obwohl die Weißlippen-Bambusotter ein deutliches weißes oder gelbes Band an den Mundseiten trägt, kann man sie leicht mit verschiedenen anderen grünen Grubenottern der gleichen Region verwechseln. Die in Bäumen lebenden Grubenottern sind allesamt schlanker und beweglicher als am Boden lebende verwandte Arten. Sie haben außerdem größere Augen und sind grün, gelb oder bläulich gefärbt. Durch ihre auffälligen Grubenorgane, den breiten Kopf und die leicht gekielten Schuppen kann man sie gut von ungiftigen grünen Schlangen unterscheiden.

Durchschnittliche Länge ausgewachsener Tiere

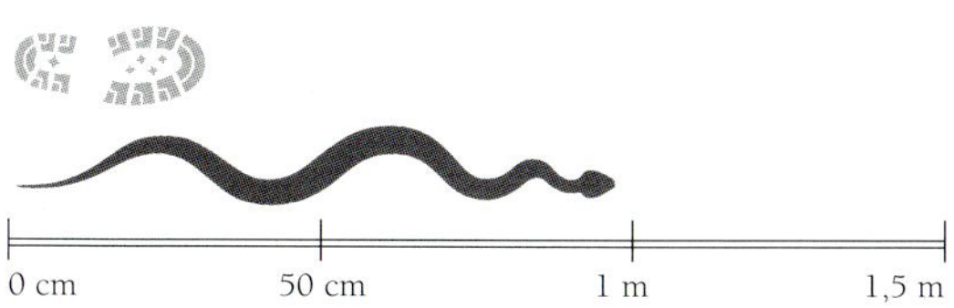

Steckbrief

Art: *Trimeresurus albolabris*
Familie: Viperidae (Vipern)
Lebensraum: Wälder und Plantagen, besonders in der Nähe von Flüssen
Vermehrung: Das Weibchen bringt 10–11 lebende Junge zur Welt
Nahrung: Frösche, Vögel und Kleinsäuger
Verbreitung: Südchina bis Indien, im Süden bis Indonesien, fehlt jedoch in Malaysia

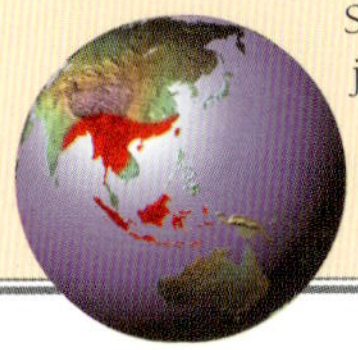

Weißlippen-Bambusotter
Der lange schlanke Körper dieser Schlange und seine grüne Färbung sind ein Hinweis auf ihr Leben in den Bäumen. Sie kann lange Zeit bewegungslos mit hängendem Kopf lauern, jederzeit bereit, vorbeikommende Beute mit vorschnellendem Kopf zu überraschen.

Gelbe Augen
Die Größe der Augen und ihre senkrechten Pupillen lassen den nächtlichen Jäger erkennen. Die Augen sind eines ihrer auffälligsten Merkmale.

Breiter Kopf
Wie breit der Kopf der Weißlippen-Bambusotter ist, lässt sich von vorne gut erkennen. Die Schlange ist bereit zuzustoßen. Der Kopf ist zurückgezogen, und der Vorderteil des Körpers ist angespannt, um sich jeden Moment zu strecken.

Große Grubenorgane
Die seitlich am Kopf stehenden Grubenorgane sind groß. Sie sind direkt nach vorn gerichtet und funktionieren als Paar.

Bambusottern auf Inseln

Bambusottern kommen auf allen größeren Inselgruppen der Region vor, so auf dem indonesischen Archipel, auf den Philippinen und auf Celebes. Viele Inselarten, z. B. die Sumatra-Bambusotter, haben sich ohne Konkurrenz durch andere Vipern entwickelt. Alle Inselarten leben in Regenwäldern, Bambusdickichten und Pflanzungen, wo ihre überwiegend grüne Färbung eine hervorragende Tarnung bietet. Grubenorgane helfen ihnen, Beute auch bei schlechtem Licht zu lokalisieren.

Sich aufrichtende Sumatra-Bambusotter.

Sandrasselotter

Obwohl klein, ist die Sandrasselotter wegen ihres Giftes äußerst gefährlich, zumal sie rasch zubeißt, wenn man auf sie tritt oder sie anderweitig stört. Sie ist für die meisten Todesfälle durch Schlangenbiss in ihrer Region verantwortlich, da sie recht häufig ist und gewöhnlich halb vergraben in Sand oder Erde ruht. Man nennt sie auch Teppich- oder Sägeschuppenotter, unter Bezug auf die gesägten Kiele einiger ihrer Schuppen, mit denen sie ein zischendes Geräusch erzeugt.

Hauptmerkmale

Für eine Viper ist die Art recht schlank, ihr Kopf ist deutlich birnenförmig. Die Körperzeichnung ist ansprechend und zeigt Anpassungen an die Farbe des Bodens, auf dem die Sandrasselotter lebt. So findet man verschiedene Töne von braun, beige oder grau mit braunen oder rötlich braunen Flecken. Alle Individuen haben jedoch schwarze und weiße Flecken auf dem Rücken. Gewöhnlich trägt der Kopf eine kreuzförmige Zeichnung.

Verteidigungshaltung

Alle Sandrasselottern zeigen die gleiche typische Verteidigungshaltung. Die Schlange rollt sich hufeneisenförmig so zusammen, dass die speziell gesägten Schuppen eines Flankenbereichs umgekehrt neben die eines anderen solchen Bereichs zu liegen kommen. Wenn sie ihre Körperschlingen bewegt, entsteht ein trockenes, raspelndes Geräusch. Gleichzeitig verteidigt sich die Schlange durch wiederholtes, kräftiges Zustoßen.

Afrikanische Sandrasselotter

Sandrasselotter
Die stark gekielten Schuppen erzeugen nicht nur ein warnendes, rasselndes Geräusch, sie helfen der Schlange auch, sich in Sand oder Erde einzugraben, um dort bewegungslos und fast unsichtbar auf Beute zu lauern.

Komplexe Zeichnung
Die verschlungene Zeichnung löst die Körperumrisse der Viper auf, wenn sie auf steinigem Sand und zwischen trockener Vegetation ruht.

Deutliche Tupfen
Die undeutlich schwarz gesäumten weißen Tupfen sind besonders charakteristisch.

Große Augen
Die großen Augen stehen weit vorn am Kopf.

Birnenförmiger Kopf
Die Sandrasselotter hat einen birnenförmigen Kopf mit runder Schnauze, der von vielen kleinen Schuppen bedeckt ist. Die Höhe des Kopfes und die Lage der Augen ermöglichen es der Schlange auch noch zu sehen, wenn sie halb eingegraben ist.

Gekielte Schuppen
Die stark gekielten Schuppen glänzen nicht, was die Tarnung im Sand verbessert.

Steckbrief

Art:	*Echis carinatus*
Familie:	Viperidae (Vipern)
Lebensraum:	Halbwüsten, trockene Grasländer und steiniges Gelände
Vermehrung:	Das Weibchen bringt bis zu 23 lebende Junge zur Welt
Nahrung:	Die meisten kleinen Tiere, von Wirbellosen bis zu Amphibien, Reptilien, Vögeln und Säugern
Verbreitung:	Mittlerer Osten

Deutliche Zeichnung
Fast immer findet man eine kreuzförmige Zeichnung auf dem Kopf. Sie gab der Gattung ihren wissenschaftlichen Namen: *Echis* bedeutet »X«.

Durchschnittliche Länge ausgewachsener Tiere

0 cm 50 cm 1 m 1,5 m

Jararaca

Die Jararaca gehört zu einer Gruppe von Schlangen, die man als Amerikanische Lanzenottern bezeichnet. Der Name Jararaca stammt aus dem Indianischen. Da die Art häufig ist, eine Vorliebe für kultiviertes Land und Waldlichtungen hat und sich gut verstecken kann, werden Menschen häufig gebissen. Obwohl das Gift stark ist, können Todesfälle durch medizinische Maßnahmen meist verhindert werden.

Steckbrief

Art: *Bothrops jararaca*
Familie: Viperidae (Vipern)
Lebensraum: Regenwälder
Vermehrung: Das Weibchen bringt etwa 20 lebende Junge zur Welt
Nahrung: Vögel und Kleinsäuger
Verbreitung: Südamerika

Hauptmerkmale

Die Unterscheidung zwischen der Jararaca und anderen Lanzenottern der gleichen Region kann schwierig sein. Der dreieckige Kopf und die spitze Schnauze sind für alle Lanzenottern typisch, und die Färbung der Jacaraca ist zu variabel, um ein gutes Bestimmungsmerkmal zu sein. Dreieckige Flecken auf dem Rücken werden oft durch dunkle Pigmentation verdeckt, besonders bei Alttieren; Jungtiere sind meist kontrastreicher gezeichnet.

Durchschnittliche Länge ausgewachsener Tiere

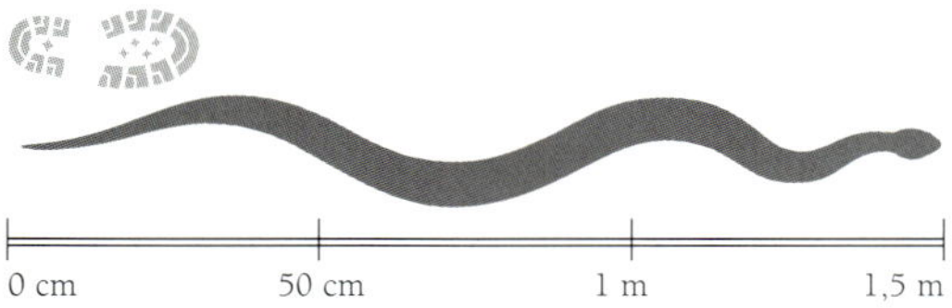

Jararaca
Ihr langer dunkler Körper mit schwacher Zeichnung und ihre Vorliebe für schattige Plätze sind Gründe dafür, dass man die Schlange selten sieht, so dass sie besonders für Landarbeiter gefährlich werden kann. Die dreieckige Form des Kopfes hängt mit den großen Giftdrüsen zusammen, die unmittelbar hinter den Augen liegen.

Dreieckiger Kopf
Der breite, dreieckige Kopf mit pfeilförmiger Zeichnung ist charakteristisch und lässt leicht erkennen, warum die Gruppe als Lanzenottern bezeichnet wird. Die senkrechten Pupillen lassen den nächtlichen Jäger erkennen.

Geometrische Zeichnung
Die Spitzen der dreieckigen Flecken berühren sich auf der Rückenmitte. Sie können jedoch undeutlich sein.

Deutliche Grubenorgane
Grubenorgane ermöglichen es der Jararaca nachts erfolgreich zu jagen.

Gekielte Schuppen
Die dunkle Färbung und die stark gekielten Schuppen geben der Schlange ein mattes, fast rußiges Aussehen.

Amerikanische Lanzenottern

Eine Reihe weiterer Lanzenottern kommt in Mittel- und Südamerika vor. Eine der häufigsten und bekanntesten ist *Bothrops asper* aus Mittelamerika und dem nördlichen Südamerika. Man nennt die Art gewöhnlich auch »Fer-de-Lance«. Ihr spanischer Name, »Terciopelo«, was »Samt« bedeutet, ist jedoch eine zutreffendere Beschreibung ihres Aussehens. Sie ist für eine Vielzahl von Todesfällen bei Menschen verantwortlich.

Jungschlange verschlingt eine Schienenechse.

Kupferkopfotter

Der auffällig gezeichnete, zu den Dreieckskopfottern zählende Kupferkopf ist nah verwandt mit der Klapperschlange. Er besiedelt eine Vielfalt von Lebensräumen und kann mancherorts recht häufig sein. Seine gute Tarnung und die Angewohnheit, bewegungslos zu verharren, führen aber dazu, dass er oft unbemerkt bleibt. Obwohl sie giftig sind, versuchen Kupferköpfe Konfrontationen zu vermeiden. Ihr Biss ist selten lebensgefährlich.

Breiter Kopf
Die Giftdrüsen hinter den Augen sind verantwortlich für die spatenförmige Kopfform der Otter.

Kupferkopfotter
Der breite, sich rasch zum Hals verjüngende Kopf gibt dem Kupferkopf sein typisches Aussehen, und die Kupferfarbe gibt der Schlange ihren Namen. Man nennt sie auch Mokassinschlange, was aber zu Verwirrung führt, da auch andere Schlangen so heißen.

Hauptmerkmale

Der kupferfarbene Kopf und breite Bänder in Kastanienbraun, Orange, Hellbraun oder Grau machen die unverwechselbare Erscheinung der Kupferköpfe aus. Die Farbe der Bänder variiert zwischen den Populationen, hebt sich aber stets deutlich von der Grundfärbung ab. Man unterscheidet eine Reihe von Unterarten. Manche Wasserschlangen tragen eine ähnliche Zeichnung, aus der Nähe unterscheiden den Kupferkopf jedoch seine Grubenorgane im Gesicht.

Wuchtiger Kopf
Der breite Kopf endet in einer aufgeworfenen Schnauze. Mittelgroße Augen und senkrechte Pupillen weisen auf nächtliches Jagdverhalten hin. Bei kühlem Wetter ist die Schlange auch tagaktiv.

Zarte Zeichnung
Im Gegensatz zum übrigen Körper ist der Kopf einfarbig und weist nur eine sehr schwache Gesichtszeichnung auf, die man auch bei anderen Grubenottern findet.

Durchschnittliche Länge ausgewachsener Tiere

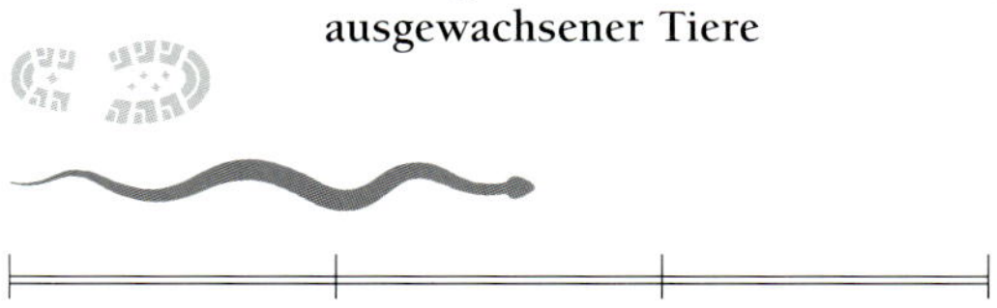

Schwanzspitze
Die Schwanzspitze eines jungen Kupferkopfs ist leuchtend gelb und wird als Köder verwendet, um kleine Frösche und Echsen in Reichweite zu locken. Mit zunehmendem Alter ändern sich Beute und Jagdmethoden, und die leuchtende Farbe verschwindet allmählich. Kupferköpfe vibrieren bei Erregung mit ihrem Schwanz, was ein warnendes Rasselgeräusch erzeugt, besonders wenn Kontakt mit trockenem Laub besteht.

Waldtarnung
Auch wenn die Körperzeichnung des isolierten Kupferkopfs sehr auffällig wirkt, bietet sie doch ausgezeichnete Tarnung in welkem Laub. Die Bandzeichnung löst die Körperumrisse auf, was es Feinden erschwert, die Schlange zu erkennen.

Unterschiedliche Bandbreite
Die dunklen Bänder verbreitern sich auf den Flanken. Obwohl die beiden Bandhälften meist identisch sind, sind sie an manchen Stellen auch verschoben oder gebrochen.

Matte Schuppen
Die matte Oberfläche der Schuppen in Verbindung mit Pastelltönen verstärkt die Tarnwirkung der Schlange.

Steckbrief

Art:	*Agkistrodon contortrix*
Familie:	Viperidae (Vipern)
Lebensraum:	Felsiges Bergland, Halbwüsten, Wälder, Grasland und Sümpfe
Vermehrung:	Das Weibchen bringt bis zu 8 lebende Junge zur Welt
Nahrung:	Frösche, Vögel und Kleinsäuger
Verbreitung:	Nordamerika

Texas-Klapperschlange

Eine Texas-Klapperschlange in Verteidigungshaltung ist ein beeindruckender Anblick, und nur wenige Feinde wagen sich an eine solche Bedrohung heran. Die Schlange hebt ihren Schwanz und richtet ihren Vorderkörper S-förmig wie eine gespannte Feder auf, züngelnd und bei jeder wahrgenommenen Bewegung mit dem Schwanz rasselnd. Sie ist hauptsächlich nachts aktiv, verlässt ihr Versteck aber oft schon am späten Nachmittag. Große, schwere Individuen kriechen oft in gerader Linie, statt zu schlängeln.

Jagd auf Klapperschlangen
Einige wenige Staaten in den USA erlauben immer noch Treibjagden auf Klapperschlangen, von denen die Texas-Klapperschlange am meisten betroffen ist. Unzählige Tiere werden zur Belustigung der Zuschauer geschlachtet. Als Folge sind einige lokale Populationen der Texas-Klapperschlange bereits ausgerottet.

Steckbrief

Art:	*Crotalus atrox*
Familie:	Viperidae (Vipern)
Lebensraum:	Wüsten, Gebüsche und felsige Hänge
Vermehrung:	Das Weibchen bringt 4–21 lebende Junge zur Welt
Nahrung:	Vögel und Säuger
Verbreitung:	Nordamerika

Hauptmerkmale

Die Texas-Klapperschlange kann bis über 1,5 m lang werden. Sie ist massig gebaut und kann mit zunehmendem Alter sehr schwer werden. Der Kopf ist breit und dreieckig und fast immer mit einem breiten dunklen, beiderseits hell begrenzten Strich gezeichnet, der sich vom Auge bis zum Kiefergelenk zieht. Ein deutliches Erkennungsmerkmal sind die schwarzen und weißen Schwanzbinden kurz vor der Rassel.

Texas-Klapperschlange
Verschiedene Klapperschlangen haben eckige (diamantförmige) Flecken. Manche Populärnamen beziehen sich darauf, z. B. der englische Name »Diamondback«.

Gebänderter Schwanz
Die Streifen dienen als visuelle Warnung und unterstützen das hörbare Rasseln.

Giftdrüsen
Ausladende Wangen bieten Platz für große Giftdrüsen, die hinter den Augen liegen.

Durchschnittliche Länge ausgewachsener Tiere

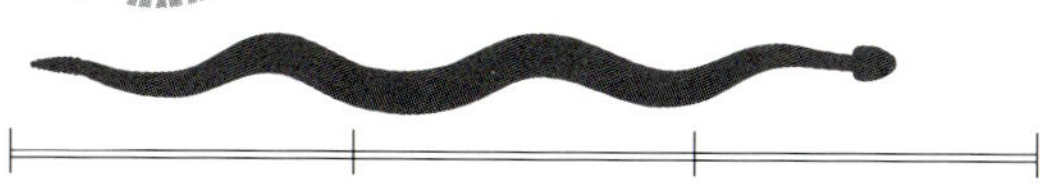

Verhüllte Giftzähne
Wenn die Giftzähne nicht in Aktion sind, werden sie von einem Paar fleischiger Lappen umhüllt. Sie gleiten zur Seite, wenn die Zähne aufgerichtet werden.

Giftzähne in Aktion
Die Schlange klappt die Giftzähne nach vorn, wenn sie zuschlägt, so dass sie eher zusticht als beißt. Die mit den Giftzähnen verbundenen Knochen sind kurz und beweglich, wodurch der ganze Apparat um 90 Grad bewegt werden kann.

Texas-Klapperschlange
Diese Art tritt als Anpassung an den jeweiligen Untergrund in vielen Farbvarianten auf. Die Klapper, die aus bis zu 10 Gliedern besteht, wird als Warnsignal verwendet. Sie hindert z. B. große Tiere daran, versehentlich auf die Schlange zu treten. Bei jeder Häutung wird der Klapper ein neues Glied hinzugefügt.

Schauer-Klapperschlange

Die in ihrer Erscheinung recht unterschiedliche Schauer-Klapperschlange ist von allen Klapperschlangen am weitesten verbreitet und neben zwei nur sehr lokalen Arten die einzige, die mit einem großen Verbreitungsareal auch südlich Mexikos vorkommt. Sie ist in Südamerika wahrscheinlich für mehr Todesfälle verantwortlich als jede andere Schlange; ohne Behandlung ist die Todesrate hoch. Der spanische Name der Schlange, »cascabel«, bedeutet »kleine Glocke«, eine befremdlich unzutreffende Beschreibung ihres Klapperns.

Hauptmerkmale

Die zwei Doppelstreifen am Hals machen die Art leicht erkennbar. Außerdem hat sie einen deutlichen Grat auf dem Rücken, hervorgerufen durch dornartige Spitzen auf jedem Wirbel und hohe Kiele auf den Schuppen in diesem Bereich. Die Körperschuppen sind rauer als bei jeder anderen Klapperschlange. Die Zeichnung ist ungewöhnlich variabel, und es gibt mindestens 14 Unterarten.

Schauer-Klapperschlange
Eine blasse Zeichnung in grünlichem Grau ist typisch für Schauer-Klapperschlangen aus Brasilien. Wie bei allen Vertretern der Art genügen schon leichte Störungen, um die Schlange zum Klappern zu bringen, als Warnsignal bei Bedrohung.

Charakteristische Streifen
Ein Paar paralleler Streifen zieht sich am Hals entlang bis zum Vorderkörper. Die Streifen pflegen mit der Zeit dunkler zu werden.

Steckbrief

Art:	*Crotalus durissus*
Familie:	Viperidae (Vipern)
Lebensraum:	Trockene tropische Wälder und Lichtungen
Vermehrung:	Das Weibchen bringt voll entwickelte Junge zur Welt
Nahrung:	Vögel und Säuger
Verbreitung:	Mittel- und Südamerika

Durchschnittliche Länge ausgewachsener Tiere

0 cm – 50 cm – 1 m – 1,5 m

Uracao-Klapperschlange
Die mit der Schauer-Klapperschlange, Crotalus durissus, *nahe verwandte, manchmal als Unterart angesehene Uracao-Klapperschlange,* Crotalus vegrandis, *aus Venezuela ist markant gemustert. Rückenzeichnung und Halsstreifen sind weitgehend verdeckt durch eine graue und weiße Tüpfelung.*

Lautes Klappern
Die Klapper erzeugt ein lautes, surrendes Geräusch, wenn die Schlange sich in Gefahr wähnt.

Brutverhalten
Alle Klapperschlangen sind lebend gebärend. Die Jungen kommen in einer dünnen Membran zur Welt, befreien sich aber bald daraus und sind dann völlig selbstständig. Schauer-Klapperschlangen pflanzen sich wahrscheinlich alljährlich fort, während sich andere Arten aus kühleren Klimazonen oft nur alle 2–3 Jahre vermehren.

Gekielte Schuppen
Die Art hat stark gekielte Schuppen, wodurch sie rau wie eine Ananas erscheint.

Seitenwinder-Klapperschlange

Der Seitenwinder ist eine kleine Klapperschlange, die in Dünen aus losem, windverdriftetem Sand lebt. Sie bewegt sich rasch durch seitliche Bewegungen (siehe S. 17), meist bei Nacht. Vor Tagesanbruch vergräbt sie sich im Sand, oft unter einem kleinen Busch, um der extremen Hitze zu entgehen. Die Art ist weniger gefährlich als ihr Ruf; immerhin bedarf ihr Biss medizinischer Behandlung.

Parallele Spuren
Die Spur des Seitenwinders besteht aus einer Reihe unzusammenhängender Eindrücke im Winkel von etwa 45 Grad zur Fortbewegungsrichtung. Jeder Eindruck zeigt an beiden Enden einen kleinen Haken, wo sich Kopf und Schwanz der Schlange abgedrückt haben.

Hauptmerkmale

Die Seitenwinder-Klapperschlange hat über den Augen erhabene Schuppen und eine dunkle Linie durch jedes Auge. Der Kopf ist viel breiter und flacher als der anderer Klapperschlangen. Die variable Färbung passt sich dem jeweiligen Boden an. Sie kann gelb, grau oder orange sein und weist deutliche helle und dunkle Punkte auf. Ihre Art der Fortbewegung ist das beste Erkennungsmerkmal.

Durchschnittliche Länge ausgewachsener Tiere

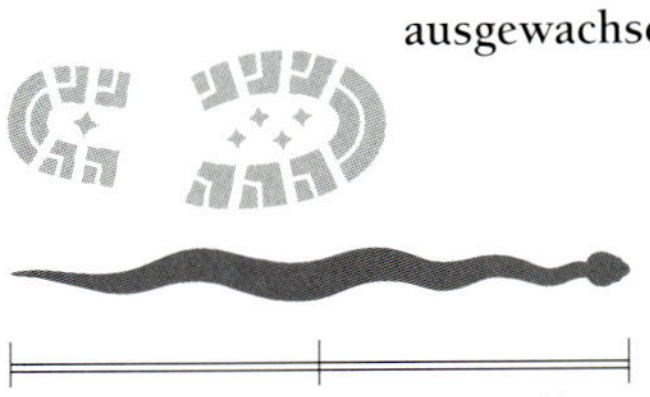

Steckbrief

Art:	*Crotalus cerastes*
Familie:	Viperidae (Vipern)
Lebensraum:	Wüsten
Vermehrung:	Das Weibchen bringt 7–18 lebende Junge zur Welt
Nahrung:	Echsen und Kleinsäuger
Verbreitung:	Nordamerika

Seitenwinder-Klapperschlange
Der Seitenwinder ist die stämmigste Klapperschlange und besitzt einen flachen Kopf. Der ebenfalls abgeflachte Körper erleichtert der Schlange die Fortbewegung auf Sand.

Dunkle Kopfzeichnung
Eine dunkle Linie zieht sich durch jedes Auge und löst damit die Kopfform auf.

Kleine Klapper
Im Vergleich zum Körper ist die Klapper klein, aber gleichwohl ein wirksames Mittel, um Feinde zu warnen.

Die Schlangen der Welt

– Familienübersicht

Dieses Verzeichnis der Schlangen ist die vollständigste Auflistung von Schlangenarten, die gegenwärtig möglich ist.

Von vielen Schlangen weiß man sehr wenig. Einige wurden nur aufgrund eines einzigen Individuums beschrieben. Daher sind präzise Informationen bei einigen Arten oder Familien nicht möglich.

– Familien

Man gruppiert die Schlangen in 18 Familien, die wiederum in Gattungen und Arten unterteilt sind. Manche Familien enthalten nur 1 Art oder wenige Arten. Im Gegensatz dazu weist die Familie der Colubriden 1858 Arten auf. Die 3 primitivsten Familien (Leptotyphlopidae, Anomalepidae und Typhlopidae) unterscheiden sich von den anderen Schlangen durch einen kompakten Schädel und die Tatsache, dass ihre Augen entweder klein und mit Schuppen bedeckt sind oder ganz fehlen. Man fasst sie manchmal zu einer Überfamilie zusammen, den Scolecophidia oder Blindschlangen.

Von den übrigen 15 Familien (manchmal als Alethinophidia zusammengefasst) enthalten 10 relativ primitive Schlangen. Sie sind über die ganze Welt verstreut und stellen die erste Ausbreitungswelle der Schlangen dar. Diese Familien haben nur wenige Vertreter und manche scheinen auszusterben.

Die restlichen 5 Familien sind die am höchsten entwickelt. Sie sind sehr verschieden und enthalten sämtliche Giftschlangen. Neben einer kleinen Familie (Acrochordidae) gibt es 4 größere, die Colubridae, Atractaspididae, Elapidae und Viperidae. Manche Familien werden in Unterfamilien aufgeteilt. So besteht etwa die Familie der Boidae aus den Boinae und den Erycinae. Die Familie der Colubridae besteht aus vielen Unterfamilien, die Zugehörigkeit einzelner Arten ist jedoch oft umstritten.

Im folgenden Verzeichnis sind die Familien in der Reihenfolge ihrer Entwicklungshöhe aufgelistet, die einfachsten am Anfang, die am höchsten entwickelten am Schluss. Innerhalb jeder Familie (oder Unterfamilie) sind die Gattungs- und Artnamen alphabetisch angeordnet.

Kategorien der Länge von Schlangen
die folgenden Kategorien wurden für die Länge von Schlangen verwendet:

klein	bis etwa 75 cm
mittelgroß	75–150 cm
groß	1.5–3 m
sehr groß	über 3 m

Leptotyphlopidae

Schlankblindschlangen

2 Gattungen mit 86 Arten

Die Vertreter dieser Familie sind klein und schlank, mit glatten, glänzenden Schuppen. Die meisten Tiere sind rosa oder silbergrau, einige dunkler. Alle besitzen nur im Unterkiefer Zähne, der Oberkiefer ist hart. Schlankblindschlangen haben gut entwickelte Beckengürtel und manche haben rudimentäre hintere Gliedmaßen in Form von kleinen Spornen. Ihnen fehlt die linke Lunge, und Weibchen fehlt der linke Eileiter. Die rückgebildeten Augen sind klein und jedes ist von einer Schuppe bedeckt.

Alle Schlankblindschlangen leben unterirdisch und ernähren sich von Termiten und ihren Larven. Mit ihrem kleinen Mund ergreifen sie die weichen Insekten und quetschen sie aus. Manche Arten (vielleicht alle) produzieren Pheromone (Duftstoffe), die sie vor Angriffen der Soldatentermiten bewahren. Schlankblindschlangen scheinen Eier zu legen, allerdings ist von vielen die Art der Fortpflanzung unbekannt. Die Familie findet sich in nahezu allen Teilen der Welt, wo es Termiten gibt: Nordamerika, Mittel- und Südamerika, Afrika, Arabien und Mittlerer Osten.

Gattung: **Leptotyphlops**
Schlankblindschlangen
85 Arten

Größe: Klein und schlank
Verbreitung: Nordamerika (Kalifornien und Texas), Mittel- und Südamerika, Afrika, Arabien und Mittlerer Osten
Lebensraum: Unterirdisch
Nahrung: Termiten
Fortpflanzung: Eier legend

Arten:
Leptotyphlops affinis
Leptotyphlops albifrons
Leptotyphlops albipunctus
Leptotyphlops albiventer
Leptotyphlops algeriensis
Algerische Schlankblindschlange
Leptotyphlops anthracinus
Leptotyphlops asbolepis
Leptotyphlops australis
Leptotyphlops bicolor
Leptotyphlops bilineatus
Zweistreifen-Schlankblindschlange
Leptotyphlops blanfordi
Leptotyphlops borapeliotes
Leptotyphlops borrichianus
Leptotyphlops boueti
Leptotyphlops boulengeri
Leptotyphlops brasiliensis
Leptotyphlops bressoni
Leptotyphlops brevicaudus
Kurzschwanz-Schlankblindschlange
Leptotyphlops brevissimus
Leptotyphlops burii
Leptotyphlops cairi
Ägyptische Schlankblindschlange
Leptotyphlops calypso
Leptotyphlops colaris
Leptotyphlops columbi
Leptotyphlops conjunctus,
Kap-Schlankblindschlange
Leptotyphlops cupinensis
Leptotyphlops debilis
Leptotyphlops diaplocius
Leptotyphlops dimidiatus
Leptotyphlops dissimilis
Leptotyphlops distanti,
Distants Schlankblindschlange
Leptotyphlops dugandi
Leptotyphlops dulcis,
Texas-Schlankblindschlange
Leptotyphlops emini
Leptotyphlops filiformis
Leptotyphlops goudotii
Leptotyphlops gracilior,
Dünne Schlankblindschlange
Leptotyphlops guayaquilensis
Leptotyphlops humilis,
Westliche Schlankblindschlange
Leptotyphlops joshuai
Leptotyphlops koppesi
Leptotyphlops labialis,
Damara-Schlankblindschlange
Leptotyphlops leptipilepta
Leptotyphlops longicaudus,
Langschwanz-Schlankblindschlange
Leptotyphlops macrolepis
Leptotyphlops macrops
Leptotyphlops macrorhynchus,
Hakenschnabel-Schlankblindschlange
Leptotyphlops macrurus
Leptotyphlops maximus
Leptotyphlops melanotermus
Leptotyphlops melanurus
Leptotyphlops munoai
Leptotyphlops nasalis
Leptotyphlops nasirostris
Leptotyphlops natatrix
Leptotyphlops nicefori
Leptotyphlops nigricans,
Schwarze Schlankblindschlange
Leptotyphlops nursii
Leptotyphlops occidentalis,
Westafrikanische Schlankblindschlange
Leptotyphlops pembae
Leptotyphlops perreti
Leptotyphlops peruvianus
Leptotyphlops phillipsi
Leptotyphlops pyrites
Leptotyphlops reticulatus
Leptotyphlops rostratus
Leptotyphlops rubrolineatus
Leptotyphlops rufidorsus
Leptotyphlops salgueiroi
Leptotyphlops scutifrons,
Peters Schlankblindschlange
Leptotyphlops septemstriatus
Siebenstreifige Schlankblindschlange
Leptotyphlops signatus
Leptotyphlops striatulus
Leptotyphlops subcrotillus
Leptotyphlops sundevalli
Leptotyphlops teaguei
Leptotyphlops telloi,
Tellos Schlankblindschlange
Leptotyphlops tenellus
Leptotyphlops tesselatus
Leptotyphlops tricolor
Leptotyphlops undecimstriatus
Leptotyphlops unguirostris
Leptotyphlops vellardi
Leptotyphlops weyrauchi
Leptotyphlops wilsoni

Gattung: **Rhinoleptus**
1 Art

Größe: Klein
Verbreitung: Zentralafrika (Senegal und Guinea)
Lebensraum: Unterirdisch
Nahrung: Wahrscheinlich Ameisen und Termiten
Fortpflanzung: Wahrscheinlich Eier legend
Bemerkung: Wenig erforscht

Arten:
Rhinoleptus koniagui

Anomalepidae

Amerikanische Blindschlangen

4 Gattungen mit 15 Arten

Dies ist die ursprünglichste Schlangenfamilie. Über ihre Vertreter ist sehr wenig bekannt; sie sind die vielleicht am wenigsten erforschten Wirbeltiere. Alle sind sehr klein, mit glatten, glänzenden Schuppen, schlankem walzenförmigem Körper und kurzem Schwanz. Die meisten sind braun oder schwarz, manche Arten haben einen gelben oder weißen Kopf und Schwanz. Die Vertreter einiger Gattungen tragen ein Paar Zähne im Unterkiefer, andere besitzen überhaupt keine Zähne. Die Augen sind zurückgebildet.

Anomalepidae verbringen nahezu ihr ganzes Leben im Boden und ernähren sich hauptsächlich von Termiten. Die Art ihrer Fortpflanzung ist nicht bekannt, man nimmt aber an, dass sie Eier legen. Die Familie kommt nur im tropischen Mittel- und Südamerika vor.

Gattung: **Anomalepis**
4 Arten

Größe: Klein und schlank
Verbreitung: Mittelamerika und nördliches Südamerika.
Lebensraum: Unterirdisch in Wäldern
Nahrung: Termiten
Fortpflanzung: Wahrscheinlich Eier legend
Bemerkung: Kaum erforscht

Arten:
Anomalepis aspinosus
Anomalepis colombius
Anomalepis flavapices
Anomalepis mexicanus,
Mexikanische Blindschlange

Gattung: **Helminthophis**
3 Arten

Größe: Klein, bis 30 cm
Verbreitung: Nördliches Südamerika
Lebensraum: Unterirdisch
Nahrung: Termiten.
Fortpflanzung: Wahrscheinlich Eier legend
Bemerkung: Kaum erforscht

Arten:
Helminthophis flavoterminatus
Helminthophis frontalis
Helminthophis praeocularis

Gattung: **Liotyphlops**
7 Arten

Größe: Klein
Verbreitung: Mittelamerika und nördliches Südamerika
Lebensraum: Unterirdisch
Nahrung: Termiten
Fortpflanzung: Wahrscheinlich Eier legend
Bemerkung: Kaum erforscht

Arten:
Liotyphlops albirostris
Liotyphlops anops
Liotyphlops argaleus
Liotyphlops beui
Liotyphlops schubarti
Liotyphlops ternetzii
Liotyphlops wilderi

Gattung: **Typhlophis**
1 Art

Größe: Klein
Verbreitung: Mittelamerika und nördliches Südamerika
Lebensraum: Unterirdisch
Nahrung: Termiten
Fortpflanzung: Wahrscheinlich Eier legend
Bemerkung: Kaum erforscht

Arten:
Typhlophis squamosus

Typhlopidae

Blindschlangen

5 Gattungen mit 218 Arten

Blindschlangen sind klein, mit glatten, glänzenden Schuppen, walzenförmigem Körper und kurzem Schwanz, der oft in einem kurzen Dorn endet. Die meisten sind braun, schwarz oder rosa getönt, manche besitzen schwache Streifen oder Flecken. Sie tragen nur im Oberkiefer Zähne und haben zurückgebildete Augen.

Es sind wühlende Arten, die sich fast ausschließlich von Termiten und Ameisen ernähren. Sie bewohnen verschiedene

Lebensräume, vermeiden aber gewöhnlich trockene Böden. Ruhende Tiere findet man häufig unter halb im Boden eingesunkenen Stämmen oder Steinen. Sie scheinen Eier zu legen, jedoch kennt man von den meisten Arten nicht ihr Fortpflanzungsverhalten. Vertreter der Familie findet man in Mittel- und Südamerika, Afrika, Südasien und Australasien; eine Art lebt in Südosteuropa.

Gattung: **Acutotyphlops**
4 Arten

Größe: Klein
Verbreitung: Bougainville-Insel, Neuguinea und die Salomoninseln
Lebensraum: Unterirdisch
Nahrung: Unbekannt, wahrscheinlich kleine Wirbellose
Fortpflanzung: Unbekannt, wahrscheinlich Eier legend
Bemerkung: Kaum erforscht; die Gattung wurde erst 1996 beschrieben

Arten:
Acutotyphlops infralabialis
Acutotyphlops kunuaensis
Acutotyphlops solomonis
Acutotyphlops subocularis

Gattung: **Cyclotyphlops**
1 Art

Größe: Klein, knapp über 14 cm
Verbreitung: Südöstliches Sulawesi und Indonesien
Lebensraum: Lichtungen in Sekundärwäldern
Nahrung: Unbekannt, wahrscheinlich Termiten und Ameisen
Fortpflanzung: Unbekannt, wahrscheinlich eierlegend
Bemerkung: Die Gattung und Art wurde erst 1994 beschrieben, man kennt nur 2 Exemplare

Arten:
Cyclotyphlops deharvengi

Gattung: **Ramphotyphlops**
Wurmschlangen
52 Arten

Größe: Klein, bis 20 cm, gelegentlich größer
Verbreitung: Indien, Südostasien, Neuguinea, Australien mit umgebenden Inseln. *R. braminus* wurde in viele Teile der tropischen und subtropischen Welt eingeführt, einschließlich Südafrika, Madagaskar, Mittelamerika und Florida, USA.
Lebensraum: Unterirdisch, auch in Pflanzungen
Nahrung: Ameisen und Termiten
Fortpflanzung: Sofern bekannt, Eier legend. *R. braminus* ist einmalig unter Schlangen: es gibt nur Weibchen, die sich ungeschlechtlich (parthenogenetisch) fortpflanzen (siehe S. 31).
Bemerkung: Mehrere Arten wurden erst kürzlich beschrieben, von vielen ist nur 1 Exemplar bekannt

Arten:
Ramphotyphlops acuticauda
Ramphotyphlops affinis
Ramphotyphlops albiceps
Ramphotyphlops angusticeps
Ramphotyphlops australis
Ramphotyphlops batillus
Ramphotyphlops bituberculatus
Ramphotyphlops braminus, Brahmanen-Wurmschlange
Ramphotyphlops broomi
Ramphotyphlops centralis
Ramphotyphlops chamodracaena
Ramphotyphlops cumingii
Ramphotyphlops depressus
Ramphotyphlops diversus
Ramphotyphlops endoterus
Ramphotyphlops erycinus
Ramphotyphlops exocoeti
Ramphotyphlops flaviventer
Ramphotyphlops grypus
Ramphotyphlops guentheri
Ramphotyphlops hamatus
Ramphotyphlops howi
Ramphotyphlops kimberleyensis
Ramphotyphlops leptosoma
Ramphotyphlops leucoproctus
Ramphotyphlops ligatus
Ramphotyphlops lineatus
Ramphotyphlops lorenzi
Ramphotyphlops margaretae
Ramphotyphlops melanocephalus
Ramphotyphlops micrommus
Ramphotyphlops minimus
Ramphotyphlops multilineatus
Ramphotyphlops nigrescens
Ramphotyphlops nigroterminatus
Ramphotyphlops olivaceus
Ramphotyphlops pilbarensis
Ramphotyphlops pinguis
Ramphotyphlops polygrammicus
Ramphotyphlops proximus
Ramphotyphlops silvia
Ramphotyphlops similis
Ramphotyphlops suluensis
Ramphotyphlops supranasalis
Ramphotyphlops tovelli
Ramphotyphlops troglodytes
Ramphotyphlops unguirostris
Ramphotyphlops waitii
Ramphotyphlops wiedii
Ramphotyphlops willeyi
Ramphotyphlops yampiensis
Ramphotyphlops yirrikalae

Gattung: **Rhinotyphlops**
Blindschlangen
28 Arten

Größe: Klein, bis etwa 30 cm. Eine Art, *R. schlegelii*, ist mit fast 1 m die größte Wurmschlange der Welt.
Verbreitung: Afrika, Asien (2 Arten), Mittlerer Osten (1 Art)
Lebensraum: Unterirdisch, gewöhnlich in trockenen Böden
Nahrung: Ameisen und Termiten
Fortpflanzung: Eier legend
Bemerkung: Manchmal auch als Vertreter der Gattung *Typhlops* eingeordnet

Arten:
Rhinotyphlops acutus
Rhinotyphlops anomalus
Rhinotyphlops ataeniatus
Rhinotyphlops boylei, Boyles Blindschlange
Rhinotyphlops caecus
Rhinotyphlops crossii
Rhinotyphlops debilis
Rhinotyphlops erythraeus
Rhinotyphlops feae
Rhinotyphlops gracilis
Rhinotyphlops graueri
Rhinotyphlops kibarae
Rhinotyphlops lalandei, DeLalandes Blindschlange
Rhinotyphlops leucocephalus
Rhinotyphlops lumbriciformis
Rhinotyphlops newtoni
Rhinotyphlops pallidus
Rhinotyphlops praeocularis
Rhinotyphlops rufescens
Rhinotyphlops schinzi, Schnabel-Blindschlange
Rhinotyphlops schlegelii, Schlegels Blindschlange
Rhinotyphlops scortecci
Rhinotyphlops simoni Israelische Blindschlange
Rhinotyphlops somalicus
Rhinotyphlops stejnegeri
Rhinotyphlops sudanensis
Rhinotyphlops unitaeniatus
Rhinotyphlops wittei

Gattung: **Typhlops**
Echte Blindschlangen
133 Arten

Größe: Klein
Verbreitung: Mittel- und Südamerika, Afrika, Mittlerer Osten und Asien. 1 Art, *T. vermicularis*, reicht mit ihrem Areal gerade noch bis Südosteuropa.
Lebensraum: Unterirdisch
Nahrung: Ameisen und Termiten, soweit bekannt
Fortpflanzung: Eier legend, soweit bekannt
Bemerkung: Die einzige auf Madagaskar lebende Art, *T. grandidieri*, wird auch als eigene Gattung, *Xentotyphlops*, angesehen

Arten:
Typhlops albanalis
Typhlops andamanesis
Typhlops angolensis
Typhlops arenarius
Typhlops ater
Typhlops beddomi
Typhlops blanfordii
Typhlops bibronii, Bibrons Blindschlange
Typhlops biminensis
Typhlops bisubocularis
Typhlops bothriorhynchus
Typhlops brongersmianus
Typhlops caecatus
Typhlops canlaonensis
Typhlops capensis
Typhlops capitulatus
Typhlops cariei
Typhlops castanotus
Typhlops catapontus
Typhlops caymanensis
Typhlops collaris
Typhlops comoroensis
Typhlops congestus
Typhlops conradi
Typhlops costaricensis
Typhlops cuneirostris
Typhlops decorosus
Typhlops decorsei
Typhlops depressiceps
Typhlops diardii Diards Blindschlange
Typhlops disparilis
Typhlops domerguei
Typhlops dominicanus
Typhlops elegans
Typhlops epactius
Typhlops euproctus
Typhlops exiguus
Typhlops filiformis
Typhlops fletcheri
Typhlops floweri
Typhlops fornasinii, Fornasins Blindschlange
Typhlops fredparkeri
Typhlops fuscus
Typhlops giadinhensis
Typhlops gierrai
Typhlops gonavensis
Typhlops grandidieri
Typhlops granti
Typhlops hectus
Typhlops hedraeus
Typhlops hypogius
Typhlops hypomethes
Typhlops hypsobothrius
Typhlops inconspicuus
Typhlops inornatus
Typhlops jamaicensis, Jamaica-Blindschlange
Typhlops jerdoni
Typhlops khoratensis
Typhlops klemmeri, Klemmers Blindschlange
Typhlops koekkoeki
Typhlops koshunnesis
Typhlops kraali
Typhlops lankaensis
Typhlops lehneri, Lehners Blindschlange
Typhlops leucomelas
Typhlops leucostictus
Typhlops limbrickii
Typhlops lineolatus
Typhlops longissimus
Typhlops loveridgei
Typhlops lumbricalis, Regenwurm-Blindschlange
Typhlops luzonensis
Typhlops mackinnoni
Typhlops madagascariensis
Typhlops malcolmi
Typhlops manilae
Typhlops manni
Typhlops marxi
Typhlops mcdowelli, McDowells Blindschlange
Typhlops microcephalus
Typhlops microstomus
Typhlops minuisquamus
Typhlops mirus

Typhlops monastus
Typhlops monensis
Typhlops mucronatus
Typhlops muelleri, Indonesische Blindschlange
Typhlops mutilatus
Typhlops oatesii
Typhlops obtusus, Schlanke Blindschlange
Typhlops ocularis
Typhlops oligolepis
Typhlops pammeces
Typhlops paucisquamus
Typhlops platycephalus
Typhlops platyrhynchus
Typhlops porrectus
Typhlops punctatus
Typhlops pusillus
Typhlops reticulatus
Typhlops reuteri, Reuters Blindschlange
Typhlops richardi
Typhlops rondoensis
Typhlops rostellatus
Typhlops ruber
Typhlops ruficaudus
Typhlops schmidti
Typhlops schmutzi
Typhlops schwartzi
Typhlops siamensis, Siam-Blindschlange
Typhlops socotranus
Typhlops steinhausi
Typhlops sulcatus
Typhlops syntherus
Typhlops tasymicris
Typhlops tenebrarum
Typhlops tenuicollis
Typhlops tenuis
Typhlops tetrathyreus
Typhlops thurstoni
Typhlops tindalli
Typhlops titanops
Typhlops trangensis
Typhlops trinitatus
Typhlops uluguruensis
Typhlops unilineatus
Typhlops veddae
Typhlops vermicularis, Europäische Blindschlange
Typhlops verticalis
Typhlops violaceus
Typhlops wilsoni
Typhlops yonenagae
Typhlops zenkeri

Anomochilidae

Wühlschlangen

1 Gattung mit 2 Arten

Die beiden zur Gattung *Anomochilus* gehörenden Arten sind sehr selten, sehr unbekannt und wurden erst kürzlich einer eigenen Familie zugeordnet. Oberflächlich ähneln sie den Vertretern der Familie Cylindropheidae, zu denen man sie früher gezählt hat. Man findet sie auf der Malaysischen Halbinsel, Sumatra und Borneo.

Gattung: Anomochilus
Wühlschlangen
2 Arten

Größe: Klein, nicht größer als 40 cm
Verbreitung: Malaysische Halbinsel, Sumatra und Borneo
Lebensraum: Unterirdisch
Nahrung: Unbekannt
Fortpflanzung: Unbekannt

Arten:
Anomochilus leonardi
Anomochilus weberi, Sumatra-Wühlschlange

Aniliidae

Rollschlangen

1 Gattung mit 1 Art

Die südamerikanische Rollschlange (Korallenschlange) wurde einer eigenen Familie zugeordnet, obwohl sie früher den Cylindropheidae zugerechnet worden ist.

Gattung: Anilius
Rollschlangen
1 Art

Größe: Mittelgroß, bis höchstens 1 m, gewöhnlich aber kleiner
Verbreitung: Südamerika (Amazonasbecken)
Lebensraum: Wälder und Sümpfe, wo sie im Schlamm gräbt
Nahrung: Schlangen und andere wühlende Reptilien und Amphibien
Fortpflanzung: Lebend gebärend
Bemerkung: Eine rot-schwarze falsche Korallenschlange

Arten:
Anilius scytale, Korallen-Rollschlange

Cylindropheidae

Walzenschlangen

1 Gattung mit 9 Arten

Die asiatischen Walzenschlangen sind klein und dunkel mit kräftig schwarz-weiß gezeichneter Unterseite. Wenn sie gestört werden, schlagen sie mit dem erhobenen Schwanz hin und her. Alle Arten leben unterirdisch. Man findet sie in Asien, von Sri Lanka und Indien bis hinunter zur Malaysischen Halbinsel, Borneo und Teilen Indonesiens.

Gattung: Cylindrophis
Walzenschlangen
9 Arten

Größe: Klein, bis höchstens 70 cm
Verbreitung: Sri Lanka, Indien und Südostasien
Lebensraum: Unterirdische Röhren in Waldböden
Nahrung: Aale, Blindwühlen und kleine Schlangen
Fortpflanzung: Lebend gebärend

Arten:
Cylindrophis aruensis, Aru-Walzenschlange
Cylindrophis boulengeri
Cylindrophis engkariensis
Cylindrophis isolepis
Cylindrophis lineatus
Cylindrophis maculatus, Ceylon-Walzenschlange
Cylindrophis melanotus
Cylindrophis opisthorhodus
Cylindrophis ruffus, Rote Walzenschlange

Uropeltidae

Schildschwänze

8 Gattungen mit 46 Arten

Alle Vertreter sind klein und walzenförmig. Einige haben noch einen Beckengürtel, andere nicht, was bedeutet, dass die Familie einen Übergang in der Entwicklung von primitiven zu fortgeschritteneren Schlangen darstellt. Die linke Lunge fehlt oder ist stark reduziert. Die Schlangen verbringen die meiste Zeit unterirdisch, in Streuschicht, Erde oder Schlamm. Viele Arten sind weitgehend unbekannt. Man nimmt an, dass sich alle von bodenlebenden Wirbellosen und kleinen Schlangen ernähren. Die Familie ist auf Südinden und Sri Lanka beschränkt.

Gattung: Brachyophidium
1 Art

Größe: Sehr klein
Verbreitung: Südindien
Lebensraum: Unbekannt
Nahrung: Wahrscheinlich Würmer
Fortpflanzung: Wahrscheinlich lebend gebärend

Arten:
Brachyophidium rhodogaster

Gattung: Melanophidium
3 Arten

Größe: Mittelgroß
Verbreitung: Südindien
Lebensraum: Bergwälder
Nahrung: Wahrscheinlich Würmer
Fortpflanzung: Wahrscheinlich lebend gebärend

Arten:
Melanophidium bilineatum
Melanophidium punctatum
Melanophidium wynaudense

Gattung: Platyplectrurus
2 Arten

Größe: Klein
Verbreitung: Südindien und Sri Lanka; *P. madurensis* ist allerdings nur durch 1 Exemplar von Sri Lanka bekannt
Lebensraum: Bergwälder
Nahrung: Wahrscheinlich Würmer
Fortpflanzung: Lebend gebärend mit kleinen Würfen

Arten:
Platyplectrurus madurensis
Platyplectrurus trilineatus

Gattung: Plectrurus
4 Arten

Größe: Klein
Verbreitung: Südindien
Lebensraum: Unbekannt
Nahrung: Wahrscheinlich Würmer
Fortpflanzung: Wahrscheinlich lebend gebärend

Arten:
Plectrurus aureus
Plectrurus canaricus
Plectrurus guentheri
Plectrurus perroteti

Gattung: Pseudotyphlops
1 Art

Größe: Klein, bis etwa 50 cm
Verbreitung: Sri Lanka
Lebensraum: Im Humus von Feldern
Nahrung: Wahrscheinlich Würmer
Fortpflanzung: Lebend gebärend
Bemerkung: Der Artname wurde irrtümlich gegeben, da man annahm, die Art käme von den Philippinen

Arten:
Pseudotyphlops philippinus

Gattung: Rhinophis
11 Arten

Größe: Klein, bis etwa 30 cm, außer *R. oxyrhynchus*, die bis 57 cm groß wird
Verbreitung: Südindien und Sri Lanka
Lebensraum: Wälder und Pflanzungen, wo sie in Boden und Streuschicht leben; auch unter verrottendem Holz und in verstopften Dränagen
Nahrung: Würmer
Fortpflanzung: Lebend gebärend, soweit bekannt
Bemerkung: Manche Arten sind selten und nur von einigen Exemplaren bekannt

Arten:
Rhinophis blythii
Rhinophis dorsimaculatus
Rhinophis drummondhayi
Rhinophis fergusonianus
Rhinophis oxyrhynchus
Rhinophis philippinus
Rhinophis porrectus
Rhinophis punctatus
Rhinophis sanguineus
Rhinophis travancoricus
Rhinophis trevelyana

Gattung: **Teretrurus**
1 Art

Größe: Klein
Verbreitung: Südindien
Lebensraum: Unbekannt
Nahrung: Wahrscheinlich Würmer
Fortpflanzung: Wahrscheinlich lebend gebärend
Bemerkung: Sehr selten und kaum bekannt

Arten:
Teretrurus sanguineus

Gattung: **Uropeltis**
Schildschwänze
23 Arten

Größe: Klein
Verbreitung: Südindien (20 Arten) und Sri Lanka (3 Arten)
Lebensraum: Unterschiedlich, aber alle unterirdisch
Nahrung: Wahrscheinlich Würmer
Fortpflanzung: Lebend gebärend
Bemerkung: Manche Arten sind selten; *U. ruhanae* ist beispielsweise nur durch 1 Exemplar bekannt

Arten:
Uropeltis arcticeps
Uropeltis beddomii
Uropeltis broughami
Uropeltis ceylanicus, Ceylon-Schildschwanz
Uropeltis dindigalensis
Uropeltis ellioti
Uropeltis grandis
Uropeltis liura
Uropeltis macrolepis
Uropeltis macrorhynchus
Uropeltis maculatus
Uropeltis melanogaster
Uropeltis myhendrae
Uropeltis nitidus
Uropeltis ocellatus, Gefleckter Schildschwanz
Uropeltis petersi, Peters Schildschwanz
Uropeltis phillipsi, Phillips Schildschwanz
Uropeltis pulneyensis
Uropeltis rubrolineatus
Uropeltis rubromaculatus
Uropeltis ruhanae
Uropeltis smithi
Uropeltis woodmasoni

Loxocemidae
Spitzkopfpythons

1 Gattung mit 1 Art

Eine Familie mit nur einer mittelamerikanischen Art, die man früher als Neuweltpython ansah.

Gattung: **Loxocemus**
Spitzkopfpythons
1 Art

Größe: Mittelgroß, wird nur etwas über 1 m lang und ist stämmig
Verbreitung: Mittelamerika
Lebensraum: Gebüsch und trockene Laubwälder
Nahrung: Vielfältig, einschließlich Echsen, kleinen Nagern und Echseneiern (besonders die von Leguanen)
Fortpflanzung: Eier legend

Arten:
- *Loxocemus bicolor* (S. 36) Spitzkopfpython

Xenopeltidae
Erdschlangen

1 Gattung mit 2 Arten

Diese Familie mit zwei fernöstlichen Arten ähnelt oberflächlich *Loxocemus*. Beide haben einen zusammengedrückten, spatenförmigen Kopf zum Graben und glatte, glänzende, stark irisierende Schuppen.

Gattung: **Xenopeltis**
Erdschlangen
2 Arten

Größe: Mittelgroß, bis über 1 m, und walzenförmig
Verbreitung: China und Südostasien
Lebensraum: Locker bewaldete und offene Flächen, einschließlich Plantagen, Gärten und Parks
Nahrung: Reptilien und Kleinsäuger
Fortpflanzung: Eier legend
Bemerkung: *X. hainanensis* wurde erst 1972 beschrieben; über ihre Lebensweise ist, im Vergleich zu den anderen Arten, wenig bekannt

Arten:
Xenopeltis hainanensis
- *Xenopeltis unicolor* (S. 37) Regenbogen-Erdschlange

Boidae
Riesenschlangen

2 Unterfamilien mit 7 Gattungen und 36 Arten

Diese Familie, der früher auch die Pythons zugerechnet wurden, enthält einige der größten Schlangen der Welt, so die Anakonda und die Abgottboa (*Boa constrictor*). Es sind aber nicht alle Arten groß, und die kleinste Art, die nordamerikanische *Charina bottae*, wird kaum größer als 60 cm. Riesenschlangen sind durch kleine Scheitel- und Körperschuppen gekennzeichnet. Die Körperschuppen sind gewöhnlich glatt, können gelegentlich aber auch rau sein, wie bei der Rauschuppigen Sandboa (*Eryx conicus*). Alle besitzen muskulöse Körper, mit denen sie ihre Beute erdrosseln. Manche Arten haben am Mundrand Grubenorgane.

Riesenschlangen haben verschiedene Lebensweisen, von unterirdisch bis halbaquatisch und baumlebend, und man findet sie in fast allen tropischen und subtropischen Teilen der Welt. Die größte Artenvielfalt findet man in der Karibik, wo besonders die Gattung *Epicrates* artenreich vertreten ist; viele davon sind nur auf ein oder zwei kleine Inseln beschränkt.

Alle Riesenschlangen sind lebend gebärend, mit einer bemerkenswerten Ausnahme, der Calabar-Erdpython, *Charina reinhardtii*, die Eier legt. Bis vor kurzem hielt man sie für einen Python und rechnete sie einer eigenen Gattung, *Calabaria*, zu.

Es gibt 36 Arten (allerdings ist die Klassifikation der Anakondas etwas umstritten), die 2 Unterfamilien zugeordnet werden, den Boinae und den Erycinae. Die beiden Unterfamilien unterscheiden sich deutlich in Aussehen und Lebensweise. Die Boinae findet man in Mittel- und Südamerika, der Karibik, in Neuguinea und auf Südseeinseln, während die Erycinae in Nordamerika, Nord-, West- und Ostafrika, im Mittleren Osten sowie in Zentral- und Südasien vorkommen.

Unterfamilie: Boinae
Boaschlangen

5 Gattungen mit 23 Arten

Die Vertreter der Boinae können sehr groß werden und können Grubenorgane zwischen den Schuppen am Mundrand tragen. Man findet sie in Mittel- und Südamerika, der Karibik, im Südpazifik und auf Madagaskar. Sie fehlen in Afrika und Australien.

Gattung: **Boa**
Boas
4 Arten

Größe: Mittel- bis sehr groß; die Abgottboa wird über 3 m lang
Verbreitung: Mittel- und Südamerika (*B. constrictor*) und Madagaskar. Die Abgottboa hat eine der größten Nord-Süd-Verbreitungen aller Schlangen, von Mexiko im Norden bis Argentinien im Süden, außerdem kommt sie auf verschiedenen karibischen Inseln vor.
Lebensraum: Vielfältig, von trockenen Strauchwüsten bis zu tropischen Regenwäldern
Nahrung: Vögel und Säugetiere
Fortpflanzung: Lebend gebärend
Bemerkung: Bis vor kurzem pflegte man die Arten von Madagaskar eigenen Gattungen zuzurechnen, *Acrantophis* und *Sanzinia*

Arten:
- *Boa constrictor*, Abgottboa (S. 40–41)
- *Boa dumerili*, Dumerils Boa (S. 48–49)

Boa madagascariensis, Madagaskar-Boa
Boa mandrita, Madagassische Baumboa

Gattung: **Candoia**
Pazifikboas
3 Arten

Größe: Mittel bis groß und stämmig
Verbreitung: Neuguinea und benachbarte Südseeinseln
Lebensraum: Wälder
Nahrung: Echsen, Vögel und Säugetiere
Fortpflanzung: Lebend gebärend
Bemerkung: Südseeboas besitzen – für Boas ungewöhnlich – gekielte Schuppen. 1 Art, *C. bibroni*, ist lang, schlank und lebt ausschließlich auf Bäumen, während die beiden anderen Arten stämmiger sind und meist auf dem Boden leben. *C. aspera*, die kleinste Art lebt in der Streuschicht und oft in Flussnähe. Ihre Gestalt und Zeichnung ähneln der von Vipern; das könnte eine Nachahmung der sehr giftigen Todesotter, *Acanthophis*, sein, die in der gleichen Region vorkommt.

Arten:
Candoia aspera, Pazifik-Viperboa
Candoia bibroni, Pazifik-Baumboa
Candoia carinata, Pazifikboa

Gattung: **Corallus**
Hundskopfboas
4 Arten

Größe: Groß, bis über 2 m
Verbreitung: Mittel- und Südamerika
Lebensraum: Wälder

Nahrung: Echsen, Vögel und Säuger
Fortpflanzung: Lebend gebärend
Bemerkung: *C. cropanii* wird manchmal einer eigenen Gattung, *Xenoboa* zugerechnet. Sie ist die seltenste Boa der Welt: Bisher wurden nur 3 Exemplare gesammelt, alle aus der Umgebung von Sao Paulo, Brasilien.

Arten:
Corallus annulatus, Geringelte Hundskopfboa
● *Corallus caninus*, Grüner Hundskopfschlinger (S. 38–39)
Corallus cropanii, Cropans Baumboa
Corallus hortulanus, Amazonas-Baumboa

Gattung: **Epicrates**
Schlankboas
10 Arten

Größe: Von klein bis groß; *E. angulifer* wird beispielsweise fast 4 m lang
Verbreitung: Mittel- und Südamerika (*E. cenchria*) sowie Karibik (übrige Arten)
Lebensraum: Meist Regenwälder, aber auch Strände, felsige Landschaften und Pflanzungen
Nahrung: Kleine Echsen, Vögel und Säuger
Fortpflanzung: Lebend gebärend
Bemerkung: *E. cenchria*, die einzige auf dem Festland von Mittel- und Südamerika vorkommende Art, hat einige deutlich unterscheidbare Unterarten ausgebildet

Arten:
Epicrates angulifer, Kubanische Schlankboa
● *Epicrates cenchria*, Regenbogenboa (S. 42–43)
Epicrates chrysogaster
Epicrates exsul, Abaco-Schlankboa
Epicrates fordi, Fords Boa
Epicrates gracilis, Dominikanische Schlankboa
Epicrates inornatus, Puerto-Rico-Boa
Epicrates monensis, Virgin-Islands-Schlankboa
Epicrates striatus, Haitiboa
Epicrates subflavus, Jamaica-Schlankboa

Gattung: **Eunectes**
Anakondas
2 Arten

Größe: Sehr groß; *E. murinus* ist die größte Schlange der Welt
Verbreitung: Südamerika
Lebensraum: Sümpfe und überflutete Wälder
Nahrung: Schildkröten, Krokodile, Vögel und Säuger
Fortpflanzung: Lebend gebärend
Bemerkung: Es wurden 2 weitere Arten von der Insel Marajo in der Amazonasmündung beschrieben, *E. barbouri* und *E. deschauenseei*; ob es sich aber wirklich um eigene Arten handelt, ist fraglich

Arten:
● *Eunectes murinus*, Große Anakonda (S. 44–45)
Eunectes notaeus, Süd-Anakonda oder Gelbe Anakonda

Unterfamilie: Erycinae
Sandboas

2 Gattungen mit 13 Arten

Im allgemeinen sind die Erycinae kleiner als die Vertreter der Boinae. Sie besitzen keine Grubenorgane, haben einen stämmigen, walzenförmigen Körper und einen kurzen Schwanz. Es sind wühlende oder halb-wühlende Arten.

Gattung: **Charina**
Zwergboas
3 Arten

Größe: Klein bis mittelgroß, mit stämmigem Körper und kurzem Schwanz
Verbreitung: Nordamerika (*C. bottae* und *C. trivirgata*) und Westafrika (*C. reinhardtii*)
Lebensraum: Nadelwälder (*C. bottae*), Wüsten und Küstengebüsche (*C. trivirgata*) und tropische Wälder (*C. reinhardtii*). Alle Arten leben im und auf dem Boden.
Nahrung: Kleinsäuger
Fortpflanzung: Die amerikanischen Arten sind lebend gebärend, die afrikanische Art legt Eier
Bemerkung: Bis vor kurzem enthielt die Gattung *Charina* nur eine einzige Art: Die Gummiboa, *C. bottae*. Nun wurden 2 weitere Arten der Gattung eingegliedert: die Dreistreifen-Rosenboa (früher *Lichanura trivirgata*) und die Calabar-Zwergboa (früher *Calabaria reinhardtii*).

Arten:
Charina bottae, Gummiboa
● *Charina reinhardtii*, Calabar-Zwergboa (S. 50–51)
● *Charina trivirgata*, Dreistreifen-Rosenboa (S. 46–47)

Gattung: **Eryx**
Sandboas
10 Arten

Größe: Klein bis mittelgroß, mit kräftigem, walzenförmigem Körper
Verbreitung: Nord- und Ostafrika, Mittlerer Osten, Zentral- und Südasien; 1 Art, *E. jaculus*, reicht mit ihrer Verbreitung bis nach Europa (Balkan)
Lebensraum: Trockene Regionen, unter Steinen oder in Höhlungen
Nahrung: Echsen, Kleinsäuger und bodenbrütende Vögel
Fortpflanzung: Lebend gebärend
Bemerkung: Drei der nordostafrikanischen Arten sind kaum bekannt

Arten:
Eryx colubrinus, Ägyptische Sandboa
Eryx conicus, Rauschuppige Sandboa
Eryx elegans
Eryx jaculus, Westliche Sandboa
Eryx jayakari, Arabische Sandboa
Eryx johnii, Indische Sandboa
Eryx miliaris, Wüsten-Sandboa
Eryx muelleri, Müllers Sandboa
Eryx somalicus, Somali-Sandboa
Eryx tataricus, Große Sandboa

Pythonidae
Pythonschlangen

8 Gattungen mit 26 Arten

Die Familie der Pythons enthält alle übrigen Riesenschlangen – alle große Arten, die nicht Boas sind. Es gibt allerdings auch kleine und mittelgroße Vertreter der Familie, einschließlich einiger, die nicht größer als 1 m werden. Pythons können große oder kleine Schädelschuppen haben, und viele Arten haben Grubenorgane an den Kieferrändern. Sie fehlen nur den beiden Arten der Gattung *Aspidites*, dem Papuapython, *Apodora papuana*, und dem Zwergpython, *Bothrochilus boa* (der trotz seines Artnamens ein Python ist).

Wie die Boas, haben auch die Pythons eine Vielzahl von Lebensräumen besiedelt; es gibt allerdings keine speziell an das unterirdische Leben angepasste Arten. Alle Pythons legen Eier, die sie mit ihrem zusammengerollten Körper während ihrer gesamten Entwicklungszeit bewachen oder bebrüten.

Man findet Pythons in Australien, Papua-Neuguinea, Indonesien, Timor, Afrika und in Süd- und Südostasien. Gegenwärtig unterscheidet man 26 Arten in 8 Gattungen. Diese Aufteilung wurde in letzter Zeit mehrfach geändert, so dass mit weiteren Änderungen zu rechnen ist.

Gattung: **Antaresia**
Südpythons
4 Arten

Größe: Klein bis mittelgroß, bis etwa 1,5 m; *A. perthensis* mit einer maximalen Länge von 60 cm ist der kleinste Python
Verbreitung: Australien
Lebensraum: Wüsten und Savannen; *A. perthensis* lebt oft in Termitenhügeln
Nahrung: Echsen und Kleinsäuger
Fortpflanzung: Eier legend
Bemerkung: Alle 4 Arten haben Grubenorgane

Arten:
● *Antaresia childreni*, Childrens Python (S. 60)
● *Antaresia maculosa*, Fleckenpython (S. 61)
Antaresia perthensis
Antaresia stimsoni

Gattung: **Apodora**
Papuapythons
1 Art

Größe: Groß, bis über 3 m, und mit kräftigem Körper
Verbreitung: Neuguinea
Lebensraum: Niederungswälder und Grasland
Nahrung: Hauptsächlich Säuger bis zur Größe von Wallabys, gelegentlich andere Schlangen
Fortpflanzung: Eier legend
Bemerkung: Die Art hat keine Grubenorgane; sie wurde früher zur Gattung *Liasis* gezählt

Arten:
Apodora papuana, Papuapython

Gattung: **Aspidites**
Schwarzkopfpythons
2 Arten

Größe: Mäßig groß, bis etwa 2,5 m
Verbreitung: Australien
Lebensraum: Unterschiedlich, von Feuchtwäldern bis zu Wüsten
Nahrung: Vögel, Kleinsäuger, andere Reptilien, einschließlich Giftschlangen
Fortpflanzung: Eier legend
Bemerkung: Ohne Grubenorgane

Arten:
Aspidites melanocephalus, Schwarzkopfpython
Aspidites ramsayi, Ramsays Schwarzkopfpython

Gattung: **Bothrochilus**
Zwergpythons
1 Art

Größe: Mäßig groß, bis etwa 1,5 m, und schlank
Verbreitung: Papua-Neuguinea
Lebensraum: Wälder und Plantagen, wo er versteckt und teilweise unterirdisch lebt
Nahrung: Echsen und Kleinsäuger
Fortpflanzung: Eier legend
Bemerkung: Ohne Grubenorgane; wurde früher zur Gattung *Liasis* gezählt

Arten:
Bothrochilus boa,
Zwergpython

Gattung: **Leiopython**
Weißlippenpythons
1 Art

Größe: Groß, bis 2,5 m
Verbreitung: Neuguinea und umgebende Inseln, einschließlich australischem Gebiet in der Torres-Meerenge
Lebensraum: Regenwälder
Nahrung: Echsen und Kleinsäuger
Fortpflanzung: Eier legend
Bemerkung: Besitzt Grubenorgane; wurde früher der Gattung *Liasis* zugerechnet

Arten:
Leiopython albertisii,
Weißlippenpython

Gattung: **Liasis**
Wasserpythons
3 Arten

Größe: Mittelgroß bis groß
Verbreitung: Australien, Neuguinea und einige indonesische Inseln
Lebensraum: Offene Landschaften, Sümpfe und Wälder
Nahrung: Fische, Amphibien, Echsen, Schlangen, Vögel und Säuger
Fortpflanzung: Eier legend
Bemerkung: Alle 3 Arten haben Grubenorgane; *L. fuscus* wird manchmal als Unterart von *L. mackloti* angesehen

Arten:
Liasis fuscus,
Brauner Wasserpython
Liasis mackloti,
Timor-Wasserpython
Liasis olivaceus,
Olivbrauner Wasserpython

Gattung: **Morelia**
Rautenpythons
7 Arten

Größe: Mittelgroß bis groß; *M. amethistina* kann bis zu 5 m und größer werden
Verbreitung: Australien, Neuguinea und benachbarte Inseln
Lebensraum: Unterschiedlich, einschließlich Wüsten, Grasländern und Wäldern
Nahrung: Reptilien, Vögel und Säuger bis zur Größe von Wallabys
Fortpflanzung: Eier legend
Bemerkung: Sie besitzen auffällige Grubenorgane. *M. viridis* (früher *Chondrophython viridis*) lebt vollständig in Bäumen und ähnelt in Aussehen und Lebensweise sehr dem südamerikanischen Grünen Hundskopfschlinger

Arten:
Morelia amethistina,
Amethystpython
Morelia boeleni,
Boelens Rautenpython
Morelia bredli,
Zentralaustralischer Rautenpython
Morelia carinata,
Rauschuppen-Rautenpython
Morelia oenpelliensis,
Oenpelli-Rautenpython
● *Morelia spilota*,
Diamantpython (S. 52–53)
● *Morelia viridis*,
Grüner Baumpython (S. 62–63)

Gattung: **Python**
Pythons
7 Arten

Größe: Mittelgroß bis riesig; oft kräftig gebaut; manche erreichen mehr als 10 m Länge
Verbreitung: Afrika, Süd- und Südostasien sowie Australasien (Timor)
Lebensraum: Verschieden, von steinigen Wüsten (*P. anchieta*) bis zu Regenwäldern
Nahrung: Fast ausschließlich Warmblüter, hauptsächlich Säuger. Manche sollen Kinder gefressen haben.
Fortpflanzung: Eier legend
Bemerkung: Es gibt keine in der Erde, im Wasser oder ausschließlich in Bäumen lebende Arten

Arten:
Python anchietae,
Angola-Python
● *Python curtus*,
Blutpython (S. 58–59)
● *Python molurus*,
Tigerpython (S. 54–55)
● *Python regius*,
Königspython (S. 64–65)
● *Python reticulatus*,
Netzpython (S. 56–57)
Python sebae,
Felsenpython
Python timoriensis,
Timorpython

Tropidophiidae
Erd- oder Waldboas

4 Gattungen mit 21 Arten

Einige Vertreter dieser Familie wurden früher den Boidae zugerechnet, heute gibt man ihnen den Status einer eigenen Familie. Es sind kleine bis mittelgroße Schlangen, die in einer Vielfalt von Farben und Mustern auftreten. Einige Arten sind in begrenztem Umfang zum pyhsiologischen Farbwechsel in der Lage und werden oft nachts heller. Ihre Augen haben senkrechte, elliptische Pupillen. Im Gegensatz zu den Boas und Pythons haben sie wohl entwickelte Tracheallungen. Die Männchen aller Arten besitzen Reste von Beckengürteln und rudimentäre, spornförmige Beinreste. Auch die Weibchen mancher Arten haben Beckengürtel und Sporne, die aber kleiner als die der Männchen sind. Den Weibchen anderer Arten fehlt der Beckengürtel ganz.

Es sind versteckt lebende Schlangen, die sich meist in der Streuschicht, unter Steinen und Stämmen aufhalten. Sie sind nachtaktiv und ernähren sich von einer Vielfalt von Beute, einschließlich Wirbellosen, Amphibien, Echsen und Kleinsäugern, die sie wohl erdrosseln. Manche Arten leben teilweise in Bäumen. Nach langer Tragzeit bringen die Weibchen lebende Junge zur Welt.

Man findet sie in der Karibik sowie in Mittel- und Südamerika.

Gattung: **Exiliboa**
Mexikanische Zwergboas
1 Art

Größe: Klein
Verbreitung: Südmexiko
Lebensraum: Montane Nebelwälder
Nahrung: Unbekannt
Fortpflanzung: Wahrscheinlich lebend gebärend
Bemerkung: Sehr selten; man kennt nur eine Hand voll Exemplare

Arten:
Exiliboa placata,
Oaxaca-Zwergboa

Gattung: **Trachyboa**
Rauschuppenboas
2 Arten

Größe: Klein, kaum über 30 cm
Verbreitung: Mittelamerika und nördliches Südamerika
Lebensraum: Tropische Wälder
Nahrung: Wahrscheinlich Echsen und Kleinsäuger
Fortpflanzung: Lebend gebärend
Bemerkung: Versteckt lebend und wenig erforscht. Typisch sind Schuppengruppen über den Augen.

Arten:
Trachyboa boulengeri,
Boulengers Rauschuppenboa
Trachyboa gularis

Gattung: **Tropidophis**
Erdboas
16 Arten

Größe: Klein bis mittelgroß mit recht kräftigem Körper
Verbreitung: Karibische Inseln, besonders Kuba (13 Arten) sowie Südamerika (3 Arten)
Lebensraum: Feuchte Orte, wie Wälder, Pflanzungen und Parks
Nahrung: Wirbellose, Amphibien, Echsen und Kleinsäuger
Fortpflanzung: Lebend gebärend

Arten:
Tropidophis battersbyi,
Battersbys Erdboa
Tropidophis canus,
Bahama-Erdboa
Tropidophis caymanensis,
Cayman-Islands-Erdboa
Tropidophis feicki,
Feicks Erdboa
Tropidophis fuscus,
Braune Erdboa
Tropidophis greenwayi
● *Tropidophis haetianus*,
Haiti-Erdboa (S. 66)
Tropidophis maculatus,
Gefleckte Erdboa
● *Tropidophis melanurus*,
Kuba-Erdboa (S. 67)
Tropidophis nigriventris,
Schwarzbauch-Erdboa
Tropidophis pardalis,
Leopard-Erdboa
Tropidophis paucisquamis,
Brasilien-Erdboa
Tropidophis pilsbryi
Tropidophis semicinctus
Tropidophis taczanowskyi,
Ecuador-Erdboa
Tropidophis wrighti,
Wrights Erdboa

Gattung: **Ungaliophis**
Bananenboas
2 Arten

Größe: Klein bis mittelgroß, bis etwa 50 cm, und schlank
Verbreitung: Mittelamerika
Lebensraum: Wälder; teilweise in Bäumen
Nahrung: Frösche, Echsen und Kleinsäuger
Fortpflanzung: Lebend gebärend
Bemerkung: Sie werden manchmal versehentlich mit Bananen verschickt

Arten:
Ungaliophis continentalis
Ungaliophis panamensis,
Panama-Bananenboa

Bolyeriidae
Boylerschlangen

2 Gattungen mit 2 Arten

Diese kleine Familie ist nur durch 2 Arten vertreten, von der eine wahrscheinlich ausgerottet ist. Sie haben keinen Beckengürtel, ein Merkmal, das sie von den echten Boas und Tropidophiden unterscheidet. Die linke Lunge ist weitgehend reduziert. Es sind kleine bis mittelgroße Schlangen, die sich wahrscheinlich ausschließlich von Echsen ernähren. Eine Art legt Eier; über die Vermehrung der anderen Art ist nichts Sicheres bekannt.

Beschränkt auf die kleine Insel Round Island im Indischen Ozean, nördlich von Mauritius, haben diese Schlangen sehr unter der Zerstörung ihres Lebensraums, vor allem durch zwei eingeführte Säugetierarten: Ziege und Kaninchen, gelitten.

Gattung: **Bolyeria**
Boylerboas
1 Art

Größe: Klein
Verbreitung: Round Island
Lebensraum: Erdgefüllte Felsspalten
Nahrung: Wahrscheinlich Echsen
Fortpflanzung: Unbekannt, aber wahrscheinlich Eier legend
Bemerkung: Wahrscheinlich ausgerottet; das letzte Individuum wurde 1975 gefunden

Arten:
Bolyeria multicarinata, Round-Island-Boa

Gattung: **Casarea**
Mauritiusboas
1 Art

Größe: Mittelgroß, mit flachem Kopf
Verbreitung: Round Island
Lebensraum: Felsige Gegenden
Nahrung: Wahrscheinlich Echsen
Fortpflanzung: Eier legend
Bemerkung: Sehr selten; die Lebensweise ist kaum bekannt

Arten:
Casarea dussumieri, Mauritiusboa

Acrochordidae

Warzenschlangen

1 Gattung mit 3 Arten

3 merkwürdige wasserlebende Schlangenarten gehören zu dieser Familie, in der einige primitive und einige hochentwickelte Merkmale auftreten. Die Tiere haben kleine, körnige Schuppen und eine lockere Haut, die in Falten um ihren Körper hängt. An Land sind sie ausgesprochen hilflos. 2 der 3 Arten sind trübe grau gefärbt, nur *A. javanicus* hat kräftige weiße Bänder, besonders als Jungtier. Sie leben alle von kleinen Fischen, Aalen und Schalentieren und benützen ihre rauen, körnigen Schuppen, um sie in ihren Körperschlingen zu fangen.

Man findet Warzenschlangen in Südostasien, Nordaustralien und Papua-Neuguinea.

Gattung: **Acrochordus**
Warzenschlangen
3 Arten

Größe: Mittelgroß bis groß; *A. arafurae* wird bis 2,5 m lang, und sehr dick
Verbreitung: Südostasien, Nordaustralien und Papua-Neuguinea
Lebensraum: Aquatisch, in Meer-, Brack- und Süßwasser
Nahrung: Fische und Schalentiere
Fortpflanzung: Lebend gebärend, aber nur alle 8–10 Jahre

Arten:
Acrochordus arafurae, Arafura-Warzenschlange
Acrochordus granulatus, Indische Warzenschlange
Acrochordus javanicus, Javanische Warzenschlange

Colubridae

Nattern

305 Gattungen mit 1858 Arten

Mit fast 2000 Arten sind die Colubridae eine riesige Familie. Alle weisen eine Reihe grundlegender Merkmale auf: Sie besitzen keinen Beckengürtel, keine funktionsfähige linke Lunge, keinen Coronoid-Knochen (ein kleiner Knochen im Unterkiefer, der bei primitiven Schlangen vorkommt). Mit wenigen Ausnahmen ist ihr Schädel von großen, symmetrischen, plattenförmigen Schuppen bedeckt (wie bei Vertretern der Giftnattern, aber anders als bei den meisten Boas, Pythons und Vipern).

Trotz dieser Übereinstimmungen sind Colubriden außerordentlich vielfältig. Die Körperlänge reicht von winzigen Arten mit weniger als 30 cm bis hin zu Arten mit 3 m und mehr. Sie können schlank oder stämmig sein und kommen in nahezu allen Farben vor. Es gibt wühlende, schwimmende und kletternde Nattern, und sie kommen in fast allen Lebensräumen vor, von Süßwasserseen und Sümpfen bis zu den trockensten Wüsten.

Ihre Beute deckt ein weites Spektrum ab, von kleinen Wirbellosen bis hin zu mäßig großen Säugetieren. Manche Arten erdrosseln ihre Beute, während andere sie mit dem Maul fangen. Eine relativ kleine Anzahl besitzt im hinteren Bereich der Kiefer Giftzähne, mit denen sie ihre Beute töten. Die meisten legen Eier, aber ein nicht geringer Prozentsatz, besonders die in kälteren Regionen lebenden Arten, bringen lebende Junge zur Welt.

Vertreter dieser Familie finden sich in nahezu allen Erdteilen, außer in den kältesten Gegenden sowie in Zentral- und Südaustralien. Am häufigsten sind sie in wärmeren Regionen, zu den höheren Breitengraden nimmt ihre Zahl ab.

Die Colubridae stellen nach neuerem Verständnis nicht eine natürliche Gruppe dar, sondern enthalten Schlangen aus mehreren Entwicklungslinien. Man unterscheidet eine Reihe von Unterfamilien; manche davon sind klar abzugrenzen, während über die Artzugehörigkeiten in anderen gestritten wird. Solange die Familie jedoch nicht in kleineren Einheiten neu geordnet wird, ist es vernünftig, die Colubriden als eine große Einheit anzusehen.

Gattung: **Achalinus**
11 Arten

Größe: Klein
Verbreitung: China und Südostasien
Lebensraum: Unbekannt
Nahrung: Wahrscheinlich Würmer und Schnecken
Fortpflanzung: Eier legend
Bemerkung: Kaum bekannte, versteckt lebende Schlangen

Arten:
Achalinus ater
Achalinus braconnieri
Achalinus formosanus
Achalinus hainanus
Achalinus jinggangensis
Achalinus loochoensis
Achalinus meiguensis
Achalinus niger
Achalinus rufescens
Achalinus spinalis
Achalinus werneri

Gattung: **Adelophis**
2 Arten

Größe: Klein
Verbreitung: Mexiko
Lebensraum: Feuchtstellen
Nahrung: Würmer
Fortpflanzung: Lebend gebärend
Bemerkung: Kaum bekannt

Arten:
Adelophis copei
Adelophis foxi

Gattung: **Adelphicos**
5 Arten

Größe: Klein
Verbreitung: Mittelamerika (Guatemala und Chiapas, Mexiko)
Lebensraum: Streuschicht und Boden von Nadel-, Eichen- und Nebelwäldern
Nahrung: Würmer
Fortpflanzung: Eier legend

Arten:
Adelphicos daryi
Adelphicos latifasciatus
Adelphicos nigrilatus
Adelphicos quadrivirgatus
Adelphicos veraepacis

Gattung: **Aeluroglena**
1 Art

Größe: Klein
Verbreitung: Äthiopien und nördliches Somalia
Lebensraum: Wüsten und Halbwüsten
Nahrung: Unbekannt
Fortpflanzung: Unbekannt
Bemerkung: 1898 erstmals beschrieben und seither selten gefunden

Arten:
Aeluroglena cucullata

Gattung: **Afronatrix**
Afrikanische Schwimmnattern
1 Art

Größe: Mittelgroß
Verbreitung: Afrika
Lebensraum: Unterschiedlich, aber immer in Wassernähe
Nahrung: Frösche und möglicherweise Fische
Fortpflanzung: Wahrscheinlich Eier legend
Bemerkung: Kaum bekannt

Arten:
Afronatrix anoscopus, Afrikanische Schwimmnatter

Gattung: **Ahaetulla**
Peitschennattern
8 Arten

Größe: Lang, bis 2 m, und sehr schlank
Verbreitung: Sri Lanka, Indien, China und Südostasien
Lebensraum: Wälder, Plantagen und Kulturflächen; vollständig auf Bäumen lebend
Nahrung: Hauptsächlich Echsen, aber auch Kleinsäuger und Vögel
Fortpflanzung: Lebend gebärend
Bemerkung: Grün oder braun, mit länglichem Kopf und spitzer Schnauze. Die Augen haben waagrechte elliptische Pupillen, die bei der Entfernungsschätzung nützlich sind. Mit hinten stehenden Giftzähnen ausgerüstet, aber für Menschen nicht sonderlich gefährlich. Man zählte sie früher zur Gattung *Dryophis*.

Arten:
Ahaetulla dispar
Ahaetulla fasciolata, Gefleckte Peitschennatter
Ahaetulla fronticincta
Ahaetulla mycterizans, Baumschnüffler
Ahaetulla nasuta, Nasen-Peitschennatter
Ahaetulla perroteti
Ahaetulla prasina, Grüne Peitschennatter
Ahaetulla pulverulenta

Gattung: **Alluaudina**
2 Arten

Größe: Klein, gewöhnlich bis 40 cm
Verbreitung: Madagaskar
Lebensraum: Wälder
Nahrung: Unbekannt
Fortpflanzung: Wahrscheinlich Eier legend
Bemerkung: Selten und wenig bekannt. *A. mocquardi* ist nur von 2 Exemplaren bekannt, die beide in Höhlen am gleichen Ort gefunden wurden.

Arten:
Alluaudina bellyi
Alluaudina mocquardi

Gattung: **Alsophis**
13 Arten

Größe: Mäßig lang und schlank
Verbreitung: Karibik, Südamerika und Galapagos
Lebensraum: Verschieden
Nahrung: Echsen
Fortpflanzung: Wahrscheinlich Eier legend
Bemerkung: Flinke, tagaktive Schlangen. 2 Arten, *A. ater* und *A. sanctaecrucis,* könnten bereits ausgerottet sein; andere stehen kurz vor der Ausrottung.

Arten:
Alsophis anomalus
Alsophis antiguae
Alsophis antillensis
Alsophis ater
Alsophis biserialis
Alsophis cantherigerus
Alsophis melanichinus
Alsophis occidentalis
Alsophis portoricensis
Alsophis rijersmai
Alsophis rufiventris
Alsophis sanctaecrucis
Alsophis vudii

Gattung: **Amastridium**
1 Art

Größe: Klein, bis 72 cm
Verbreitung: Mittelamerika (Mexiko und Panama)
Lebensraum: Bodenlebend in Wäldern
Nahrung: Wahrscheinlich Frösche
Fortpflanzung: Unbekannt

Arten:
Amastridium veliferum

Gattung: **Amblyodipsas**
9 Arten

Größe: Klein, mit walzenförmigen Körpern
Verbreitung: Afrika südlich der Sahara
Lebensraum: In trockener, sandiger Erde
Nahrung: Andere wühlende Reptilien, Amphibien und Kleinsäuger
Fortpflanzung: Meist Eier legend, *A. concolor* könnte aber lebend gebärend sein
Bemerkung: Sie haben ein Paar mit Giftrinnen versehene Zähne unterhalb der Augen

Arten:
Amblyodipsas concolor
Amblyodipsas dimidiata
Amblyodipsas katangensis
Amblyodipsas microphthalma
Amblyodipsas polylepis
Amblyodipsas rodhaini
Amblyodipsas teitana
Amblyodipsas unicolor
Amblyodipsas ventrimaculata

Gattung: **Amphiesma**
Gebirgswassernattern
43 Arten

Größe: Klein
Verbreitung: Südostasien, Indien, Sri Lanka, China und Japan
Lebensraum: Sümpfe, Moore, Seen und träge Flüsse sowie feuchte Wälder; manche Arten leben teilweise im Wasser
Nahrung: Amphibien und Fische
Fortpflanzung: Eier legend

Arten:
Amphiesma atemporalis
Amphiesma beddomei
Amphiesma bitaeniata
Amphiesma boulengeri, Boulengers Gebirgswassernatter
Amphiesma celebica
Amphiesma concelarum
Amphiesma craspedogaster
Amphiesma deschauenseei
Amphiesma elongata
Amphiesma flavifrons, Weißkopf-Gebirgswassernatter
Amphiesma frenata
Amphiesma groundwateri
Amphiesma inas, Malaysische Gebirgswassernatter
Amphiesma ishigakiense
Amphiesma johannis
Amphiesma khasiensis
Amphiesma metusia
Amphiesma miyajimae
Amphiesma modesta
Amphiesma montana
Amphiesma monticola
Amphiesma nicobarensis
Amphiesma novaeguineae, Neuguinea-Gebirgswassernatter
Amphiesma octolineata
Amphiesma optata
Amphiesma parallela
Amphiesma pealii
Amphiesma petersii
Amphiesma platyceps, Asiatische Gebirgswassernatter
Amphiesma popei
Amphiesma pryeri
Amphiesma punctiventris
Amphiesma sanguinea, Rote Gebirgswassernatter
Amphiesma sarasinora
Amphiesma sarawacensis
Amphiesma sauteri
Amphiesma sieboldii, Siebolds Gebirgswassernatter
Amphiesma stolata, Streifen-Gebirgswassernatter
Amphiesma truncata
Amphiesma venningi
Amphiesma vibakari
Amphiesma viperina
Amphiesma xenura

Gattung: **Amphiesmoides**
1 Art

Größe: Klein
Verbreitung: China
Lebensraum: Feuchte Orte
Nahrung: Unbekannt
Fortpflanzung: Unbekannt
Bemerkung: Selten und wenig bekannt

Arten:
Amphiesmoides ornaticeps

Gattung: **Amplorhinus**
1 Art

Größe: Klein
Verbreitung: Südafrika
Lebensraum: Feuchte Orte
Nahrung: Frösche und Echsen
Fortpflanzung: Lebend gebärend
Bemerkung: Mit hinten stehenden Giftzähnen, aber für Menschen ungefährlich

Arten:
Amplorhinus multimaculatus

Gattung: **Anoplohydrus**
Sumatra-Wühlnattern
1 Art

Größe: Klein, bis 43 cm
Verbreitung: Sumatra
Lebensraum: Feuchte Wälder, wahrscheinlich semi-aquatisch
Nahrung: Unbekannt
Fortpflanzung: Unbekannt
Bemerkung: Nur durch 1 Exemplar bekannt, das 1909 beschrieben wurde
Arten:
Anoplohydrus aemulans, Sumatra-Wühlnatter

Gattung: **Antillophis**
Antillennattern
2 Arten

Größe: Mittelgroß und schlank
Verbreitung: Kuba, Haiti und benachbarte Inseln
Lebensraum: Leicht bewaldete und offene Flächen
Nahrung: Echsen
Fortpflanzung: Eier legend
Bemerkung: Tagaktiv

Arten:
Antillophis andreai
Antillophis parvifrons

Gattung: **Aplopeltura**
Schneckennattern
1 Art

Größe: Mittelgroß
Verbreitung: Südostasien
Lebensraum: In der Vegetation und am Boden von Regenwäldern
Nahrung: Schnecken
Fortpflanzung: Wahrscheinlich Eier legend
Bemerkung: Sehr lang gestreckt mit eckigem Kopf und schwarz-braun gescheckter Zeichnung. Den *Dipsas*-Arten von Mittel- und Südamerika sehr ähnlich.

Arten:
Aplopeltura boa, Kurzkopf-Schneckennatter

Gattung: **Apostolepis**
21 Arten

Größe: Klein
Verbreitung: Südamerika
Lebensraum: Wälder, in denen sie die meiste Zeit im Boden verbringen
Nahrung: Wirbellose, kleine Frösche und Echsen
Fortpflanzung: Unbekannt

Arten:
Apostolepis ambiniger
Apostolepis assimilis
Apostolepis barrioi
Apostolepis cearensis
Apostolepis coronata
Apostolepis dorbignyi
Apostolepis erythronata
Apostolepis flavotorquata
Apostolepis goiasensis
Apostolepis intermedia
Apostolepis longicaudata
Apostolepis niceforoi
Apostolepis nigroterminata
Apostolepis polylepis
Apostolepis pymi
Apostolepis quinquelineata
Apostolepis rondoni
Apostolepis tenuis
Apostolepis ventrimaculata
Apostolepis villaricae
Apostolepis vittata

Gattung: **Argyrogena**
1 Art

Größe: Mittelgroß und schlank
Verbreitung: Indien
Lebensraum: Offene Landschaften
Nahrung: Hauptsächlich Echsen
Fortpflanzung: Wahrscheinlich Eier legend
Bemerkung: Tagaktiv und flink

Arten:
Argyrogena fasciolata

Gattung: **Arizona**
1 Art

Größe: Mäßig groß
Verbreitung: Nordamerika
Lebensraum: Wüsten und trockene Orte
Nahrung: Echsen, andere Schlangen und Kleinsäuger
Fortpflanzung: Die Weibchen legen 20 oder mehr Eier

Arten:
Arizona elegans

Gattung: **Arrhyton**
12 Arten

Größe: Klein

Verbreitung: Karibische Inseln
Lebensraum: Verschieden
Nahrung: Amphibien und ihre Eier sowie Echsen
Fortpflanzung: Wahrscheinlich Eier legend
Bemerkung: Mit hinten stehenden Giftzähnen, aber für Menschen ungefährlich; sonst wenig bekannt

Arten:
Arrhyton ainictum
Arrhyton callilaemum
Arrhyton dolichura
Arrhyton exiguum
Arrhyton funereum
Arrhyton landoi
Arrhyton polylepis
Arrhyton procerum
Arrhyton supernum
Arrhyton taeniatum
Arrhyton tanyplectum
Arrhyton vittatum

Gattung: **Aspidura**
Rauschlangen
6 Arten

Größe: Klein
Verbreitung: Sri Lanka
Lebensraum: In der Streuschicht von Wäldern
Nahrung: Hauptsächlich Würmer
Fortpflanzung: Eier legend
Bemerkung: Nachtaktiv

Arten:
Aspidura brachyorrhos
Aspidura copii
Aspidura deraniyagalae
Aspidura drummondhayi
Aspidura guentheri
Aspidura trachyprocta

Gattung: **Atractus**
Erdschlangen
89 Arten

Größe: Sehr klein
Verbreitung: Mittel- und Südamerika
Lebensraum: In der Streuschicht von Regenwäldern
Nahrung: Hauptsächlich Wirbellose
Fortpflanzung: Eier legend
Bemerkung: Die meisten Arten sind dunkel und haben eine helle Nackenzeichnung. Einige Arten kennt man nur von 1 oder 2 Exemplaren; sie sind nur sehr lokal verbreitet; andere wurden erst kürzlich beschrieben.

Arten:
Atractus albuquerquei
Atractus alphonsehogei
Atractus andinus
Atractus arrangoi
Atractus badius
Atractus balzani
Atractus biseriatus
Atractus bocki
Atractus bocourti
Atractus boettgeri, Boettgers Erdschlange
Atractus boulengerii
Atractus canedii
Atractus carrioni
Atractus clarki, Clarks Erdschlange
Atractus collaris
Atractus crassicaudatus
Atractus duidensis, Duida-Erdschlange
Atractus dunni
Atractus ecuadorensis
Atractus elaps
Atractus emigdioi
Atractus emmeli
Atractus erythromelas, Rotgebänderte Erdschlange
Atractus favae
Atractus flammigerus
Atractus fuliginosus, Dunkle Erdschlange
Atractus gaigeae
Atractus guentheri, Guenthers Erdschlange
Atractus indistinctus
Atractus insipidus
Atractus iridescens
Atractus lancinii, Lancinis Erdschlange
Atractus lasallei
Atractus latifrons
Atractus lehmanni
Atractus limitaneus
Atractus loveridgei
Atractus maculatus, Gefleckte Erdschlange
Atractus major, Riesen-Erdschlange
Atractus manizalesensis
Atractus mariselae
Atractus melanogaster
Atractus melas
Atractus micheli
Atractus microrhynchus
Atractus modestus
Atractus multicinctus
Atractus nicefori
Atractus nigricaudus
Atractus nigriventris
Atractus obesus
Atractus obtusirostris
Atractus occidentalis
Atractus occipitoalbus
Atractus oculotemporalis
Atractus pamplonensis
Atractus pantostictus
Atractus paravertebralis
Atractus paucidens
Atractus pauciscutatus
Atractus peruvianus, Peru-Erdschlange
Atractus poeppigi
Atractus potschi
Atractus punctiventris
Atractus resplendens
Atractus reticulatus
Atractus riveroi
Atractus roulei
Atractus sanctaemartae
Atractus sanguineus
Atractus schach
Atractus serranus
Atractus snethlageae
Atractus steyermarki, Steyermarks Erdschlange
Atractus subbicinctum
Atractus taeniatus
Atractus torquatus
Atractus trihedrurus
Atractus trilineatus
Atractus trivittatus, Dreistreifen-Erdschlange
Atractus univittatus
Atractus variegatus
Atractus ventrimaculatus
Atractus vertebralis
Atractus vertebrolineatus
Atractus vittatus, Streifen-Erdschlange
Atractus wagleri
Atractus werneri
Atractus zidoki

Gattung: **Atretium**
2 Arten

Größe: Klein bis mittelgroß
Verbreitung: Indien und Sri Lanka (*A. schistosum*) und China (*A. yunnanensis*)
Lebensraum: Nasse und feuchte Biotope, wo sie aquatisch oder semi-aquatisch leben
Nahrung: Fische und Frösche
Fortpflanzung: Wahrscheinlich Eier legend
Bemerkung: Die chinesische Art ist selten und kaum bekannt

Arten:
Atretium schistosum
Atretium yunnanensis

Gattung: **Balanophis**
1 Art

Größe: Klein
Verbreitung: Sri Lanka
Lebensraum: In der Streuschicht von Wäldern
Nahrung: Frösche
Fortpflanzung: Eier legend

Arten:
Balanophis ceylonensis

Gattung: **Bitia**
Wasser-Schuppenköpfe
1 Art

Größe: Klein
Verbreitung: Myanmar, Thailand und malaysische Halbinsel
Lebensraum: Flussmündungen
Nahrung: Fische
Fortpflanzung: Lebend gebärend
Bemerkung: Der schmale Kopf und der seitlich abgeflachte Schwanz sind beim Schwimmen nützlich

Arten:
Bitia hydroides, Wasser-Schuppenkopf

Gattung: **Blythia**
1 Art

Größe: Klein
Verbreitung: Nordindien, Myanmar, Tibet und Südchina
Lebensraum: Unbekannt, aber wahrscheinlich im Boden lebend
Nahrung: Unbekannt
Fortpflanzung: Unbekannt

Arten:
Blythia reticulata

Gattung: **Bogertophis**
Nordamerikanische Rattennattern
2 Arten

Größe: Mittelgroß bis groß
Verbreitung: Nordamerika (südliche USA und Nordmexiko)
Lebensraum: Steinige Wüsten, in Tälern, Schluchten und relativ feuchten Kleinlebensräumen
Nahrung: Hauptsächlich Kleinsäuger
Fortpflanzung: Die Weibchen legen bis zu 20 Eier
Bemerkung: Kräftige Würgschlangen mit großen Augen und stark gekielten Schuppen. Vor allem nachtaktiv. Früher zur Gattung *Elaphe* gezählt.

Arten:
Bogertophis rosaliae
● *Bogertophis subocularis* (S. 76–77) Trans-Pecos-Rattennatter

---

Gattung: **Boiga**
Nachtbaumnattern
30 Arten

Größe: Mäßig groß
Verbreitung: Afrika, Süd- und Südostasien, Philippinen, Indonesien und Nordaustralien
Lebensraum: Verschieden, einschließlich Wäldern, Savannen und Mangroven. Alle Arten sind ausschließlich baumlebend.
Nahrung: Hauptsächlich baumlebende Echsen und Säuger, einschließlich Fledermäusen
Fortpflanzung: Eier legend
Bemerkung: Mit hinten stehenden Giftzähnen, aber für den Menschen wohl kaum bedrohlich. Eine Art, die Braune Baumtrugnatter, *B. irregularis*, wurde auf verschiedenen Inseln eingeschleppt; besonders auf Guam wurde sie durch die Dezimierung der heimischen Vogelwelt und von Haustieren zur Plage.

Arten:
Boiga andamanensis
Boiga angulata
Boiga barnesi
Boiga beddomei
Boiga blandingii
Boiga ceylonensis
● *Boiga cyanea*, Grüne Nachtbaumnatter (S. 109)

Boiga cynodon,
Hundszahn-Nachtbaumnatter
● *Boiga dendrophila*,
Mangroven-Nachtbaumnatter (S. 108)
Boiga dightoni
Boiga drapiezii,
Weißflecken-Nachtbaumnatter
Boiga flavescens
Boiga forsteni
Boiga gokool
Boiga hexogonata
Boiga irregularis,
Braune Baumtrugnatter
Boiga jaspidea
Boiga kraepelini
Boiga multifasciata
Boiga multitemporalis
Boiga multomaculata,
Gefleckte Nachtbaumnatter
Boiga nigriceps,
Rote Nachtbaumnatter
Boiga nuchalis
Boiga ocellata
Boiga ochracea
Boiga philippina
Boiga pulverulenta
Boiga quincunciata
Boiga saengsomi,
Gebänderte Nachtbaumnatter
Boiga trigonata

Gattung: **Bothrolycus**
1 Art

Größe: Klein
Verbreitung: Zentralafrika
Lebensraum: Unbekannt
Nahrung: Unbekannt
Fortpflanzung: Unbekannt

Arten:
Bothrolycus ater

Gattung: **Bothrophthalmus**
Augengrubennattern
1 Art

Größe: Klein
Verbreitung: Zentral- und Westafrika
Lebensraum: Feuchte Bergwälder
Nahrung: Unbekannt
Fortpflanzung: Unbekannt

Arten:
Bothrophthalmus lineatus,
Gestreifte Augengrubennatter

Gattung: **Brachyophis**
1 Art

Größe: Klein
Verbreitung: Kenia und Somalia
Lebensraum: Unbekannt
Nahrung: Unbekannt
Fortpflanzung: Unbekannt
Bemerkung: Wenig bekannt. Die Verwandtschaftsverhältnisse zu anderen Colubriden sind unklar.

Arten:
Brachyophis revoili

Gattung: **Brachyorrhus**
1 Art

Größe: Klein
Verbreitung: Indonesien
Lebensraum: Unbekannt
Nahrung: Unbekannt
Fortpflanzung: Unbekannt

Arten:
Brachyorrhus albus

Gattung: **Brygophis**
1 Art

Größe: Groß
Verbreitung: Madagaskar
Lebensraum: Unbekannt
Nahrung: Im Wesentlichen unbekannt
Fortpflanzung: Unbekannt
Bemerkung: Nur durch 1 Exemplar belegt, das rötlich braun mit weißen Punkten war. Es hatte kurz zuvor ein großes Chamäleon gefressen.

Arten:
Brygophis coulangesi

Gattung: **Buhoma**
2 Arten

Größe: Mittelgroß
Verbreitung: Madagaskar
Lebensraum: Wälder
Nahrung: Unbekannt
Fortpflanzung: Unbekannt
Bemerkung: Früher zur Gattung *Geodipsas* gezählt

Arten:
Buhoma boulengeri
Buhoma infralineatus

Gattung: **Calamaria**
Zwergschlangen
56 Arten

Größe: Klein
Verbreitung: Indien, Myanmar, südliches und südwestliches China, Südostasien und Indonesien
Lebensraum: Wälder und feuchte Biotope, wo sie unterirdisch leben
Nahrung: Würmer und andere weiche Wirbellose
Fortpflanzung: Eier legend

Arten:
Calamaria abstrusa
Calamaria acutirostris
Calamaria albiventer
Calamaria alidae
Calamaria apraeocularis
Calamaria baluensis
Calamaria battersbyi
Calamaria bicolor,
Zweifarben-Zwergschlange
Calamaria bitorques
Calamaria boesemani
Calamaria borneensis,
Borneo-Zwergschlange
Calamaria brachyura
Calamaria brongersmai
Calamaria buchi
Calamaria ceramensis
Calamaria crassa
Calamaria curta
Calamaria doederleini,
Doederleins Zwergschlange
Calamaria eiselti,
Eiselts Zwergschlange
Calamaria everetti
Calamaria forcarti
Calamaria gervaisii
Calamaria grabowskyi
Calamaria gracillima
Calamaria griswoldi
Calamaria hilleniusi
Calamaria javanica,
Java-Zwergschlange
Calamaria joloensis
Calamaria lateralis
Calamaria lautensis
Calamaria leucogaster
Calamaria linnaei,
Linnés Zwergschlange
Calamaria lovii
Calamaria lumbricoidea,
Variable Zwergschlange
Calamaria lumholtzi
Calamaria margaritophora
Calamaria mecheli
Calamaria melanota
Calamaria modesta
Calamaria muelleri,
Muellers Zwergschlange
Calamaria nuchalis
Calamaria palavanensis
Calamaria pavimentata
Calamaria pendleburyi
Calamaria pfefferi
Calamaria prakkei
Calamaria rebentischi
Calamaria schlegeli,
Schlegels Zwergschlange
Calamaria schmidti,
Schmidts Zwergschlange
Calamaria septentrionalis
Calamaria suluensis
Calamaria sumatrana,
Sumatra-Zwergschlange
Calamaria ulmeri
Calamaria vermiformis
Calamaria virgulata
Calamaria yunnanensis

Gattung: **Calamodontophis**
1 Art

Größe: Klein
Verbreitung: Südliches Brasilien
Lebensraum: Unbekannt
Nahrung: Unbekannt
Fortpflanzung: Unbekannt
Bemerkung: Mit hinten stehenden Giftzähnen, sonst wenig bekannt

Arten:
Calamodontophis paucidens

Gattung: **Calamorhabdium**
Indonesische Zwergschlangen
2 Arten

Größe: Sehr klein
Verbreitung: Celebes (Sulawesi und Bacan)
Lebensraum: Unbekannt
Nahrung: Unbekannt
Fortpflanzung: Unbekannt
Bemerkung: Eine dritte, unbenannte Art ist durch 1 Exemplar belegt. Es wurde 1940 auf Sumatra im Magen einer Schlange (*Maticora bivirgata*) aus der Familie der Giftnattern gefunden.

Arten:
Calamorhabdium acuticeps
Calamorhabdium kuekenthali

Gattung: **Cantoria**
Cantors Wassertrugnattern
2 Arten

Größe: Klein
Verbreitung: Die Küsten von Indien, der Malaysischen Halbinsel, Indonesiens, der Andaman-Inseln (*C. violacea*), der Prinz-Hendrick-Insel und Neuguineas (*C. annulata*)
Lebensraum: Küstengewässer und Flussmündungen; semi-aquatisch
Nahrung: Hauptsächlich Fische
Fortpflanzung: Lebend gebärend

Arten:
Cantoria annulata
Cantoria violacea,
Cantors Wassertrugnatter

Gattung: **Carphophis**
Wurmnattern
2 Arten

Größe: Sehr klein
Verbreitung: Östliches Nordamerika
Lebensraum: Feuchte Bereiche, wo man sie unter pflanzlichen Abfällen findet
Nahrung: Hauptsächlich Würmer und andere weiche Wirbellose
Fortpflanzung: Eier legend
Bemerkung: Sie sind oberseits schwarz oder dunkelbraun, unterseits rosa; *C. vermis* wird auch als Unterart von *C. amoenus* angesehen

Arten:
Carphophis amoenus
Carphophis vermis,
Wurmnatter

Gattung: **Cemophora**
Scharlachschlangen
1 Art

Größe: Klein
Verbreitung: Südöstliches Nordamerika
Lebensraum: Unterirdisch und hinter Rinde
Nahrung: Kleinere Schlangen und Echsen

Fortpflanzung: Die Weibchen legen bis zu 6 längliche Eier
Bemerkung: Leuchtend rot, schwarz und weiß gefärbt

Arten:
Cemophora coccinea, Scharlachschlange

Gattung: **Cerberus**
Hundskopf-Wassertrugnattern
2 Arten

Größe: Mittelgroß
Verbreitung: Südostasien, Indonesien, Neuguinea und das tropische Australien
Lebensraum: Flussmündungen, Mangrovensümpfe, Schlammbänke, wo sie ganz aquatisch leben
Nahrung: Fische und marine Schalentiere
Fortpflanzung: Lebend gebärend
Bemerkung: Mit hinten stehenden Giftzähnen, aber für Menschen nicht als gefährlich betrachtet

Arten:
Cerberus microlepis
Cerberus rynchops, Hundskopf-Wassertrugnatter

Gattung: **Cercaspis**
Ceylon-Höckerschlangen
1 Art

Größe: Mittelgroß und schlank
Verbreitung: Sri Lanka
Lebensraum: Bodenlebend in feuchten Biotopen
Nahrung: Echsen und Schlangen
Fortpflanzung: Eier legend
Bemerkung: Die kräftig schwarzen und weißen Bänder ahmen die der höchst giftigen Krait, *Bungarus ceylonicus*, aus der gleichen Region nach; nachtaktiv

Arten:
Cercaspis carinatus, Ceylon-Höckerschlange

Gattung: **Cercophis**
1 Art

Größe: Mittelgroß
Verbreitung: Süd- und Westasien
Lebensraum: Wälder, in denen sie ausschließlich auf Bäumen lebt
Nahrung: Hauptsächlich Echsen
Fortpflanzung: Eier legend

Arten:
Cercophis auratus

Gattung: **Chamaelycus**
2 Arten

Größe: Klein
Verbreitung: Westafrika
Lebensraum: Wälder, wo sie unterirdisch leben
Nahrung: Unbekannt
Fortpflanzung: Unbekannt

Arten:
Chamaelycus christyi
Chamaelycus fasciatus

Gattung: **Chersodromus**
2 Arten

Größe: Klein
Verbreitung: Mexiko
Lebensraum: Unbekannt
Nahrung: Unbekannt
Fortpflanzung: Unbekannt

Arten:
Chersodromus liebmanni
Chersodromus rubriventris

Gattung: **Chilomeniscus**
Sandschlangen
4 Arten

Größe: Klein
Verbreitung: Sonora-Wüste im Südwesten Nordamerikas und Inseln im Kalifornischen Golf (*C. punctatissimus* und *C. savagei*)
Lebensraum: Trockene, sandige Plätze
Nahrung: Wirbellose, einschließlich Skorpione
Fortpflanzung: Eier legend
Bemerkung: Der flache Kopf und die glatten, glänzenden Schuppen sind Anpassungen an das »Sandschwimmen«

Arten:
Chilomeniscus cinctus, Gebänderte Sandschlange
Chilomeniscus punctatissimus
Chilomeniscus savagei
Chilomeniscus stramineus

Gattung: **Chionactis**
Schaufelnasenschlangen
2 Arten

Größe: Klein
Verbreitung: Südwestliches Nordamerika
Lebensraum: Kiesige oder sandige Wüsten, wo sie knapp unter der Oberfläche durch den Sand »schwimmen«
Nahrung: Wirbellose und Insektenlarven
Fortpflanzung: Die Weibchen legen 1–3 längliche Eier
Bemerkung: Leuchtend gefärbte falsche Korallenschlangen mit flachem Kopf und glatten, glänzenden Schuppen. Eine dritte Art, *C. saxatilis*, wurde offenbar falsch beschrieben.

Arten:
Chionactis occipitalis, Schaufelnasenschlange
Chionactis palarostris

Gattung: **Chironius**
Sipos
24 Arten

Größe: Klein bis mittelgroß und schlank
Verbreitung: Mittel- und nördliches Südamerika
Lebensraum: Wälder und Savannen, wo sie am Boden und in niedriger Vegetation leben
Nahrung: Echsen, Vögel und kleine Nager
Fortpflanzung: Eier legend

Arten:
Chironius barrioi
Chironius bicarinatus
Chironius carinatus, Sipo
Chironius cinnamomeus, Zimt-Sipo
Chironius cochranae
Chironius exoletus
Chironius flavolineatus
Chironius flavopictus
Chironius foveatus
Chironius fuscus, Roter Sipo
Chironius grandisquamis
Chironius holochlorus
Chironius laevicollis
Chironius laurenti
Chironius melas
Chironius monticola, Bergsipo
Chironius multiventris
Chironius pyrrhopogon
Chironius quadricarinatus
Chironius schlueteri
Chironius scurrulus, Rotbrauner Sipo
Chironius spixii
Chironius vicinus
Chironius vincenti

Gattung: **Chrysopelea**
Schmuckbaumnattern
5 Arten

Größe: Mäßig große Schlangen mit schlankem Körper
Verbreitung: Indien, Sri Lanka, Myanmar, Malaysische Halbinsel, Südchina, Indonesien und Philippinen
Lebensraum: Wälder und Pflanzungen, wo sie auf Bäumen leben
Nahrung: Baumlebende Echsen, Frösche und Säuger
Fortpflanzung: Eier legend
Bemerkung: Sie können ihre Unterseite abflachen, um einen höheren Luftwiderstand zu erzeugen, der es ihnen ermöglicht, von Baumwipfeln herabzuspringen. Giftig, aber nicht als besonders gefährlich für den Menschen angesehen.

Arten:
Chrysopelea ornata, Grüne Schmuckbaumnatter
Chrysopelea paradisi, Paradies-Schmuckbaumnatter
Chrysopelea pelias, Rote Schmuckbaumnatter
Chrysopelea rhodopleuron
Chrysopelea taprobanica

Gattung: **Clelia**
Mussuranas
9 Arten

Größe: Groß
Verbreitung: Mittel- und Südamerika
Lebensraum: Wälder
Nahrung: Andere Schlangen, einschließlich giftigen, sowie Säuger, die sie erwürgen
Fortpflanzung: Eier legend
Bemerkung: Hauptsächlich nachtaktiv

Arten:
Clelia bicolor, Zweifarben-Mussurana
Clelia clelia, Mussurana
Clelia equatoriana
Clelia errabunda
Clelia montana, Berg-Mussurana
Clelia occipitolutea
Clelia quimi
Clelia rustica
Clelia scytalina

Gattung: **Clonophis**
1 Art

Größe: Klein, bis etwa 60 cm
Verbreitung: Nordamerika
Lebensraum: Feuchtbiotope, einschließlich Sümpfe
Nahrung: Würmer und Schnecken
Fortpflanzung: Lebend gebärend

Arten:
Clonophis kirtlandii, Kirtlands Wasserschlange

Gattung: **Collorhabdium**
Berg-Zwergnattern
1 Art

Größe: Klein
Verbreitung: Das Cameron-Hochland auf der Malaysischen Halbinsel
Lebensraum: Bergwälder
Nahrung: Unbekannt
Fortpflanzung: Unbekannt
Bemerkung: Eine versteckt lebende Schlange, die nur einige Male gefunden wurde

Arten:
Collorhabdium williamsoni, Berg-Zwergnatter

Gattung: **Coluber**
Zornnattern
29 Arten

Größe: Mittelgroß bis groß, meist schlank
Verbreitung: Nordamerika (*C. constrictor*), Europa, Nordafrika, Westafrika, Mittlerer Osten, Zentralasien und Indochina
Lebensraum: Vielfältig
Nahrung: Echsen und Kleinsäuger. Sie jagen vor allem am Boden, klettern aber auf Beutesuche auch manchmal in niedrige Vegetation.

Fortpflanzung: Eier legend
Bemerkung: Sie verteidigen sich vehement durch Beißen, sind aber harmlos für den Menschen. Tagaktiv. Die Gattung wird wahrscheinlich demnächst unterteilt werden (siehe *Eremiophis*).

Arten:
Coluber algirus, Algerische Zornnatter
Coluber brevis
Coluber caspius, Kaspische Pfeilnatter
Coluber constrictor, Schwarznatter
Coluber cypriensis, Zypern-Schlanknatter
Coluber dorri
Coluber elegantissimus, Pracht-Zornnatter
Coluber florulentus, Ägyptische Zornnatter
Coluber gemonensis, Balkan-Zornnatter
Coluber hippocrepis, Hufeisennatter
Coluber insulanus
Coluber jugularis, Pfeilnatter
Coluber manseri
Coluber messanai
Coluber mormon
Coluber najadum, Schlanknatter
Coluber nummifer, Münzennatter
Coluber rogersi, Andersons Pfeilnatter
Coluber rubriceps, Rötliche Zornnatter
Coluber schmidti, Schmidts Pfeilnatter
Coluber sinai, Sinai-Pfeilnatter
Coluber smithi
Coluber socotrae
Coluber spinalis
Coluber thomasi
Coluber variabilis
Coluber ventromaculatus, Gefleckte Zornnatter
Coluber venzmeri
Coluber viridiflavus, Gelbgrüne Zornnatter

Gattung: **Compsophis**
1 Art

Größe: Klein
Verbreitung: Madagaskar
Lebensraum: Unbekannt
Nahrung: Unbekannt
Fortpflanzung: Unbekannt
Bemerkung: Nur durch ein junges Exemplar belegt, das braun mit schwarzem Rückenstreif war. Über die Biologie ist nichts bekannt, und alle Versuche, weitere Stücke zu finden, schlugen bisher fehl.

Arten:
Compsophis albiventris

Gattung: **Coniophanes**
13 Arten

Größe: Klein
Verbreitung: Nord-, Mittel- und Südamerika (von Südtexas bis Peru)
Lebensraum: Mannigfaltig; sie leben am Boden
Nahrung: Wirbellose, Frösche und Echsen
Fortpflanzung: Eier legend
Bemerkung: Giftig, aber gewöhnlich für den Menschen ungefährlich. Die fragilen Schwänze brechen leicht ab und wurden schon in den Mägen von Korallenschlangen gefunden.

Arten:
Coniophanes alvarezi
Coniophanes andresensis
Coniophanes bipunctatus
Coniophanes dromiciformis
Coniophanes fissidens
Coniophanes flangivirgatus
Coniophanes imperialis
Coniophanes joanae
Coniophanes lateritius
Coniophanes meridanus
Coniophanes piceivittis
Coniophanes quinquevittatus
Coniophanes schmidti

Gattung: **Conophis**
5 Arten

Größe: Mäßig groß, bis 1 m Länge
Verbreitung: Mittelamerika
Lebensraum: Trockene Wälder und Lichtungen, einschließlich Stränden
Nahrung: Echsen und Schlangen, Frösche, Kröten und Kleinsäuger
Fortpflanzung: Eier legend
Bemerkung: Sie besitzen große hinten stehende Fangzähne und ein wirksames Gift. Der Biss kann für den Menschen schmerzhaft sein und lokale Schwellungen hervorrufen. Sie sind lebhafte, tagaktive Tiere.

Arten:
Conophis biserialis
Conophis lineatus
Conophis nasus
Conophis pulcher
Conophis vittatus

Gattung: **Contia**
1 Art

Größe: Klein, bis 45 cm
Verbreitung: Westliches Nordamerika
Lebensraum: Offenes Waldland und Grasflächen, gewöhnlich in Wassernähe
Nahrung: Schnecken
Fortpflanzung: Eier legend

Arten:
Contia tenuis

Gattung: **Coronella**
Glattnattern
2 Arten

Größe: Klein
Verbreitung: Europa und Nordafrika (nur *C. girondica*)
Lebensraum: Mannigfaltig; trockene bis feuchte Biotope, vom Bergland bis auf Meereshöhe
Nahrung: Hauptsächlich Echsen, aber auch Nestlinge von Nagern
Fortpflanzung: *C. austriaca* ist lebend gebärend, die andere Art legt Eier

Arten:
Coronella austriaca, Schlingnatter
Coronella girondica, Girondische Glattnatter

Gattung: **Crisantophis**
1 Art

Größe: Mittelgroß und schlank
Verbreitung: Mexiko
Lebensraum: Trockenwälder
Nahrung: Unbekannt
Fortpflanzung: Wahrscheinlich Eier legend

Arten:
Crisantophis nevermanni

Gattung: **Crotaphopeltis**
5 Arten

Größe: Mittelgroß
Verbreitung: Das südliche Afrika
Lebensraum: Feuchte, sumpfige Bereiche
Nahrung: Frösche und Kröten
Fortpflanzung: Eier legend
Bemerkung: Sie besitzen hinten stehende Giftzähne, werden aber nicht als gefährlich für den Menschen angesehen

Arten:
Crotaphopeltis acarina
Crotaphopeltis barotseensis
Crotaphopeltis degeni
Crotaphopeltis hotamboeia, Rotlippenschlange
Crotaphopeltis tornieri

Gattung: **Cryophis**
1 Art

Größe: Mittelgroß
Verbreitung: Mexiko
Lebensraum: Unbekannt
Nahrung: Unbekannt
Fortpflanzung: Unbekannt
Bemerkung: Selten und wenig erforscht

Arten:
Cryophis hallbergi

Gattung: **Cryptolycus**
Zwergwolfsschlange
1 Art

Größe: Klein
Verbreitung: Mozambique
Lebensraum: Unbekannt
Nahrung: Amphisbaenien (Doppelschleichen)
Fortpflanzung: Eier legend

Arten:
Cryptolycus nanus, Zwergwolfsschlange

Gattung: **Cyclocorus**
2 Arten

Größe: Klein
Verbreitung: Philippinen
Lebensraum: Unter verrottenden Stämmen und Vegetation
Nahrung: Wahrscheinlich andere Schlangen
Fortpflanzung: Unbekannt
Bemerkung: Selten und wenig bekannt

Arten:
Cyclocorus lineatus
Cyclocorus nuchalis

Gattung: **Cyclophiops**
3 Arten

Größe: Mittelgroß und schlank
Verbreitung: Indochina
Lebensraum: Unbekannt
Nahrung: Wohl hauptsächlich Wirbellose
Fortpflanzung: Eier legend

Arten:
Cyclophiops doriae
Cyclophiops major
Cyclophiops multicinctus

Gattung: **Darlingtonia**
1 Art

Größe: Klein
Verbreitung: Haiti
Lebensraum: Unbekannt
Nahrung: Kleine Frösche
Fortpflanzung: Unbekannt

Arten:
Darlingtonia haetiana

Gattung: **Dasypeltis**
Afrikanische Eierschlangen
6 Arten

Größe: Mittelgroß, bis etwa 1 m
Verbreitung: Zentral- und Südafrika
Lebensraum: Mannigfaltig, von trockenen Halbwüsten bis zu Wäldern
Nahrung: Vogeleier, die sie ganz verschlucken und dann im Hals zerdrücken
Fortpflanzung: Eier legend
Bemerkung: Sie ahmen oft Aussehen und Verhalten giftiger Ottern der gleichen Region nach. Sie zeigen verschiedene Anpassungen im Zusammenhang mit ihrer spezialisierten Ernährungsweise.

Arten:
Dasypeltis atra
Dasypeltis fasciata, Gestreifte Eierschlange
Dasypeltis inornata, Braune Eierschlange
Dasypeltis medici, Ostafrikanische Eierschlange
Dasypeltis palmarum
● *Dasypeltis scabra*, Gewöhnliche Eierschlange (S. 70–71)

Gattung: **Dendrelaphis**
Bronzenattern
19 Arten

Größe: Mittelgroß bis groß, mit schlankem Körper
Verbreitung: Indien, Sri Lanka, Myanmar, Südchina, Indochina, Südostasien, Indonesien und Nordaustralien
Lebensraum: Wälder, wo sie bevorzugt auf Bäumen leben; sie gehen aber auch ins Wasser
Nahrung: Hauptsächlich Echsen und Amphibien, aber auch Fische
Fortpflanzung: Eier legend

Arten:
Dendrelaphis bifrenalis
Dendrelaphis calligastra
Dendrelaphis caudolineatus, Gestreifte Bronzenatter
Dendrelaphis cyanochloris, Blaue Bronzenatter
Dendrelaphis formosus, Elegante Bronzenatter
Dendrelaphis gastrostictus
Dendrelaphis gorei
Dendrelaphis grandoculis
Dendrelaphis humayuni
Dendrelaphis lorentzi
Dendrelaphis meeki
Dendrelaphis oliveri
Dendrelaphis papuensis
Dendrelaphis pictus, Gefleckte Bronzenatter
Dendrelaphis punctulata, Gepunktete Bronzenatter
Dendrelaphis salomonis
Dendrelaphis striatus, Gebänderte Bronzenatter
Dendrelaphis subocularis
Dendrelaphis tristis

Gattung: **Dendrolycus**
1 Art

Größe: Unbekannt
Verbreitung: Zaire
Lebensraum: Wälder
Nahrung: Unbekannt
Fortpflanzung: Unbekannt

Arten:
Denrolycus elapsoides

Gattung: **Dendrophidion**
Waldnattern
8 Arten

Größe: Klein und sehr schlank
Verbreitung: Mittel- und Südamerika (Mexiko bis Nordbolivien)
Lebensraum: Feuchte Niederungswälder, wo sie hauptsächlich am Boden leben, aber auch klettern
Nahrung: Nager, Echsen und Frösche
Fortpflanzung: Wahrscheinlich Eier legend

Arten:
Dendrophidion bivittatus
Dendrophidion boshelli
Dendrophidion brunneus
Dendrophidion dendrophis
Dendrophidion nuchalis, Gekielte Halsbandnatter
Dendrophidion paucicarinatus
Dendrophidion percarinatus, Gekielte Waldnatter
Dendrophidion vinitor

Gattung: **Diadophis**
Ringhalsnattern
1 Art

Größe: Sehr unterschiedlich; klein bis mittelgroß, je nach Unterart
Verbreitung: Nordamerika
Lebensraum: Unterschiedlich: kommt in trockenen und feuchten Lebensräumen vor und wird oft unter Steinen, Stämmen und Abfall gefunden
Nahrung: Würmer, Schnecken und andere Wirbellose, kleine Amphibien und Reptilien. Größere Formen fressen manchmal die Nestlinge von Nagern.
Fortpflanzung: Eier legend

Arten:
Diadophis punctatus, Ringhalsnatter

Gattung: **Diaphorolepis**
2 Arten

Größe: Mäßig große Schlangen
Verbreitung: Panama, Kolumbien und Ekuador
Lebensraum: Unbekannt, doch wahrscheinlich bodenlebend
Nahrung: Unbekannt
Fortpflanzung: Wahrscheinlich Eier legend

Arten:
Diaphorolepis laevis
Diaphorolepis wagneri

Gattung: **Dinodon**
Großzahnnattern
8 Arten

Größe: Klein und stämmig
Verbreitung: Myanmar, Südchina und nördliches Indonesien
Lebensraum: Feuchte Wälder
Nahrung: Kaum bekannt, wahrscheinlich Amphibien und Fische
Fortpflanzung: Eier legend

Arten:
Dinodon flavozonatum
Dinodon gammiei
Dinodon japonicus, Japan-Großzahnnatter
Dinodon orientalis
Dinodon rosozonatum
Dinodon rufozonatum
Dinodon semicarinatum
Dinodon septentrionalis

Gattung: **Dipsadoboa**
6 Arten

Größe: Klein und schlank
Verbreitung: Afrika
Lebensraum: Baumlebend in Wäldern
Nahrung: Geckos und Frösche
Fortpflanzung: Eier legend
Bemerkung: Mit hinten stehenden Giftzähnen, aber für Menschen nicht gefährlich. Nachtaktiv

Arten:
Dipsadoboa aulicus
Dipsadoboa duchesnii
Dipsadoboa elongata
Dipsadoboa shrevei
Dipsadoboa unicolor
Dipsadoboa werneri

Gattung: **Dipsas**
Dickkopfnattern, Schneckensauger
33 Arten

Größe: Lang und schlank
Verbreitung: Mittel- und Südamerika (Mexiko bis Brasilien)
Lebensraum: Hauptsächlich baumlebend in Regenwäldern
Nahrung: Sie ernähren sich nur von Nackt- und Gehäuseschnecken, wofür ihre Kiefer besondere Anpassungen zeigen, erkennbar am eckigen Kopf
Fortpflanzung: Eier legend
Bemerkung: Der Körper ist als Anpassung an das Leben in Bäumen seitlich abgeflacht. Manche Arten sind leuchtend gefärbt

Arten:
Dipsas albifrons
Dipsas articulata
Dipsas bicolor, Zweifarben-Dickkopfnatter
Dipsas boettgerir, Boettgers Dickkopfnatter
Dipsas brevifacies
Dipsas catesbyi, Catesbys Dickkopfnatter
Dipsas chaparensis
Dipsas copei, Copes Dickkopfnatter
Dipsas ellipsifera
Dipsas gaigeae
Dipsas gracilis
Dipsas incerta
Dipsas indica
Dipsas infrenalis
Dipsas latifasciata
Dipsas latifrontalis
Dipsas longicaudata
Dipsas maxillaris
Dipsas neivai
Dipsas oreas
Dipsas pavoninar, Gefleckte Dickkopfnatter
Dipsas perijanensis, Perija-Dickkopfnatter
Dipsas peruana
Dipsas poecilolepis
Dipsas polylepis
Dipsas pratti
Dipsas sanctijoannis
Dipsas schunkii
Dipsas temporalis
Dipsas tenuissima
Dipsas variegata, Veränderliche Dickkopfnatter
Dipsas vermiculata
Dipsas viguieri

Gattung: **Dipsina**
Zwerg-Schnabelnasennattern
1 Art

Größe: Klein und schlank
Verbreitung: Süd- und Südwestafrika
Lebensraum: Trockene, sandige Stellen mit Felsen
Nahrung: Echsen
Fortpflanzung: Eier legend
Bemerkung: Kopf mit aufgeworfener Schnauze und großen Augen

Arten:
Dipsina multimaculata, Zwerg-Schnabelnasennatter

Gattung: **Dispholidus**
Afrikanische Baumschlangen
1 Art

Größe: Groß, aber schlank
Verbreitung: Afrika südlich der Sahara
Lebensraum: Baumlebend in Wäldern
Nahrung: Tagaktiv und spezialisiert auf Chamäleons, nimmt aber auch andere Echsen. Sie tötet ihre Beute durch Zuschnappen und Kauen mit den Giftzähnen.
Fortpflanzung: Die Weibchen legen bis zu 25 Eier
Bemerkung: Eine der wenigen Arten mit hinten stehenden Giftzähnen, die menschliche Todesopfer gefordert haben

Arten:
● *Dispholidus typus*, Afrikanische Baumschlange (S. 110–111)

Gattung: **Ditaxodon**
1 Art

Größe: Unbekannt
Verbreitung: Brasilien
Lebensraum: Unbekannt
Nahrung: Unbekannt
Fortpflanzung: Unbekannt
Bemerkung: Extrem selten und kaum bekannt

Arten:
Ditaxodon taeniatus

Gattung: **Ditypophis**
1 Art

Größe: Klein
Verbreitung: Die isolierte Insel Socotra vor der arabischen Halbinsel
Lebensraum: Die Insel ist trocken. Einzelheiten der Habitatwahl sind nicht bekannt.
Nahrung: Unbekannt
Fortpflanzung: Unbekannt
Bemerkung: Selten und kaum bekannt

Arten:
Ditypophis vivax

Gattung: **Drepanoides**
1 Art

Größe: Klein
Verbreitung: Südamerika
Lebensraum: Wälder, in denen sie in der Streuschicht lebt
Nahrung: Unbekannt
Fortpflanzung: Unbekannt
Bemerkung: Leuchtend gefärbt, ähnlich der Korallenschlange

Arten:
Drepanoides anomalus

Gattung: **Dromicodryas**
2 Arten

Größe: Klein und schlank
Verbreitung: Madagaskar
Lebensraum: Wälder
Nahrung: Vermutlich Echsen
Fortpflanzung: Wahrscheinlich Eier legend
Bemerkung: Tagaktiv

Arten:
Dromicodryas bernieri
Dromicodryas quadrilineatus

Gattung: **Dromicus**
8 Arten

Größe: Klein bis mittelgroß und schlank
Verbreitung: Galapagos und Karibik
Lebensraum: Mannigfaltig
Nahrung: Verschieden, einschließlich Echsen, Amphibien und Kleinsäugern
Fortpflanzung: Eier legend
Bemerkung: Lebhafte, tagaktive Art; manchmal der Gattung *Liophis* zugerechnet

Arten:
Dromicus angustilineatus
Dromicus calliaemus
Dromicus chamissonis
Dromicus exiguum
Dromicus funereum
Dromicus inca
Dromicus polylepis
Dromicus tachymenoides

Gattung: **Dromophis**
Olympianattern
2 Arten

Größe: Mäßig lang, aber schlank
Verbreitung: Tropisches Afrika
Lebensraum: Wälder und Feuchtgebiete
Nahrung: Frösche und Kleinsäuger
Fortpflanzung: Unbekannt

Arten:
Dromophis lineatus, Gestreifte Olympianatter
Dromophis praeornatus, Geschmückte Olympianatter

Gattung: **Dryadophis**
Siehe Mastigodryas

Gattung: **Drymarchon**
Indigonattern
1 Art

Größe: Groß, manchmal bis 2,5 m
Verbreitung: Nordamerika, Mittelamerika und nördliches Südamerika
Lebensraum: Verschieden; trockene Koniferenbestände und Zwergpalmengebüsche bis tropische Wälder
Nahrung: Fische, Frösche, andere Reptilien, Vögel und Säuger
Fortpflanzung: Eier legend
Bemerkung: Die Art weist große Farbunterschiede in ihrem Verbreitungsgebiet auf; tagaktiv und oft sich sonnend

Arten:
● *Drymarchon corais*, Indigonatter (S. 98–99)

Gattung: **Drymobius**
Renn-Nattern
4 Arten

Größe: Ziemlich lang und schlank
Verbreitung: Von Nordamerika (Südtexas) über Mittelamerika bis Südamerika
Lebensraum: Mannigfaltig
Nahrung: Hauptsächlich Amphibien
Fortpflanzung: Eier legend
Bemerkung: Tagaktiv

Arten:
Drymobius chloroticus
Drymobius margaritiferus
Drymobius melanotropis
Drymobius rhombifer, Rautennatter

Gattung: **Drymoluber**
2 Arten

Größe: Lang und schlank
Verbreitung: Nord-, Mittel- und Südamerika (Südtexas bis Peru)
Lebensraum: Mannigfaltig
Nahrung: Hauptsächlich Echsen
Fortpflanzung: Eier legend

Arten:
Drymoluber brazili
Drymoluber dichrous

Gattung: **Dryocalamus**
Zügelnattern
6 Arten

Größe: Klein
Verbreitung: Sri Lanka, Indien, Südostasien und Philippinen
Lebensraum: Baumlebend in Wäldern
Nahrung: Wahrscheinlich Wirbellose, Frösche und Echsen
Fortpflanzung: Unbekannt
Bemerkung: Wenig bekannt; nachtaktiv

Arten:
Dryocalamus davisonii
Dryocalamus gracilis
Dryocalamus nympha
Dryocalamus philippinus
Dryocalamus subannulatus, Gebänderte Zügelnatter
Dryocalamus tristrigatus

Gattung: **Dryophiops**
Baumnasennattern
2 Arten

Größe: Klein (*D. philippina*) bis mittelgroß
Verbreitung: Südostasien und Philippinen
Lebensraum: Baumlebend in Wäldern
Nahrung: Kleine Echsen
Fortpflanzung: *D. rubescens* ist lebend gebärend; die Fortpflanzung der anderen Art ist unbekannt

Arten:
Dryophiops philippina
Dryophiops rubescens, Braune Baumnasennatter

Gattung: **Duberria**
Afrikanische Schneckenfresser
2 Arten

Größe: Klein, bis 40 cm
Verbreitung: Südafrika
Lebensraum: Im Gras und unter Stämmen an feuchten Plätzen
Nahrung: Nackt- und Gehäuseschnecken
Fortpflanzung: Lebend gebärend
Bemerkung: Versteckt lebend

Arten:
Duberria lutrix, Gewöhnlicher Schneckenfresser
Duberria variegata, Bunter Schneckenfresser

Gattung: **Echinanthera**
12 Arten

Größe: Klein
Verbreitung: Südamerika
Lebensraum: Unbekannt
Nahrung: Unbekannt
Fortpflanzung: Unbekannt
Bemerkung: Enthält mehrere Arten, die früher zur Gattung *Rhadinea* gezählt wurden

Arten:
Echinanthera affinis
Echinanthera amoenus
Echinanthera bilineata
Echinanthera brevirostris
Echinanthera cephalomaculata
Echinanthera cephalostriata
Echinanthera cyanopleura
Echinanthera melanostigma
Echinanthera occipitalis
Echinanthera persimilis
Echinanthera poecilopogon
Echinanthera undulata

Gattung: **Eirenis**
Zwergnattern
18 Arten

Größe: Klein
Verbreitung: Von Nordafrika über die Türkei bis in den Mittleren Osten und Nordwestindien
Lebensraum: Zwischen Steinen und Abfällen
Nahrung: Wirbellose und kleine Eidechsen, Skinke oder Geckos
Fortpflanzung: Eier legend, soweit bekannt
Bemerkung: Versteckt lebend; manche Arten sind kaum bekannt, andere wurden erst kürzlich beschrieben

Arten:
Eirenis africana
Eirenis aurolineatus
Eirenis barani, Barans Zwergnatter
Eirenis collaris, Halsband-Zwergnatter
Eirenis coronella, Krönchen-Zwergnatter
Eirenis coronelloides
Eirenis decemlineata, Zehnstreifen-Zwergnatter
Eirenis eiselti, Eiselts Zwergnatter
Eirenis frenatus
Eirenis hakkariensis
Eirenis iranica
Eirenis levantinus
Eirenis lineomaculata, Längsgepunktete Zwergnatter
Eirenis modestus, Kopfbinden-Zwergnatter
Eirenis persicus, Persische Zwergnatter
Eirenis punctatolineatus, Armenische Zwergnatter
Eirenis rothii, Roths Zwergnatter
Eirenis thospitis

Gattung: **Elachistodon**
Indische Eierschlangen
1 Art

Größe: Klein
Verbreitung: Indien
Lebensraum: Unbekannt

Nahrung: Vogeleier, entsprechend der afrikanischen *Dasypeltis*
Fortpflanzung: Wahrscheinlich Eier legend
Bemerkung: Sehr selten und kaum bekannt

Arten:
Elachistodon westermanni, Indische Eierschlange

Gattung: **Elaphe**
Kletternattern
33 Arten

Größe: Klein bis groß, von etwa 45 cm bis über 2 m
Verbreitung: Nord- und Mittelamerika (5 Arten), Europa und Asien
Lebensraum: Verschieden, einschließlich Wälder, Sümpfe, Regenwälder, Höhlen, Berge und sogar Wüsten
Nahrung: Die meisten fressen Kleinsäuger und Vögel, manche nehmen auch Amphibien und Echsen sowie möglicherweise Wirbellose
Fortpflanzung: Eier legend, außer der semi-aquatischen *E. rufodorsata* aus China, die ein wenig fremd in dieser Gattung erscheint
Bemerkung: Die Gattung muss dringend revidiert werden. Manche Arten wurden bereits in die Gattungen *Bogertophis*, *Gonyosoma* und *Senticolis* umgestellt. Gelegentlich wird eine weitere Art, die indonesische *E. enganensis*, aufgeführt, die gewöhnlich aber als Unterart von *E. subradiata* angesehen wird.

Arten:
- ● *Elaphe bairdi*, Bairds Kletternatter (S. 74–75)
- *Elaphe bimaculata*, Zweiflecken-Kletternatter
- *Elaphe cantoris*, Cantors Kletternatter
- *Elaphe carinata*, Gekielte Kletternatter
- *Elaphe climacophora*, Insel-Kletternatter
- *Elaphe conspicillata*, Japanische Kletternatter
- *Elaphe davidi*, Davids Kletternatter
- *Elaphe dione*, Dionenatter
- *Elaphe erythrura*, Philippinen-Kletternatter
- *Elaphe flavirufa*, Mexikanische Nachtnatter
- *Elaphe flavolineata*, Gelbstreifennatter
- ● *Elaphe guttata*, Kornnatter (S. 72–73)
- *Elaphe helena*, Indische Schmucknatter
- *Elaphe hodgsoni*, Hodgsons Kletternatter
- *Elaphe hohenackeri*, Transkaukasische Kletternatter
- *Elaphe leonardi*, Leonards Kletternatter
- *Elaphe longissima*, Äskulapnatter
- ● *Elaphe mandarina*, Mandarinnatter (S. 78–79)
- *Elaphe moellendorffi*, Moellendorffs Kletternatter
- *Elaphe obsoleta*, Kückennatter
- *Elaphe perlacea*, Perlennatter
- *Elaphe persica*, Persische Kletternatter
- *Elaphe porphyracea*, Rote Bambusnatter
- *Elaphe quadrivirgata*, Japanische Vierstreifennatter
- *Elaphe quatuorlineata*, Vierstreifennatter
- *Elaphe radiata*, Strahlennatter
- *Elaphe rufodorsata*, Rotrückennatter
- *Elaphe scalaris*, Treppennatter
- *Elaphe schrenckii*, Amurnatter
- ● *Elaphe situla*, Leopardnatter (S. 96–97)
- *Elaphe subradiata*, Indonesische Kletternatter
- *Elaphe taeniura*, Streifennatter oder Schönnatter
- *Elaphe vulpina*, Fuchsnatter

Gattung: **Elapoides**
Sunda-Gebirgsnattern
1 Art

Größe: Klein
Verbreitung: Borneo, Sumatra und Java
Lebensraum: Hügel und Berge an nassen und feuchten Stellen, wo sie unterirdisch lebt
Nahrung: Unbekannt
Fortpflanzung: Eier legend

Arten:
Elapoides fuscus, Sunda-Gebirgsnatter

Gattung: **Elapomojus**
1 Art

Größe: Klein
Verbreitung: Brasilien
Lebensraum: Wälder
Nahrung: Unbekannt
Fortpflanzung: Unbekannt
Bemerkung: Selten und kaum bekannt

Arten:
Elapomojus dimidiatus

Gattung: **Elapomorphus**
12 Arten

Größe: Klein
Verbreitung: Südamerika
Lebensraum: Mannigfaltig; eine versteckt und unterirdisch lebende Art
Nahrung: Wahrscheinlich Würmer und andere Wirbellose
Fortpflanzung: Unbekannt
Bemerkung: Kaum bekannt

Arten:
- *Elapomorphus bilineatus*
- *Elapomorphus bollei*
- *Elapomorphus dimidiatus*
- *Elapomorphus lemniscatus*
- *Elapomorphus lepidus*
- *Elapomorphus mertensi*
- *Elapomorphus nasutus*
- *Elapomorphus punctatus*
- *Elapomorphus quinquelineatus*
- *Elapomorphus spegazzinii*
- *Elapomorphus tricolor*
- *Elapomorphus wuchereri*

Gattung: **Elapotinus**
1 Art

Größe: Klein
Verbreitung: Tropisches Afrika
Lebensraum: Unbekannt
Nahrung: Unbekannt
Fortpflanzung: Unbekannt
Bemerkung: Selten und fast völlig unbekannt. Ihre Verwandtschaft zu anderen Schlangen ist noch ungeklärt.

Arten:
Elapotinus picteti

Gattung: **Emmochliophis**
1 Art

Größe: Klein
Verbreitung: Ekuador
Lebensraum: Bewaldete Andenhänge
Nahrung: Unbekannt
Fortpflanzung: Unbekannt
Bemerkung: Die wenigen bekannten Details stammen nur von 1 Exemplar

Arten:
Emmochliophis fugleri

Gattung: **Enhydris**
Wassertrugnattern
21 Arten

Größe: Im Allgemeinen klein, obwohl *E. bocourti* über 1 m groß wird
Verbreitung: Indien, China, Südostasien, Neuguinea und nördliches Australien
Lebensraum: Völlig aquatisch, in Tümpeln, Sümpfen und Bergbächen
Nahrung: Fische, Frösche und ihre Larven (Kaulquappen)
Fortpflanzung: Lebend gebärend; die Jungen kommen im Wasser zur Welt
Bemerkung: Der walzenförmige Körper trägt glatte, glänzende Schuppen, und die Augen schauen nach oben

Arten:
- *Enhydris albomaculata*
- *Enhydris alternans*
- *Enhydris bennetti*
- *Enhydris bocourti*, Bocourts Wassertrugnatter
- *Enhydris chinensis*, Chinesische Wassertrugnatter
- *Enhydris doriae*
- *Enhydris dussumieri*
- *Enhydris enhydris*, Gestreifte Wassertrugnatter
- *Enhydris indica*, Indische Wassertrugnatter
- *Enhydris innominata*
- *Enhydris jagorii*
- *Enhydris longicauda*
- *Enhydris maculosa*
- *Enhydris matannensis*
- *Enhydris pahangensis*
- *Enhydris pakistanica*, Pakistanische Wassertrugnatter
- *Enhydris plumbea*, Olivfarbene Wassertrugnatter
- *Enhydris polylepis*, Macleays Wassertrugnatter
- *Enhydris punctata*, Gepunktete Wassertrugnatter
- *Enhydris sieboldi*, Siebolds Wassertrugnatter
- *Enhydris smithi*

Gattung: **Enulius**
3 Arten

Größe: Klein und schlank
Verbreitung: Mittel- und nördliches Südamerika
Lebensraum: Im Boden trockener und feuchter Wälder
Nahrung: Unbekannt, doch wahrscheinlich Wirbellose
Fortpflanzung: Unbekannt
Bemerkung: Wenig erforscht

Arten:
- *Enulius flavitorques*
- *Enulius oligostichus*
- *Enulius sclateri*

Gattung: **Eremiophis**
6 Arten

Größe: Groß und schlank
Verbreitung: Nordafrika und Mittlerer Osten
Lebensraum: Trockene, offene Flächen
Nahrung: Hauptsächlich Echsen
Fortpflanzung: Eier legend
Bemerkung: Früher zur Gattung *Coluber* gezählt; flinke, tagaktive Jäger

Arten:
- *Eremiophis bholanathi*
- *Eremiophis gracilis*
- *Eremiophis karelini*
- *Eremiophis ravergieri*, Ravergiers Zornnatter
- *Eremiophis rhodorhachis*, Jans Pfeilnatter
- *Eremiophis ventromaculatus*, Gefleckte Zornnatter

Gattung: **Eridiphas**
Baja-Nachtschlangen
1 Art

Arten:
Eridiphas slevini,
Baja-Nachtschlange

Gattung: **Erpeton**
Fühlerschlangen
1 Art

Größe: Mittelgroß
Verbreitung: Thailand und Indochina
Lebensraum: Völlig aquatisch
Nahrung: Fische; sie lauert in dichter Wasservegetation und überrascht ihre Beute
Fortpflanzung: Lebend gebärend; die Jungen kommen unter Wasser zur Welt
Bemerkung: Der Körper ist im Querschnitt nahezu rechteckig, der Kopf abgeflacht, von der Schnauze ragen zwei seltsame, fleischige Anhänge nach vorn. Die Bauchschuppen sind zu einem dünnen, erhabenen Kamm reduziert.

Arten:
Erpeton tentaculatum,
Fühlerschlange

Gattung: **Erythrolamprus**
Falsche Korallenottern
7 Arten

Größe: Klein
Verbreitung: Mittel- und Südamerika
Lebensraum: Am Boden lebend in Wäldern
Nahrung: Andere Reptilien
Fortpflanzung: Eier legend
Bemerkung: Leuchtend gebändert wie eine Korallenschlange; mit hinten stehenden Giftzähnen, aber für den Menschen nicht gefährlich

Arten:
Erythrolamprus aesculapii,
Falsche Korallenotter
Erythrolamprus bauperthuisii
Erythrolamprus bizonus
Erythrolamprus guentheri,
Guenthers Falsche Korallenotter
Erythrolamprus mimus
Erythrolamprus ocellatus
Erythrolamprus pseudocorallus

Gattung: **Etheridgeum**
Etheridges Wühlnattern
1 Art

Größe: Klein
Verbreitung: Sumatra
Lebensraum: Unbekannt
Nahrung: Unbekannt
Fortpflanzung: Unbekannt
Bemerkung: Nur durch 1 Exemplar von 1924 bekannt

Arten:
Etheridgeum pulchrum,
Etheridges Wühlnatter

Gattung: **Farancia**
Schlammnattern
2 Arten

Größe: Groß, gelegentlich bis 2 m
Verbreitung: Nordamerika (Florida und angrenzende Staaten)
Lebensraum: Semi-aquatisch, in oder nahe Sümpfen, Gräben und Seen, oft in dichter Vegetation
Nahrung: Frösche, Kaulquappen, Aale und die aalähnlichen Salamander der Gattung *Amphiuma*
Fortpflanzung: Die Eier werden in einer unterirdischen Kammer abgelegt

Arten:
Farancia abacura,
Schlammnatter
Farancia erytrogramma,
Regenbogen-Schlammnatter

Gattung: **Ficimia**
Hakennasennattern
7 Arten

Größe: Klein
Verbreitung: Nord- und Mittelamerika (Südtexas bis Honduras)
Lebensraum: Vielfältig, von trockenen Halbwüsten bis zu Wäldern
Nahrung: Spinnen und Tausenfüßer
Fortpflanzung: Eier legend
Bemerkung: Mit hinten stehenden Giftzähnen, aber ungefährlich für den Menschen; 2 Arten kennt man nur von je 1 Exemplar

Arten:
Ficimia hardyi
Ficimia olivacea
Ficimia publia,
Yucatan-Hakennasennatter
Ficimia ramirezi
Ficimia ruspator
Ficimia streckeri,
Mexikanische Hakennasennatter
Ficimia variegata

Gattung: **Fimbrios**
Lippennattern
1 Art

Größe: Klein
Verbreitung: Südostasien
Lebensraum: Wahrscheinlich Wälder, in denen sie am Boden leben
Nahrung: Unbekannt
Fortpflanzung: Unbekannt
Bemerkung: Selten und kaum bekannt. Sie besitzt einen Fleck stacheliger Schuppen am Unterkiefer, dessen Bedeutung unbekannt ist. Nachtaktiv.

Arten:
Fimbrios klossi,
Lippennatter

Gattung: **Fordonia**
Krebs-Trugnattern
1 Art
Größe: Klein
Verbreitung: An den Küsten Südostasiens, der Philippinen, Neuguineas und Nordaustraliens
Lebensraum: Schlammbänke der Küsten und Mangrovenwälder
Nahrung: Krebse, die sie zerdrückt und dann stückweise verschlingt
Fortpflanzung: Lebend gebärend
Bemerkung: Eine hoch spezialisierte Art

Arten:
Fordonia leucobalia,
Krebs-Trugnatter

Gattung: **Gastropyxis**
1 Art

Größe: Mittelgroß, aber sehr schlank
Verbreitung: Tropisches Afrika
Lebensraum: Wälder
Nahrung: Frösche
Fortpflanzung: Unbekannt
Bemerkung: Manchmal der Gattung *Hapsidophrys* zugerechnet

Arten:
Gastropyxis smaragdina

Gattung: **Geagras**
1 Art

Größe: Klein
Verbreitung: Mexiko
Lebensraum: Unbekannt, aber wahrscheinlich unterirdisch lebend
Nahrung: Unbekannt
Fortpflanzung: Unbekannt
Bemerkung: Selten und kaum erforscht

Arten:
Geagras redimitus

Gattung: **Geodipsas**
3 Arten

Größe: Mittelgroß
Verbreitung: Westafrika
Lebensraum: Hauptsächlich am Boden lebend, obwohl man sie auch in niedriger Vegetation fand
Nahrung: Unbekannt
Fortpflanzung: Unbekannt
Bemerkung: Seltene und wenig erforschte Schlangen; nachtaktiv

Arten:
Geodipsas laphystia
Geodipsas vinckei
Geodipsas zenyi

Gattung: **Geophis**
Erdschlangen
45 Arten

Größe: Kleine, schlanke Schlanken
Verbreitung: Mittel- und nördliches Südamerika (Nordmexiko bis Kolumbien)
Lebensraum: Mannigfaltig, am Boden lebend
Nahrung: Würmer und andere weiche Wirbellose
Fortpflanzung: Eier legend, soweit bekannt
Bemerkung: Hauptsächlich nachtaktiv. Obwohl 41 Arten aufgeführt sind, handelt es sich wahrscheinlich bei vielen bloß um Rassen, so dass die wirkliche Artenzahl deutlich kleiner ist.

Arten:
Geophis alasukai
Geophis anocularis
Geophis bellus
Geophis betaniensis
Geophis bicolor
Geophis blanchardi
Geophis brachycephalus
Geophis cancellatus
Geophis carinosus
Geophis chalybeus
Geophis championi
Geophis damiani
Geophis downsi
Geophis dubius
Geophis duellmani
Geophis dugesii
Geophis dunni
Geophis fulvoguttatus
Geophis godmani
Geophis hoffmanni
Geophis immaculatus
Geophis incomptus
Geophis isthmicus
Geophis juliai
Geophis laticinctus
Geophis laticollaris
Geophis latifrontalis
Geophis maculiferus
Geophis mutitorques
Geophis nasalis
Geophis nigrocinctus
Geophis omiltemanus
Geophis petersii
Geophis pyburni
Geophis rhodogaster
Geophis rostralis
Geophis russatus
Geophis ruthveni
Geophis sallaei
Geophis semiannulatus
Geophis semidoliatus
Geophis sieboldi
Geophis talamancae
Geophis tarascae
Geophis zeledoni

Gattung: **Gerarda**
Katzenaugen-Wassertrugnattern
1 Art

Größe: Klein
Verbreitung: An den Küsten und Flussmündungen von Sri Lanka, Indien, Myanmar und Thailand
Lebensraum: Mangrovenwälder
Nahrung: Unbekannt; wahrscheinlich Fische
Fortpflanzung: Lebend gebärend
Arten:
Gerarda prevostiana,
Katzenaugen-Wassertrugnatter

Gattung: **Gomesophis**
1 Art

Größe: Klein
Verbreitung: Brasilien
Lebensraum: Unbekannt

Nahrung: Unbekannt
Fortpflanzung: Unbekannt

Arten:
Gomesophis brasiliensis

Gattung: **Gongylosoma**
3 Arten

Größe: Klein
Verbreitung: Südostasien (Indonesien, Malaysische Halbinsel und Thailand)
Lebensraum: Hügelland, oft in Wassernähe
Nahrung: Wirbellose, Amphibien und Echsen
Fortpflanzung: Wahrscheinlich Eier legend
Bemerkung: Früher der Gattung *Liopeltis* zugerechnet

Arten:
Gongylosoma baliodeirus
Gongylosoma longicauda
Gongylosoma scripta

Gattung: **Gonionotophis**
3 Arten

Größe: Klein
Verbreitung: Westafrika
Lebensraum: Regenwälder
Nahrung: Wahrscheinlich Frösche
Fortpflanzung: Unbekannt

Arten:
Gonionotophis brussauxi
Gonionotophis grantii
Gonionotophis klingi

Gattung: **Gonyophis**
Regenbogennattern
1 Art

Größe: Groß
Verbreitung: Malaysische Halbinsel und Borneo
Lebensraum: Bewaldete Hügel
Nahrung: Wahrscheinlich Echsen und Kleinsäuger
Fortpflanzung: Wahrscheinlich Eier legend
Bemerkung: Nahe mit den ähnlichen *Chrysopelea*-Arten verwandt

Arten:
Gonyophis margaritatus, Regenbogennatter

Gattung: **Gonyosoma**
Falsche Kletternattern
6 Arten

Größe: Groß
Verbreitung: Südostasien
Lebensraum: Baumlebend in Wäldern
Nahrung: Frösche, Echsen, Vögel und Kleinsäuger
Fortpflanzung: Eier legend
Bemerkung: Meist hellgrün; früher der Gattung *Elaphe* zugerechnet

Arten:
Gonyosoma cantoris
Gonyosoma frenata
Gonyosoma hodgsoni
Gonyosoma janseni, Schwarzschwänzige Falsche Kletternatter
● *Gonyosoma oxycephalum*, Rotschwänzige Falsche Kletternatter (S. 106–107)
Gonyosoma prasina, Grüne Falsche Kletternatter

Gattung: **Grayia**
Afrikanische Wassernattern
4 Arten

Größe: Groß
Verbreitung: Westafrika
Lebensraum: Semi-aquatisch
Nahrung: Wahrscheinlich Fische
Fortpflanzung: Wahrscheinlich Eier legend
Bemerkung: Wenig erforscht

Arten:
Grayia caesar
Grayia ornata
Grayia smythii
Grayia tholloni

Gattung: **Gyalopion**
Mexikanische Hakennasennattern
2 Arten

Größe: Klein
Verbreitung: Mittel- und nördliches Südamerika
Lebensraum: Trockene Bereiche
Nahrung: Hauptsächlich Spinnen
Fortpflanzung: Eier legend
Bemerkung: *G. quadrangularis* ist leuchtend rot und imitiert die schwarz-weiße Korallenschlange. Beide Arten sind nachtaktiv. Sie sind nahe verwandt mit den *Ficimia*-Arten.

Arten:
Gyalopion canum
Gyalopion quadrangularis

Gattung: **Haemorrhois**
5 Arten

Größe: Mittelgroß
Verbreitung: Nordostafrika (Somalia, Nordkenia)
Lebensraum: Unbekannt
Nahrung: Unbekannt
Fortpflanzung: Unbekannt
Bemerkung: Selten und wenig erforscht

Arten:
Haemorrhois caudalineata
Haemorrhois citernii
Haemorrhois keniensis
Haemorrhois somalicus
Haemorrhois taylori

Gattung: **Haplocercus**
1 Art

Größe: Klein
Verbreitung: Sri Lanka
Lebensraum: Wälder, gewöhnlich unter verrottenden Stämmen
Nahrung: Würmer
Fortpflanzung: Eier legend

Arten:
Haplocercus ceylonensis

Gattung: **Hapsidophrys**
1 Art

Größe: Mittelgroß und schlank
Verbreitung: Tropisches Afrika
Lebensraum: Baumlebend in Wäldern
Nahrung: Frösche
Fortpflanzung: Unbekannt

Arten:
Hapsidophrys lineatus

Gattung: **Helicops**
Scheelaugennattern
16 Arten

Größe: Klein
Verbreitung: Südamerika
Lebensraum: Aquatisch und semi-aquatisch
Nahrung: Wahrscheinlich Fische
Fortpflanzung: Lebend gebärend, obwohl *H. angulatus* manchmal Eier legen dürfte

Arten:
Helicops angulatus
Helicops carinicaudus
Helicops danieli
Helicops gomesi
Helicops hagmannis, Hagmanns Scheelaugennatter
Helicops hogei, Hoges Scheelaugennatter
Helicops infrataeniatus
Helicops leopardinus
Helicops modestus
Helicops pastazae, Pastaza-Scheelaugennatter
Helicops petersi, Peters Scheelaugennatter
Helicops pictiventris
Helicops polylepis
Helicops scalaris, Dunkle Scheelaugennatter
Helicops trivittatus
Helicops yacu

Gattung: **Helophis**
1 Art

Größe: Unbekannt
Verbreitung: Zaire
Lebensraum: Unbekannt
Nahrung: Unbekannt
Fortpflanzung: Unbekannt
Bemerkung: Selten gesammelt

Arten:
Helophis schoutedeni

Gattung: **Hemirhagerrhis**
Rindennattern
4 Arten

Größe: Klein
Verbreitung: Afrika
Lebensraum: Baumlebend in Savannen
Nahrung: Echsen
Fortpflanzung: Eier legend
Bemerkung: Nachtaktiv, tagsüber unter lockerer Rinde versteckt

Arten:
Hemirhagerrhis hildebrandtii
Hemirhagerrhis kelleri, Kellers Rindennatter
Hemirhagerrhis nototaenia, Östliche Rindennatter
Hemirhagerrhis viperina

Gattung: **Heterodon**
Hakennasennattern
3 Arten

Größe: Klein bis mittelgroß, fast 1 m, mit stämmigem Körper
Verbreitung: Nordamerika
Lebensraum: Mannigfaltig, aber oft trockene Bereiche mit Sandböden
Nahrung: Hauptsächlich Kröten, aber auch bodenbrütende Vögel und Kleinsäuger
Fortpflanzung: Eier legend
Bemerkung: Bei Beunruhigung flachen sie ihren Körper ab, zischen, machen Scheinangriffe und stellen sich als letztes Mittel tot

Arten:
● *Heterodon nasicus*, Westliche Hakennasennatter (S. 94–95)
Heterodon platyrhinos, Östliche Hakennasennatter
Heterodon simus, Südliche Hakennasennatter

Gattung: **Heteroliodon**
2 Arten

Größe: Klein
Verbreitung: Madagaskar
Lebensraum: Unbekannt
Nahrung: Unbekannt
Fortpflanzung: Unbekannt

Arten:
Heteroliodon lava
Heteroliodon occipitalis

Gattung: **Heurnia**
1 Art

Größe: Klein, weniger als 1 m
Verbreitung: Neuguinea
Lebensraum: Semi-aquatisch
Nahrung: Fische
Fortpflanzung: Lebend gebärend
Bemerkung: Nahe verwandt mit *Enhydris*-Arten

Arten:
Heurnia ventromaculata

Gattung: **Hologerrhum**
2 Arten

Größe: Klein
Verbreitung: Die philippinische Insel Luzon
Lebensraum: Unbekannt
Nahrung: Unbekannt
Fortpflanzung: Unbekannt

Arten:
Hologerrhum dermali
Hologerrhum philippinum

Gattung: **Homalopsis**
Boa-Wassertrugnattern
1 Art

Größe: Mittelgroß
Verbreitung: Indien, Myanmar, Indochina und Südostasien
Lebensraum: Süß- und Brackwasser
Nahrung: Fische und Frösche; kann in Fischzuchtanlagen zur Plage werden
Fortpflanzung: Lebend gebärend

Arten:
Homalopsis buccata, Boa-Wassertrugnatter

Gattung: **Hormonotus**
1 Art

Größe: Unbekannt
Verbreitung: Westafrika
Lebensraum: Unbekannt
Nahrung: Unbekannt
Fortpflanzung: Unbekannt

Arten:
Hormonotus modestus

Gattung: **Hydrablabes**
Borneo-Wassernattern
2 Arten

Größe: Klein
Verbreitung: Borneo
Lebensraum: Unterirdisch in Wäldern
Nahrung: Unbekannt
Fortpflanzung: Unbekannt
Bemerkung: Selten und kaum erforscht

Arten:
Hydrablabes periops, Borneo-Wassernatter
Hydrablabes praefrontalis

Gattung: **Hydraethiops**
2 Arten

Größe: Klein
Verbreitung: Zentralafrika
Lebensraum: Semi-aquatisch
Nahrung: Wahrscheinlich Amphibien und Fische
Fortpflanzung: Unbekannt
Bemerkung: Verwandt mit *Afronatrix*, sonst kaum erforscht

Arten:
Hydraethiops laevis
Hydraethiops melanogaster

Gattung: **Hydrodynastes**
Wasserkobras
2 Arten

Größe: Groß, mit schwerem Körper
Verbreitung: Südamerika
Lebensraum: Semi-aquatisch
Nahrung: Frösche und Kröten, auch Kleinsäuger
Fortpflanzung: Eier legend

Arten:
Hydrodynastes bicinctus, Doppeltgebänderte Wasserkobra
Hydrodynastes gigas, Falsche Wasserkobra oder Brasilianische Glattnatter

Gattung: **Hydromorphus**
3 Arten

Größe: Klein
Verbreitung: Mittelamerika
Lebensraum: Unbekannt
Nahrung: Unbekannt
Fortpflanzung: Wahrscheinlich Eier legend
Bemerkung: Versteckt lebend und kaum erforscht

Arten:
Hydromorphus clarki
Hydromorphus concolor
Hydromorphus dunni

Gattung: **Hydrops**
Korallenwasserschlangen
2 Arten

Größe: Mittelgroß
Verbreitung: Nördliches Südamerika bis zur Ostseite der Anden
Lebensraum: Ausgesprochen aquatisch
Nahrung: Amphibien und Fische
Fortpflanzung: Wahrscheinlich Eier legend

Arten:
Hydrops martii
Hydrops triangularis, Falsche Korallenwasserschlange

Gattung: **Hypsiglena**
Nachtschlangen
2 Arten

Größe: Klein
Verbreitung: Nord- und Mittelamerika
Lebensraum: Mannigfaltig, gewöhnlich aber trockene und felsige Plätze
Nahrung: Echsen, die sie nachts jagen; auch kleine Schlangen und Säuger
Fortpflanzung: Eier legend

Arten:
Hypsiglena tanzeri
Hypsiglena torquata, Gefleckte Nachtschlange

Gattung: **Hypsirhynchus**
1 Art

Größe: Mittelgroß, mit schwerem Körper
Verbreitung: Haiti
Lebensraum: Unbekannt
Nahrung: Echsen, besonders der Gattung *Anolis*
Fortpflanzung: Unbekannt

Arten:
Hypsirhynchus ferox

Gattung: **Ialtris**
3 Arten

Größe: Mittelgroß und schlank
Verbreitung: Hispaniola (Haiti und die Dominikanische Republik)
Lebensraum: Unbekannt
Nahrung: Unbekannt
Fortpflanzung: Wahrscheinlich Eier legend
Bemerkung: Mit hinten stehenden Giftzähnen, aber für den Menschen ungefährlich

Arten:
Ialtris agyrtes
Ialtris dorsalis
Ialtris parishi

Gattung: **Iguanognathus**
Spatenzahnnattern
1 Art

Größe: Klein
Verbreitung: Sumatra
Lebensraum: Unbekannt
Nahrung: Unbekannt
Fortpflanzung: Unbekannt
Bemerkung: Eine seltene Schlange, von der nur wenige Exemplare gesammelt wurden

Arten:
Iguanognathus werneri, Werners Spatenzahnnatter

Gattung: **Imantodes**
Riemennattern
6 Arten

Größe: Bis 1 m, aber sehr schlank
Verbreitung: Mittel- und Südamerika
Lebensraum: Vollständig baumlebend, versteckt sich tagsüber in Bromelien und jagt nachts
Nahrung: Echsen und Frösche, die auf den äußersten Zweigspitzen rasten
Fortpflanzung: Kleine Gelege länglicher Eier
Bemerkung: Mit hinten stehenden Giftzähnen, aber für den Menschen ungefährlich. Kopf breit, mit stumpfer Schnauze und großen Augen. Manche Arten besitzen stark vergrößerte Rückenschuppen entlang der Mittellinie.

Arten:
Imantodes cenchoa, Riemennatter
Imantodes gemmistratus
Imantodes inornatus
Imantodes lentiferus
Imantodes phantasma
Imantodes tenuissimus

Gattung: **Internatus**
3 Arten

Größe: Klein
Verbreitung: Südostasien (Indonesien, Malaysia und Thailand)
Lebensraum: Wälder
Nahrung: Schnecken
Fortpflanzung: Eier legend
Bemerkung: Früher zur Gattung *Pareas* gezählt

Arten:
Internatus laevis
Internatus malaccanus
Internatus tropidonotus

Gattung: **Ithycyphus**
5 Arten

Größe: Recht groß, bis 1,5 m
Verbreitung: Madagaskar
Lebensraum: Baumlebend in Wäldern
Nahrung: Frösche, Echsen, einschließlich Chamäleons
Fortpflanzung: Eier legend
Bemerkung: Mit hinten stehenden Giftzähnen, aber für Menschen ungefährlich

Arten:
Ithycyphus blanci
Ithycyphus goudoti
Ithycyphus miniatus
Ithycyphus oursi
Ithycyphus perineti

Gattung: **Lampropeltis**
Königsnattern
8 Arten

Größe: Klein bis recht groß
Verbreitung: Nord-, Mittel- und Südamerika
Lebensraum: Wüsten, Berge und Wälder
Nahrung: Echsen, andere Schlangen, Vögel und Säuger
Fortpflanzung: Eier legend
Bemerkung: Mehrere Arten sind leuchtend gefärbte falsche Korallenschlangen mit Ringen in Schwarz, Weiß und Rot. Die Arten können je nach Lebensraum tag- oder nachtaktiv sein

Arten:
- *Lampropeltis alterna*, Graustreifen-Königsnatter (S. 84)

Lampropeltis calligaster, Prärie-Königsnatter
- *Lampropeltis getula*, Gewöhnliche Königsnatter (S. 82–83)
- *Lampropeltis mexicana*, Mexikanische Königsnatter (S. 85)
- *Lampropeltis pyromelana*, Sonora-Königsnatter (S. 86–87)

Lampropeltis ruthveni, Queretaro-Königsnatter
- ● *Lampropeltis triangulum*, Milchschlange (S. 88–89)

Lampropeltis zonata, Kalifornische Königsnatter

Gattung: **Lamprophis**
Südafrikanische Hausschlangen
14 Arten

Größe: Klein bis mittelgroß
Verbreitung: Afrika und die Seychellen (*L. geometricus*)
Lebensraum: Mannigfaltig, von Wüsten bis zu Wäldern und im menschlichen Siedlungsbereich
Nahrung: Echsen und Kleinsäuger; es sind kräftige Würgschlangen
Fortpflanzung: Eier legend

Arten:
Lamprophis abyssinicus
Lamprophis aurora, Aurora-Hausschlange
Lamprophis erlangeri
Lamprophis fiskii, Fisks Hausschlange
● *Lamprophis fuliginosus*, Braune Hausschlange (S. 104–105)
Lamprophis fuscus, Gelbbauch-Hausschlange
Lamprophis geometricus, Seychellen-Hausschlange
Lamprophis guttatus, Gefleckte Hausschlange
Lamprophis inornatus, Olivfarbene Hausschlange
Lamprophis lineatus
Lamprophis maculatus
Lamprophis olivaceus
Lamprophis swazicus, Swazi-Hausschlange
Lamprophis virgatus

Gattung: **Langaha**
Blattnasennattern
3 Arten

Größe: Lang und sehr schlank
Verbreitung: Madagaskar
Lebensraum: Baumlebend in Regenwäldern
Nahrung: Echsen, speziell Geckos
Fortpflanzung: Kleine Gelege
Bemerkung: Ein Anhang an der Schnauzenspitze ist beim Weibchen flach wie ein Blatt, beim Männchen länger und spitzer. Die Weibchen von 2 Arten haben außerdem vergrößerte Schuppen, die über den Augen hervorstehen. Hauptsächlich am frühen Morgen aktiv.

Arten:
Langaha alluaudi
Langaha madagascariensis
Langaha pseudoalluaudi

Gattung: **Leimadophis**
3 Arten

Größe: Klein
Verbreitung: Mittel- und Südamerika
Lebensraum: Feuchte Landschaften, z. B. Regenwälder
Nahrung: Fische, Frösche, einschließlich Kaulquappen und Echsen
Fortpflanzung: Eier legend
Bemerkung: Mit hinten stehenden Giftzähnen ausgestattet, aber für Menschen ungefährlich. Manchmal der Gattung *Liophis* zugerechnet.

Arten:
Leimadophis atahuallpae
Leimadophis pygmaeus
Leimadophis simonsii

Gattung: **Leioheterodon**
Madagassische Hakennasennattern
3 Arten

Größe: Groß und robust
Verbreitung: Madagaskar
Lebensraum: Trockene und bewaldete Gebiete
Nahrung: Amphibien, die sie manchmal mit ihren aufgeworfenen Schnauzen ausgraben
Fortpflanzung: Eier legend

Arten:
Leioheterodon geayi
Leioheterodon madagascariensis
Leioheterodon modestus

Gattung: **Leptodeira**
Katzenaugennattern
9 Arten

Größe: Meist klein und schlank
Verbreitung: Nord-, Mittel und Südamerika (von Texas bis Nordargentinien und Paraguay)
Lebensraum: Mannigfaltig; man trifft sie meist am Boden, sie klettern aber auch in niedrige Vegetation
Nahrung: Echsen, Frösche, Kröten und Kaulquappen. *L. septentrionalis* (und wahrscheinlich andere) sind auf den Verzehr von Baumfroscheiern spezialisiert
Fortpflanzung: Eier legend
Bemerkung: Mit hinten stehenden Giftzähnen ausgestattet, aber für Menschen ungefährlich

Arten:
Leptodeira annulata, Bananennatter
Leptodeira bakeri
Leptodeira frenata
Leptodeira maculata
Leptodeira nigrofasciata
Leptodeira punctata
Leptodeira rubricata
Leptodeira septentrionalis, Gebänderte Katzenaugennatter
Leptodeira splendida

Gattung: **Leptodrymus**
1 Art

Größe: Ziemlich groß
Verbreitung: Mittelamerika
Lebensraum: Bergregenwälder
Nahrung: Unbekannt
Fortpflanzung: Unbekannt
Bemerkung: Selten; über die Biologie ist nichts bekannt

Arten:
Leptodrymus pulcherrimus

Gattung: **Leptophis**
Dünnschlangen
10 Arten

Größe: Lang und schlank
Verbreitung: Mittel- und Südamerika (Nordwestmexiko bis Argentinien und Paraguay)
Lebensraum: Verschieden, einschließlich Hochländern; teilweise baumlebend
Nahrung: Amphibien, Echsen, Schlangen, kleine Vögel (und ihre Eier) sowie Kleinsäuger
Fortpflanzung: Eier legend
Bemerkung: Die Oberseite ist oft hellgrün. Mit hinten stehenden Giftzähnen ausgestattet, aber für Menschen ungefährlich. Bei Bedrohung öffnen sie ihren Rachen weit und präsentieren dessen hellblaue Innenseite. Tagaktiv.

Arten:
Leptophis ahaetulla, Dünnschlange
Leptophis cupreus
Leptophis depressirostris
Leptophis diplotropis
Leptophis mexicanus, Mexikanische Dünnschlange
Leptophis modestus
Leptophis nebulosus
Leptophis riveti
Leptophis santamartensis
Leptophis stimsoni

Gattung: **Lepturophis**
Schlank-Wolfszahnnattern
2 Arten

Größe: Groß
Verbreitung: Indonesien, Malaysia (einschließlich Borneo) und Thailand
Lebensraum: Tiefland-Regenwälder, oft in Flussnähe und in dichter Vegetation
Nahrung: Frösche, Echsen und Vögel
Fortpflanzung: Wahrscheinlich Eier legend

Arten:
Lepturophis albofuscus, Schlank-Wolfszahnnatter
Lepturophis borneensis

Gattung: **Limnophis**
Moorschlangen
1 Art

Größe: Klein, bis 60 cm
Verbreitung: Südliches Afrika
Lebensraum: Semi-aquatisch in Sümpfen
Nahrung: Fische und Amphibien
Fortpflanzung: Eier legend

Arten:
Limnophis bicolor, Gestreifte Moorschlange

Gattung: **Lioheterophis**
1 Art

Größe: Klein
Verbreitung: Brasilien
Lebensraum: Feuchtgebiete
Nahrung: Frösche
Fortpflanzung: Unbekannt

Arten:
Lioheterophis iheringi

Gattung: **Liopeltis**
15 Arten

Größe: Klein und schlank
Verbreitung: Süd- und Südostasien
Lebensraum: Meist am Boden lebend in tropischen Regenwäldern, Feldern und Plantagen
Nahrung: Wahrscheinlich Wirbellose, Amphibien und Echsen
Fortpflanzung: Eier legend
Bemerkung: Einige der aufgeführten Arten sind umstritten

Arten:
Liopeltis calamaria
Liopeltis doriae
Liopeltis frenatus
Liopeltis hamptoni
Liopeltis herminae
Liopeltis kikuzatoi
Liopeltis major
Liopeltis multicinctus
Liopeltis nicobariensis
Liopeltis philipinus
Liopeltis rappi
Liopeltis semicarinatus
Liopeltis scriptus
Liopeltis stoliczkae
Liopeltis tricolor

Gattung: **Liophidium**
8 Arten

Größe: Klein
Verbreitung: Madagaskar (7 Arten) und die Komoren (*L. mayottensis*)
Lebensraum: Sandstellen auf Waldböden
Nahrung: Unbekannt
Fortpflanzung: Unbekannt
Bemerkung: Wenig erforscht: Es gibt nur 1 nachgewiesenes Exemplar von *L. apperti* und 2 von *L. therezieni*.

Arten:
Liophidium apperti
Liophidium chabaudi
Liophidium mayottensis
Liophidium rhodogaster
Liophidium therezieni
Liophidium torquatum
Liophidium trilineatum
Liophidium vaillanti

Gattung: Liophis
Goldbauchnattern
65 Arten

Größe: Klein bis ziemlich groß
Verbreitung: Mittel- und Südamerika und die Karibik
Lebensraum: Mannigfaltig
Nahrung: Meist Echsen, aber auch Frösche und Fische
Fortpflanzung: Eier legend
Bemerkung: Mit hinten stehenden Giftzähnen ausgestattet, aber für Menschen ungefährlich. Tagaktiv. Einige Arten (*L. coralliventris, L. flavifrenatus, L. lineatus* und *L. paucidens*) werden manchmal der Gattung *Lygophis* zugerechnet.

Arten:
Liophis albiceps
Liophis albiventris
Liophis almadensis
Liophis amarali
Liophis amazonicus, Amazonas-Goldbauchnatter
Liophis andinus, Anden-Goldbauchnatter
Liophis anomalus
Liophis atraventer
Liophis bimaculatus
Liophis boursieri
Liophis brazili, Brasilianische Goldbauchnatter
Liophis breviceps, Kurzkopf-Goldbauchnatter
Liophis canaima
Liophis carajascinsis
Liophis ceii
Liophis chrysostomus
Liophis cobella
Liophis coralliventris
Liophis cursor
Liophis dilepis
Liophis elegantissimus
Liophis epinephalus
Liophis festae
Liophis flavifrenatus
Liophis fraseri
Liophis frenatus
Liophis guentheri, Guenthers Goldbauchnatter
Liophis ingeri
Liophis jaegeri
Liophis janaleeae
Liophis joberti
Liophis juliae
Liophis leucogaster
Liophis lineatus, Gestreifte Goldbauchnatter
Liophis longiventris
Liophis maryellenae
Liophis melanauchen
Liophis melanostigma
Liophis melanotus, Gelbe Königsgoldbauchnatter
Liophis meridionalis
Liophis miliaris
Liophis mossoroensis
Liophis obtusus
Liophis oligolepis
Liophis ornatus
Liophis paucidens
Liophis perfuscus
Liophis poecilogyrus
Liophis problematicus
Liophis pseudocobella
Liophis purpurans
Liophis reginae, Königsgoldbauchnatter
Liophis sagittifer
Liophis steinbachi
Liophis subocularis
Liophis taeniurus
Liophis torrenicolus
Liophis triscalis
Liophis tristriatus
Liophis typhlus, Grüne Goldbauchnatter
Liophis vanzolinii, Vanzolinis Goldbauchnatter
Liophis viridis
Liophis vitti
Liophis williamsi, Williams Goldbauchnatter
Liophis zweifeli, Zweifels Goldbauchnatter

Gattung: Liopholidophis
11 Arten

Größe: Lang und schlank
Verbreitung: Madagaskar
Lebensraum: Mannigfaltig, von Sümpfen bis zu Wäldern und Lichtungen
Nahrung: Hauptsächlich Frösche
Fortpflanzung: Eier legend
Bemerkung: Mehrere Arten wurden erst kürzlich entdeckt

Arten:
Liopholidophis dolicocercus
Liopholidophis epistibes
Liopholidophis grandidieri
Liopholidophis infrasignatus
Liopholidophis lateralis
Liopholidophis pinguis
Liopholidophis pseudolateralis
Liopholidophis rhadinaea
Liopholidophis sexlineatus
Liopholidophis stumpffi
Liopholidophis varius

Gattung: Lycodon
Wolfszahnnattern
30 Arten

Größe: Klein bis mittelgroß
Verbreitung: Asien
Lebensraum: Mannigfaltig, auch Dörfer und Bauernhöfe; am Boden und gelegentlich in Bäumen lebend
Nahrung: Echsen und Schlangen, auch andere Beute
Fortpflanzung: Eier legend, soweit bekannt
Bemerkung: Die Taxonomie der Gattung ist umstritten: Die Zahl der hier aufgeführten Arten könnte überzogen sein.

Arten:
Lycodon alcalai
Lycodon aulicus, Gewöhnliche Wolfszahnnatter
Lycodon bibonius
Lycodon butleri
Lycodon capucinus, Kapuzen-Wolfszahnnatter
Lycodon cardamomensis
Lycodon chrysoprateros
Lycodon dumerili
Lycodon effraenis, Braune Wolfszahnnatter
Lycodon fasciatus, Gestreifte Wolfszahnnatter
Lycodon fausti
Lycodon ferroni
Lycodon flavomaculatus
Lycodon florensis
Lycodon jara, Zweipunkt-Wolfszahnnatter
Lycodon kundui
Lycodon laoensis, Laos-Wolfszahnnatter
Lycodon mackinnoni
Lycodon muelleri
Lycodon osmanhilli
Lycodon paucifasciatus
Lycodon ruhstrati
Lycodon solivagus
Lycodon stormi
Lycodon striatus
Lycodon subcinctus, Gebänderte Wolfszahnnatter
Lycodon tessellatus
Lycodon tiwarii
Lycodon travancoricus
Lycodon zawi

Gattung: Lycodonomorphus
Afrikanische Sumpfnattern
6 Arten

Größe: Mittelgroß
Verbreitung: Afrika
Lebensraum: Semi-aquatisch
Nahrung: Fische, Frösche und Kaulquappen
Fortpflanzung: Eier legend

Arten:
Lycodonomorphus bicolor
Lycodonomorphus laevissimus, Dunkelbauch-Sumpfnatter
Lycodonomorphus leleupi, Mulanje-Sumpfnatter
Lycodonomorphus rufulus, Braune Sumpfnatter
Lycodonomorphus subtaeniatus
Lycodonomorphus whytii, Whites Sumpfnatter

Gattung: Lycodryas
3 Arten

Größe: Lang und schlank
Verbreitung: Region des Indischen Ozeans
Lebensraum: Unbekannt
Nahrung: Echsen und Frösche
Fortpflanzung: Wahrscheinlich Eier legend
Bemerkung: Mehrere Arten aus Madagaskar, die früher dieser Gattung zugerechnet worden sind, wurden kürzlich der Gattung *Steophis* zugeordnet

Arten:
Lycodryas maculatus
Lycodryas sanctijohannis
Lycodryas seychellensis

Gattung: Lycognathophis
1 Art

Größe: Mittelgroß
Verbreitung: Seychellen
Lebensraum: Wohl am Boden lebend
Nahrung: Unbekannt
Fortpflanzung: Unbekannt
Bemerkung: Sehr wenig erforscht

Arten:
Lycognathophis seychellensis

Gattung: Lycophidion
Wolfsnattern
19 Arten

Größe: Klein
Verbreitung: Afrika
Lebensraum: Unbekannt
Nahrung: Echsen und Schlangen
Fortpflanzung: Eier legend
Bemerkung: Der Name bezieht sich auf die verlängerten vorderen Zähne

Arten:
Lycophidion acutirostre
Lycophidion albomaculatum
Lycophidion capense, Kap-Wolfsnatter
Lycophidion depressirostre
Lycophidion hellmichi, Hellmichs Wolfsnatter
Lycophidion irroratum
Lycophidion laterale
Lycophidion meleagre
Lycophidion namibianum, Namibia-Wolfsnatter
Lycophidion nanus
Lycophidion nigromaculatum
Lycophidion ornatum
Lycophidion polylepis
Lycophidion pygmaeum
Lycophidion semiannule, Östliche Wolfsnatter
Lycophidion semicinctum
Lycophidion taylori, Taylors Wolfsnatter
Lycophidion uzungwense
Lycophidion variegatum

Gattung: Lystrophis
Südamerikanische Hakennasennattern
6 Arten

Größe: Klein bis mittelgroß, aber stämmig
Verbreitung: Südamerika
Lebensraum: Mannigfaltig
Nahrung: Wahrscheinlich Kröten

Fortpflanzung: Eier legend
Bemerkung: Manchen Arten sind leuchtend gefärbt und könnten die giftigen Korallenschlangen der selben Region imitieren. Sie haben aufgeworfene Schnauzen.

Arten:
Lystrophis dorbignyi
Lystrophis histricus
Lystrophis matogrossiensis
Lystrophis natteri
Lystrophis pulcher
Lystrophis semicinctus

Gattung: **Lytorhynchus**
Schnauzennattern
7 Arten

Größe: Klein
Verbreitung: Nordafrika, Mittlerer Osten und Zentralasien
Lebensraum: Trockene Stellen, einschließlich Sanddünen und Kieswüsten
Nahrung: Geckos und andere Echsen
Fortpflanzung: Eier legend
Bemerkung: Die Rostralschuppe ist vergrößert und hat eine ähnliche Form wie die der nordamerikanischen Blattnasennattern (*Phyllorhynchus*), die in ähnlichen Lebensräumen leben und sich wahrscheinlich ähnlich ernähren

Arten:
Lytorhynchus diadema, Gekrönte Schnauzennatter
Lytorhynchus gaddi
Lytorhynchus gasperetti, Gasperettis Schnauzennatter
Lytorhynchus kennedyi
Lytorhynchus maynardi
Lytorhynchus paradoxus
Lytorhynchus ridgewayi, Ridgeways Schnauzennatter

Gattung: **Macrocalamus**
Gebirgszwergnattern
5 Arten

Größe: Klein
Verbreitung: Malaysische Halbinsel
Lebensraum: Bergwälder
Nahrung: Wahrscheinlich Würmer und Schnecken
Fortpflanzung: Eier legend

Arten:
Macrocalamus gentingensis
Macrocalamus jasoni
Macrocalamus lateralis, Gestreifte Gebirgszwergnatter
Macrocalamus schulzi
Macrocalamus tweediei, Tweedies Gebirgszwergnatter

Gattung: **Macropisthodon**
Südasiatische Wassernattern
4 Arten

Größe: Mittelgroß
Verbreitung: Indien, Sri Lanka, Südchina und Teile von Südostasien
Lebensraum: Felder und Grasland
Nahrung: Hauptsächlich Frösche
Fortpflanzung: Eier legend
Bemerkung: Mit hinten stehenden Giftzähnen, aber harmlos. Der breite Kopf und die Zeichnung imitieren die von gefährlich giftigen Grubenottern der gleichen Region, die zur Gattung *Agkistrodon* gehören.

Arten:
Macropisthodon flaviceps
Macropisthodon plumbicolor
Macropisthodon rhodomelas, Blaunacken-Wassernatter
Macropisthodon rudis

Gattung: **Macropophis**
4 Arten

Größe: Klein bis mittelgroß
Verbreitung: Philippinen
Lebensraum: Semi-aquatisch, oft an Bergbächen
Nahrung: Wahrscheinlich Amphibien und Fische
Fortpflanzung: Unbekannt
Bemerkung: Manchmal der Gattung *Tropidonophis* zugerechnet

Arten:
Macropophis barbouri
Macropophis dendrophiops
Macropophis halmaherica
Macropophis hypomela

Gattung: **Macroprotodon**
Kapuzennattern
1 Art

Größe: Klein
Verbreitung: Westeuropa, Nordafrika und Teile des Mittleren Ostens
Lebensraum: Trockene, steinige Bereiche
Nahrung: Eidechsen, die sie im Schlaf überrascht
Fortpflanzung: Eier legend
Bemerkung: Mit hinten stehenden Giftzähnen ausgestattet, aber für Menschen ungefährlich; vollständig nachtaktiv

Arten:
Macroprotodon cucullatus, Kapuzennatter

Gattung: **Madagascarophis**
4 Arten

Größe: Mittelgroß, mit dicklichem Körper
Verbreitung: Madagaskar
Lebensraum: Mannigfaltig: am Boden sowie auf Bäumen und Büschen
Nahrung: Frösche, Echsen, einschließlich Chamäleons, andere Schlangen und Vögel
Fortpflanzung: Kleine Eigelege
Bemerkung: Am aktivsten nach Regen

Arten:
Madagascarophis citrinus
Madagascarophis colubrina
Madagascarophis meridionalis
Madagascarophis ocellatus

Gattung: **Malpolon**
Eidechsennattern
2 Arten

Größe: Groß, bis 2 m und mehr
Verbreitung: Südeuropa, Nordafrika und Mittlerer Osten
Lebensraum: Mannigfaltig, oft trockene, buschige Hügel und Halbtrockenwüsten
Nahrung: Echsen und Schlangen, die sie tagsüber jagen
Fortpflanzung: Eier legend
Bemerkung: Mit hinten stehenden Giftzähnen ausgestattete Schlangen, die rasch beißen. Obwohl nicht lebensgefährlich, können die Bisse Übelkeit, lokale Schmerzen und Schwellungen verursachen.

Arten:
Malpolon moilensis, Moilanatter
Malpolon monspessulanus, Europäische Eidechsennatter

Gattung: **Manolepis**
1 Art

Größe: Klein
Verbreitung: Mexiko
Lebensraum: Unbekannt
Nahrung: Unbekannt
Fortpflanzung: Unbekannt

Arten:
Manolepis putnami

Gattung: **Masticophis**
Kutscherpeitschennattern
11 Arten

Größe: Lang und schlank
Verbreitung: Nord-, Mittel- und nördliches Südamerika
Lebensraum: Wüsten, lockere Wälder und Strände
Nahrung: Echsen, Schlangen und Kleinsäuger
Fortpflanzung: Eier legend
Bemerkung: Flinke Tagjäger, die mit Geschwindigkeit ihre Beute einholen. Sie beißen rasch, sind aber für Menschen ungefährlich

Arten:
Masticophis anthonyi
Masticophis aurigulus, Kap-Kutscherpeitschennatter
Masticophis bilineatus, Sonora-Kutscherpeitschennatter
Masticophis flagellum, Gewöhnliche Kutscherpeitschennatter
Masticophis lateralis, California-Kutscherpeitschennatter
Masticophis lineolatus
Masticophis mentovarius
Masticophis pulchericeps
Masticophis schotti, Schotts Kutscherpeitschennatter
Masticophis stigodryas
Masticophis taeniatus, Gestreifte Kutscherpeitschennatter

Gattung: **Mastigodryas**
Amerikanische Peitschennattern
12 Arten

Größe: Mittelgroß mit schlankem Körper
Verbreitung: Mittel- und Südamerika (Mexiko bis Argentinien)
Lebensraum: Mannigfaltig, aber gewöhnlich in offenen Landschaften
Nahrung: Amphibien, Echsen, Schlangen, Vögel und Kleinsäuger
Fortpflanzung: Eier legend
Bemerkung: Tagaktiv; bis zu 4 Arten werden auch der Gattung *Dryadophis* zugeordnet

Arten:
Mastigodryas amarali, Amarals Peitschennatter
Mastigodryas bifossatus, Gebänderte Peitschennatter
Mastigodryas boddaerti
Mastigodryas bruesi
Mastigodryas cliftoni
Mastigodryas danieli
Mastigodryas dorsalis
Mastigodryas heathii
Mastigodryas melanolomus
Mastigodryas pleei
Mastigodryas pulchriceps
Mastigodryas sanguiventris

Gattung: **Mehelya**
Feilennattern
10 Arten

Größe: Mittelgroß bis groß
Verbreitung: Afrika südlich der Sahara
Lebensraum: Mannigfaltig; Grasländer, Wälder und felsige Bergregionen
Nahrung: Hauptsächlich Echsen und Schlangen
Fortpflanzung: Kleine Eigelege
Bemerkung: Die schlanken Körper sind im Querschnitt dreieckig und haben dicht gekielte, knubbelig wirkende Schuppen

Arten:
Mehelya capensis, Kap-Felsennatter
Mehelya crossi
Mehelya egbensis
Mehelya guirali
Mehelya laurenti
Mehelya nyassae, Schwarze Felsennatter
Mehelya poensis
Mehelya riggenbachi
Mehelya stenophthalmus
Mehelya vernayi, Angola-Felsennatter

Gattung: **Meizodon**
Buschschlangen
5 Arten

Größe: Klein
Verbreitung: Tropisches Afrika
Lebensraum: Unbekannt
Nahrung: Echsen und Frösche
Fortpflanzung: Eier legend

Bemerkung: 2 weitere Arten werden gelegentlich aufgeführt, häufiger aber als Rassen von *M. semiornatus* betrachtet

Arten:
Meizodon coronatus
Meizodon krameri
Meizodon plumbiceps
Meizodon regularis
Meizodon semiornatus

Gattung: **Micropisthodon**
1 Art

Größe: Mittelgroß und schlank
Verbreitung: Madagaskar
Lebensraum: Unbekannt, aber wahrscheinlich baumlebend
Nahrung: Wahrscheinlich Echsen und Frösche
Fortpflanzung: Eier legend
Bemerkung: Nur durch einige Exemplare bekannt; wahrscheinlich tagaktiv

Arten:
Micropisthodon ochraceus

Gattung: **Mimophis**
Mahafalynattern
1 Art

Größe: Klein und schlank
Verbreitung: Madagaskar
Lebensraum: Am Boden in Wäldern und offeneren Lebensräumen
Nahrung: Wahrscheinlich Echsen
Fortpflanzung: Unbekannt, aber wahrscheinlich Eier legend

Arten:
Mimophis mahfalensis, Mahafalynatter

Gattung: **Montaspis**
1 Art

Größe: Klein
Verbreitung: Südafrika, in den Natal-Drakensberg-Bergen
Lebensraum: Feuchtflächen oberhalb der Baumgrenze, bei fast 3000 m Höhe
Nahrung: Frösche
Fortpflanzung: Unbekannt
Bemerkung: Erst kürzlich aufgrund weniger Exemplare beschrieben

Arten:
Montaspis gilvomaculata

Gattung: **Myersophis**
1 Art

Größe: Mäßig groß
Verbreitung: Banaue auf den Philippinen
Lebensraum: Unbekannt
Nahrung: Unbekannt
Fortpflanzung: Unbekannt
Bemerkung: Selten und nur durch wenige Exemplare belegt

Arten:
Myersophis alpestris

Gattung: **Myron**
1 Art

Größe: Klein
Verbreitung: Neuguinea und äußerstes Nordaustralien
Lebensraum: Schlammbänke und Mangrovenwälder.
Nahrung: Krebse und kleine Fische
Fortpflanzung: Lebend gebärend

Arten:
Myron richardsonii

Gattung: **Natriciteres**
Afrikanische Sumpfschlangen
3 Arten

Größe: Klein und schlank
Verbreitung: Tropisches Afrika
Lebensraum: Sümpfe und Moore
Nahrung: Frösche
Fortpflanzung: Eier legend
Bemerkung: Sie können ihren Schwanz abwerfen, wenn er von einem Räuber ergriffen wird

Arten:
Natriciteres fuliginoides
Natriciteres olivacea, Olivfarbene Sumpfschlange
Natriciteres variegata, Wald-Sumpfschlange

Gattung: **Natrix**
Europäische Wassernattern
4 Arten

Größe: Mittelgroß bis groß
Verbreitung: Mitteleuropa, Westasien und Nordafrika
Lebensraum: Wasser und Feuchtstellen
Nahrung: Hauptsächlich Amphibien und Fische, aber die Ringelnatter nimmt auch Kleinsäuger und Vögel
Fortpflanzung: Eier legend, die Ringelnatter legt ihre Eier gelegentlich in Mülldeponien
Bemerkung: Das Verhalten der erst kürzlich beschriebenen *N. megalocephala* ist noch wenig erforscht

Arten:
Natrix maura, Vipernatter
Natrix megalocephala, Großkopf-Ringelnatter
● *Natrix natrix*, Ringelnatter (S. 68–69)
Natrix tessellata, Würfelnatter

Gattung: **Nerodia**
Amerikanische Schwimmnattern
10 Arten

Größe: Mittelgroß bis groß und stämmig
Verbreitung: Südöstliches Nordamerika und Niederkalifornien, Mexiko
Lebensraum: Aquatisch und semiaquatisch, in Sümpfen, Seen und an schlammigen Küsten
Nahrung: Hauptsächlich Amphibien und Fische
Fortpflanzung: Lebend gebärend; manche Arten bringen bis zu 100 Junge zur Welt
Bemerkung: Manche Arten werden in mehrere Unterarten gegliedert, davon werden einige als eigene Arten angesehen

Arten:
Nerodia clarkii
Nerodia cyclopion, Grüne Schwimmnatter
Nerodia erythrogaster, Rotbauch-Schwimmnatter
● *Nerodia fasciata*, Gebänderte Schwimmnatter (S. 90–91)
Nerodia floridana
Nerodia harteri, Harters Schwimmnatter
Nerodia paucimaculata
Nerodia rhombifera, Diamant-Schwimmnatter
Nerodia sipedon, Siegelring-Schwimmnatter
Nerodia taxispilota, Braune Schwimmnatter

Gattung: **Ninia**
Kaffeeschlangen
11 Arten

Größe: Klein
Verbreitung: Mittel- und Südamerika
Lebensraum: Streuschicht
Nahrung: Wirbellose, kleine Echsen und Frösche
Fortpflanzung: Eier legend
Bemerkung: Manche Fachleute erkennen nur 6 Arten an

Arten:
Ninia atrata
Ninia celata
Ninia cerroensis
Ninia diademata
Ninia espinali
Ninia hudsoni
Ninia maculata
Ninia oxynota
Ninia pavimentata
Ninia psephota
Ninia sebae

Gattung: **Nothopsis**
1 Art

Größe: Klein
Verbreitung: Mittelamerika
Lebensraum: Feuchte Wälder, wo sie wahrscheinlich aquatisch oder semiaquatisch lebt
Nahrung: Unbekannt
Fortpflanzung: Unbekannt

Arten:
Nothopsis rugosus

Gattung: **Oligodon**
Kukrinattern
74 Arten

Größe: Klein bis mittelgroß, mit gedrungenem Körper
Verbreitung: Asien (Mittlerer Osten bis Zentralasien und Indien, Myanmar, Südchina und Malaysische Halbinsel)
Lebensraum: Mannigfaltig
Nahrung: Vielfältig, einschließlich Amphibien, Kleinsäuger und besonders die Eier von Reptilien
Fortpflanzung: Alle bekannte Arten legen Eier
Bemerkung: Die Schnauze ist leicht aufgeworfen. Lange, gebogene Zähne im hinteren Rachen (ähnlich den Kukrimessern der Gurkha-Soldaten im gleichen Teil der Welt) werden benutzt, um die Haut von Reptilien zu durchstoßen und zur Verteidigung; für den Menschen sind sie harmlos. Es gibt tag- und nachtaktive Arten.

Arten:
Oligodon affinis
Oligodon albocinctus, Weißflecken-Kukrinatter
Oligodon ancorus
Oligodon annulifer
Oligodon arnensis
Oligodon barroni
Oligodon bellus
Oligodon bitorquatus, Java-Kukrinatter
Oligodon brevicauda, Kurzschwanz-Kukrinatter
Oligodon calamarius
Oligodon catenatus
Oligodon chinensis
Oligodon cinereus
Oligodon cruentatus
Oligodon cyclurus
Oligodon dorsalis
Oligodon dorsolateralis
Oligodon durheimi
Oligodon eberhardti
Oligodon erythrogaster, Rotbauch-Kukrinatter
Oligodon erythrorhachis
Oligodon everetti, Everetts Kukrinatter
Oligodon forbesi
Oligodon formosanus
Oligodon hamptoni
Oligodon inornatus
Oligodon jacobi
Oligodon jintakunei
Oligodon joynsoni
Oligodon juglandifer
Oligodon kunmigensis
Oligodon lacroixi
Oligodon lungshenensis
Oligodon macrurus
Oligodon maculatus, Gefleckte Kukrinatter
Oligodon mcdougalli
Oligodon melaneus
Oligodon melanozonatus
Oligodon meyerinkii
Oligodon modestum
Oligodon mouhoti
Oligodon multizonatus

Oligodon nikhili
Oligodon ningshaanensis
Oligodon notospilus
Oligodon ocellatus, Augenflecken-Kukrinatter
Oligodon octolineatus, Achtstreifen-Kukrinatter
Oligodon ornatus
Oligodon perkinsi
Oligodon petronellae
Oligodon planiceps
Oligodon praefrontalis
Oligodon propinquus
Oligodon pulcherrimus
Oligodon purpuraescens, Purpur-Kukrinatter
Oligodon quadrilineatus
Oligodon rhombifer
Oligodon semicinctus
Oligodon signatus
Oligodon splendidus
Oligodon subcarinatus
Oligodon sublineatus
Oligodon taeniatus, Gestreifte Kukrinatter
Oligodon taeniolatus
Oligodon templetoni
Oligodon theobaldi, Theobalds Kukrinatter
Oligodon torquatus
Oligodon travancoricus
Oligodon trilineatus, Dreistreifen-Kukrinatter
Oligodon unicolor
Oligodon venustus
Oligodon vertebralis
Oligodon waandersi
Oligodon woodmasoni

Gattung: **Opheodrys**
Grasnattern
2 Arten

Größe: Klein und sehr schlank
Verbreitung: Nordamerika
Lebensraum: Gras und andere niedrige Vegetation; terrestrisch
Nahrung: Wirbellose, einschließlich Spinnen und Raupen
Fortpflanzung: Beide Arten legen Eier, jedoch schlüpfen die Jungen von *O. vernalis* nach sehr kurzer Brutzeit; in Teilen ihres Verbreitungsgebietes könnte die Art sogar lebend gebärend sein
Bemerkung: Tagaktiv. *O. vernalis* wird manchmal der Gattung *Liochlorophis* zugeordnet. 2 weitere mexikanische Arten werden manchmal anerkannt.

Arten:
● *Opheodrys aestivus*, Raue Grasnatter (S. 80–81)
Opheodrys vernalis, Glatte Grasnatter

Gattung: **Opisthoplus**
1 Art

Größe: Unbekannt
Verbreitung: Brasilien
Lebensraum: Unbekannt
Nahrung: Unbekannt
Fortpflanzung: Unbekannt
Bemerkung: Eine seltene und geheimnisvolle Schlange, über die fast nichts bekannt zu sein scheint

Arten:
Opisthoplus degener

Gattung: **Opisthotropis**
16 Arten

Größe: Klein bis mittelgroß
Verbreitung: Südchina, Indochina und die Philippinen
Lebensraum: Aquatisch oder semiaquatisch
Nahrung: Fische, Amphibien, Süßwasserkrabben und Würmer
Fortpflanzung: Wahrscheinlich Eier legend
Bemerkung: Sehr selten und wenig erforscht

Arten:
Opisthotropis alcalai
Opisthotropis andersonii
Opisthotropis balteatus
Opisthotropis boonsongi
Opisthotropis daovantieni
Opisthotropis guangxiensis
Opisthotropis jacobi
Opisthotropis kikuzatoi
Opisthotropis kuatunensis
Opisthotropis lateralis
Opisthotropis latouchii
Opisthotropis maxwelli
Opisthotropis praemaxillaris
Opisthotropis rugosus
Opisthotropis spenceri
Opisthotropis typica

Gattung: **Oreocalamus**
Gebirgszwergnattern
1 Art

Größe: Klein
Verbreitung: Borneo und ein kleiner Teil der Malaysischen Halbinsel in 1000–1800 m Höhe
Lebensraum: Unbekannt
Nahrung: Unbekannt
Fortpflanzung: Unbekannt
Bemerkung: Eine seltene Schlange, die nur wenige Male gesammelt wurde, und von der man fast nichts weiß

Arten:
Oreocalamus hanitschi, Gebirgszwergnatter

Gattung: **Oxybelis**
Spitznattern
5 Arten

Größe: Lang und schlank
Verbreitung: Nord-, Mittel- und Südamerika (Texas bis Bolivien und Peru)
Lebensraum: Baumlebend in Wäldern
Nahrung: Hauptsächlich Echsen
Fortpflanzung: Eier legend
Bemerkung: Mit hinten stehenden Giftzähnen ausgestattet, aber für Menschen wohl ungefährlich

Arten:
Oxybelis aeneus, Erzspitznatter
Oxybelis argenteus, Silber-Spitznatter
Oxybelis brevirostris
Oxybelis fulgidus, Glanzspitznatter
Oxybelis wilsoni

Gattung: **Oxyrhabdium**
2 Arten

Größe: Mäßig groß
Verbreitung: Philippinen
Lebensraum: Grabende Arten, die oft in moderndem Holz oder Falllaub gefunden werden
Nahrung: Unbekannt
Fortpflanzung: Unbekannt
Bemerkung: Obwohl häufig, ist über ihre Lebensweise fast nichts bekannt

Arten:
Oxyrhabdium leporinum
Oxyrhabdium modestum

Gattung: **Oxyrhopus**
Mondnattern
13 Arten

Größe: Mittelgroß, mit relativ schlankem Körper
Verbreitung: Mittel- und Südamerika (Mexiko bis Peru)
Lebensraum: Am Boden lebend in Tieflandwäldern
Nahrung: Amphibien, Echsen, Schlangen und Kleinsäuger
Fortpflanzung: Eier legend
Bemerkung: Auffallend schwarz-rot gebändert, auch rot-schwarz-weiß, wahrscheinlich in Nachahmung der giftigen Korallenottern der gleichen Region. Hauptsächlich nachtaktiv.

Arten:
Oxyrhopus clathratus
Oxyrhopus doliatus
Oxyrhopus fitzingeri
Oxyrhopus formosus
Oxyrhopus guibei
Oxyrhopus leucomelas
Oxyrhopus marcapatae
Oxyrhopus melanogenys
Oxyrhopus occipitalis
Oxyrhopus petola, Mondnatter
Oxyrhopus rhombifer
Oxyrhopus trigeminus, Rotbäuchige Mondnatter
Oxyrhopus venezuelanus, Venezuela-Mondnatter

Gattung: **Parahelicops**
2 Arten

Größe: Klein
Verbreitung: Südostasien (Thailand und Vietnam)
Lebensraum: Unbekannt
Nahrung: Unbekannt
Fortpflanzung: Unbekannt
Bemerkung: Sehr selten und wenig erforscht

Arten:
Parahelicops annamensis
Parahelicops boonsongi

Gattung: **Pararhabdophis**
1 Art

Größe: Mittelgroß
Verbreitung: Südostasien
Lebensraum: Unbekannt
Nahrung: Unbekannt
Fortpflanzung: Unbekannt

Arten:
Pararhabdophis chapaensis

Gattung: **Pararhadinea**
2 Arten

Größe: Klein
Verbreitung: Madagaskar
Lebensraum: Wahrscheinlich in der Streuschicht lebend
Nahrung: Unbekannt
Fortpflanzung: Unbekannt
Bemerkung: Nur sehr wenige Exemplare sind bekannt

Arten:
Pararhadinea albignaci
Pararhadinea melanogaster

Gattung: **Pareas**
Asiatische Schneckennattern
18 Arten

Größe: Klein
Verbreitung: Südchina und Südostasien, einschließlich der Insel Borneo
Lebensraum: Feuchte Wälder und Pflanzungen
Nahrung: Schnecken; Schädel und Kiefer sind an die Aufgabe angepasst, Schnecken aus ihren Gehäusen zu ziehen
Fortpflanzung: Eier legend

Arten:
Pareas boulengeri, Boulengers Schneckennatter
Pareas carinatus, Gekielte Schneckennatter
Pareas chinensis, Chinesische Schneckennatter
Pareas formosensis
Pareas hamptoni
Pareas iwasakii
Pareas kuangtungensis
Pareas laevis, Glatte Schneckennatter
Pareas macularius
Pareas malaccanus
Pareas margaritophorus, Weißflecken-Schneckennatter
Pareas monticola, Berg-Schneckennatter
Pareas nuchalis
Pareas stanleyi
Pareas tamdaoensis

Pareas tropidonatus
Pareas vertebralis
Pareas yunnanensis

Gattung: **Philodryas**
Strauchnattern
27 Arten

Größe: Mäßig lang und schlank
Verbreitung: Südamerika
Lebensraum: Baumlebend in Wäldern
Nahrung: Frösche, Echsen, Schlangen, Vögel und Fledermäuse
Fortpflanzung: Eier legend
Bemerkung: Tagaktiv; *P. lividum* wurde früher zur Gattung *Platyinion* gezählt

Arten:
Philodryas aestivus
Philodryas arnaldoi
Philodryas baroni
Philodryas bolivianus, Bolivianische Strauchnatter
Philodryas borelli
Philodryas burmeisteri
Philodryas carbonelli
Philodryas chamissonis
Philodryas cordatus
Philodryas hoodensis
Philodryas inca
Philodryas laticeps
Philodryas latirostris
Philodryas lividum
Philodryas mattogrossensis
Philodryas nattereri
Philodryas olfersii, Grüne Strauchnatter
Philodryas oligolepis
Philodryas patagoniensis, Patagonien-Strauchnatter
Philodryas psammophideus
Philodryas pseudoserra
Philodryas serra
Philodryas simonsii
Philodryas tachymenoides
Philodryas trilineatus
Philodryas varius
Philodryas viridissimus, Smaragd-Strauchnatter

Gattung: **Philothamnus**
Grüne Buschschlangen
18 Arten

Größe: Klein und schlank
Verbreitung: Südliches Afrika
Lebensraum: Mannigfaltig, aber stets vegetationsreich
Nahrung: Hauptsächlich Frösche
Fortpflanzung: Eier legend

Arten:
Philothamnus angolensis, Angola-Buschschlange
Philothamnus battersbyi
Philothamnus bequaerti
Philothamnus carinatus
Philothamnus dorsalis
Philothamnus girardi
Philothamnus heterodermus
Philothamnus heterolepidotus
Philothamnus hoplogaster, Grasgrüne Buschschlange
Philothamnus hughesi
Philothamnus irregularis
Philothamnus macrops
Philothamnus natalensis, Natal-Buschschlange
Philothamnus nitidus
Philothamnus ornatus, Schmuck-Buschschlange
Philothamnus punctatus
Philothamnus semivariegatus, Gefleckte Buschschlange
Philothamnus thomensis

Gattung: **Phimophis**
Amerikanische Schnauzennattern
6 Arten

Größe: Klein
Verbreitung: Mittel- und Südamerika
Lebensraum: Unterirdisch
Nahrung: Wahrscheinlich hauptsächlich Wirbellose
Fortpflanzung: Eier legend
Bemerkung: Sie haben modifizierte, aufgeworfene Schauzen, deren Bedeutung unklar ist

Arten:
Phimophis chui
Phimophis guerini
Phimophis guianensis, Guyana-Schnauzennatter
Phimophis iglesiasi
Phimophis lineaticollis
Phimophis vittatus

Gattung: **Phyllorhynchus**
Blattnasennattern
2 Arten

Größe: Klein
Verbreitung: Westliches Nordamerika (Sonora-Wüste)
Lebensraum: Trockengebiete
Nahrung: Kleine Echsen, speziell Geckos und ihre Eier
Fortpflanzung: Eier legend
Bemerkung: Der deutsche Name bezieht sich auf die veränderte Schuppe an der Schnauzenspitze

Arten:
Phyllorhynchus browni, Sattel-Blattnasennatter
Phyllorhynchus decurtatus, Gefleckte Blattnasennatter

Gattung: **Pituophis**
Gopher-, Kiefer-, Bullennattern
5 Arten

Größe: Mittelgroß bis groß, mit stämmigem, muskulösen Körper
Verbreitung: Nord- und Mittelamerika
Lebensraum: Mannigfaltig, von Wüsten bis zu Nadelwäldern und Feldern
Nahrung: Kleinsäuger bis zur Größe von Hörnchen und Kaninchen
Fortpflanzung: Eier legend
Bemerkung: Sie zischen bei Bedrohung laut und beißen wütend. Die Louisiana-Kiefernnatter, *P. ruthveni*, ist eine der seltensten Schlangen Nordamerikas.

Arten:
Pituophis catenifer, Gophernatter
Pituophis deppei, Mexikanische Bullennatter
Pituophis lineaticollis, Zentralamerikanische Bullennatter
● *Pituophis melanoleucus*, Kiefernatter (S. 92–93)
Pituophis ruthveni, Louisiana-Kiefernatter

Gattung: **Plagiopholis**
5 Arten

Größe: Klein
Verbreitung: China, Myanmar und Thailand
Lebensraum: Am Boden lebend, sonst nichts bekannt
Nahrung: Unbekannt
Fortpflanzung: Unbekannt

Arten:
Plagiopholis blakewayi
Plagiopholis delacouri
Plagiopholis nuchalis
Plagiopholis styani
Plagiopholis unipostocularis

Gattung: **Pliocercus**
7 Arten

Größe: Mittelgroß
Verbreitung: Südamerika (Amazonasbecken)
Lebensraum: Regenwälder der Niederungen
Nahrung: Hauptsächlich Frösche
Fortpflanzung: Eier legend

Arten:
Pliocercus andrewsi
Pliocercus annellatus
Pliocercus arubricus
Pliocercus dimidiatus
Pliocercus elapoides
Pliocercus euryzonus
Pliocercus wilmarai

Gattung: **Poecilopholis**
1 Art

Größe: Klein
Verbreitung: Westafrika (Kamerun)
Lebensraum: Unbekannt
Nahrung: Unbekannt
Fortpflanzung: Unbekannt
Bemerkung: Sehr selten und kaum erforscht

Arten:
Poecilopholis cameronensis

Gattung: **Prosymna**
Schaufelnasennattern
15 Arten

Größe: Klein und schlank
Verbreitung: Südliches Afrika
Lebensraum: Mannigfaltig; gewöhnlich trockene Stellen, wo sie in lockerer, sandiger Erde wühlen
Nahrung: Reptilieneier
Fortpflanzung: Kleine Gelege länglicher Eier
Bemerkung: Nachtaktiv

Arten:
Prosymna ambigua, Ostafrikanische Schaufelnasennatter
Prosymna angolensis, Angola-Schaufelnasennatter
Prosymna bivittata, Zweistreifen-Schaufelnasennatter
Prosymna frontalis, Südwestliche Schaufelnasennatter
Prosymna greigerti
Prosymna janii, Mosambique-Schaufelnasennatter
Prosymna meleagris
Prosymna ornatissima
Prosymna pitmani
Prosymna ruspolii
Prosymna semifasciata
Prosymna somalica, Somali-Schaufelnasennatter
Prosymna sundevalli, Sundevalls Schaufelnasennatter
Prosymna varius
Prosymna visseri, Vissers Schaufelnasennatter

Gattung: **Psammodynastes**
Scheinvipern
2 Arten

Größe: Klein
Verbreitung: Südostasien, einschließlich Indonesien und Philippinen
Lebensraum: Wälder
Nahrung: Echsen und Frösche
Fortpflanzung: Lebend gebärend
Bemerkung: Sie haben einen dicken, eckigen Kopf, große Augen und senkrechte Pupillen, ähnlich den Vipern; nachtaktiv

Arten:
Psammodynastes pictus, Gefleckte Scheinviper
Psammodynastes pulverulentus, Gewöhnliche Scheinviper

Gattung: **Psammophis**
Sandrennnattern
23 Arten

Größe: Klein bis mäßig groß, mit schlankem Körper
Verbreitung: Afrika und Mittlerer Osten; 1 Art (*P. condanarus*) kommt in Pakistan, Nordindien, Nepal, Myanmar und Thailand vor, eine andere (*P. lineolatus*) im westlichen China

Lebensraum: Mannigfaltig, aber gewöhnlich offene Grasländer, Wüsten und Kulturflächen
Nahrung: Hauptsächlich Echsen, die sie mit großer Geschwindigkeit verfolgen
Fortpflanzung: Eier legend
Bemerkung: Mit hinten stehenden Giftzähnen ausgestattet; die Bisse größerer Arten können beim Menschen lokale Schmerzen und Schwellungen hervorrufen

Arten:
Psammophis aegyptius, Ägyptische Sandrennnatter
Psammophis angolensis, Zwergsandrennnatter
Psammophis ansorgii, Ansorges Sandrennnatter
Psammophis biseriatus, Zweistreifen-Sandrennnatter
Psammophis brevirostris, Kurzschnauzen-Sandrennnatter
Psammophis condanarus, Asiatische Sandrennnatter
Psammophis crucifer, Kreuz-Sandrennnatter
Psammophis elegans, Schlanke Sandrennnatter
Psammophis jallae, Jallos Sandrennnatter
Psammophis leightoni, Westliche Kap-Sandrennnatter
Psammophis leithii, Gebänderte Sandrennnatter
Psammophis lineolatus, Steppenrennnatter
Psammophis longifrons, Indische Sandrennnatter
Psammophis notostictus, Karru-Sandrennnatter
Psammophis phillipsi, Phillips Sandrennnatter
Psammophis pulcher, Schöne Sandrennnatter
Psammophis punctulatus, Gepunktete Sandrennnatter
Psammophis rukwae, Rukwa-Sandrennnatter
Psammophis schokari, Forskals Sandrennnatter
Psammophis sibilans, Schmuck-Sandrennnatter
Psammophis subtaeniatus, Gelbbauch-Sandrennnatter
Psammophis tanganicus, Ketten-Sandrennnatter
Psammophis trigrammus, Westliche Sandrennnatter

Gattung: **Psammophylax**
Schafstecher
3 Arten

Größe: Klein bis mittelgroß
Verbreitung: Südliches Afrika
Lebensraum: Gras- und Buschland
Nahrung: Frösche, Echsen und Kleinsäuger
Fortpflanzung: Unterschiedlich: *P. tritaeniatus* und *P. rhombeatus* legen Eier, aber manche Populationen von *P. variabilis* bringen lebende Junge zur Welt
Bemerkung: Mit hinten stehenden Giftzähnen ausgestattet. Sie produzieren kleine Mengen eines sehr wirksamen Gifts, gelten für Menschen aber nicht als gefährlich (auch nicht für Schafe, trotz ihres Namens »Schaftöter« auf Afrikaans).

Arten:
Psammophylax rhombeatus, Gefleckter Schafstecher
Psammophylax tritaeniatus, Gestreifter Schafstecher
Psammophylax variabilis, Graubauch-Schafstecher

Gattung: **Pseudablabes**
1 Art

Größe: Klein
Verbreitung: Südamerika
Lebensraum: Unbekannt
Nahrung: Unbekannt
Fortpflanzung: Unbekannt

Arten:
Pseudablabes agassizii

Gattung: **Pseudaspis**
Maulwurfsnattern
1 Art

Größe: Groß, bis über 2 m
Verbreitung: Südliches Afrika
Lebensraum: Offene Landschaften: Grasland, Gebüsche, Wüsten und Hügel
Nahrung: Kleinsäuger
Fortpflanzung: Lebend gebärend; in besonderen Fällen werden bis zu 100 Junge zur Welt gebracht

Arten:
Pseudaspis cana, Maulwurfsnatter

Gattung: **Pseudoboa**
Pseudoboas
5 Arten

Größe: Mittelgroß
Verbreitung: Mittel- und Südamerika
Lebensraum: Meist am Boden lebend in Regenwäldern
Nahrung: Echsen, Schlangen und Kleinsäuger
Fortpflanzung: Eier legend, manchmal werden die Eier in Ameisennester gelegt
Bemerkung: Mit hinten stehenden Giftzähnen ausgestattet, aber für Menschen ungefährlich. Nachtaktiv.

Arten:
Pseudoboa coronata, Gekrönte Pseudoboa
Pseudoboa haasi
Pseudoboa neuwiedii, Neuwieds Pseudoboa
Pseudoboa nigra, Schwarze Pseudoboa
Pseudoboa serrana

Gattung: **Pseudoboodon**
3 Arten

Größe: Klein bis mittelgroß
Verbreitung: Äthiopische Hochländer
Lebensraum: Unbekannt
Nahrung: Unbekannt
Fortpflanzung: Unbekannt
Bemerkung: Offenbar nah verwandt mit den Südafrikanischen Hausschlangen, *Lamprophis*, aber selten und kaum erforscht

Arten:
Pseudoboodon boehmi
Pseudoboodon gascae
Pseudoboodon lemniscatus

Gattung: **Pseudoeryx**
1 Art

Größe: Ziemlich groß
Verbreitung: Brasilien und Paraguay
Lebensraum: Aquatisch
Nahrung: Wahrscheinlich Fische und Amphibien
Fortpflanzung: Unbekannt
Bemerkung: Ihre Biologie ist praktisch unbekannt

Arten:
Pseudoeryx plicatilis

Gattung: **Pseudoficimia**
1 Art

Größe: Klein
Verbreitung: Mexiko
Lebensraum: Unbekannt
Nahrung: Unbekannt
Fortpflanzung: Unbekannt
Bemerkung: Eine seltene Schlange, über die fast nichts bekannt ist. Man nimmt an, dass sie sich ähnlich verhält wie die Hakennasennattern, *Ficimia*, denen sie ähneln.

Arten:
Pseudoficimia frontalis

Gattung: **Pseudoleptodeira**
2 Arten

Größe: Klein
Verbreitung: Mexiko
Lebensraum: Am Boden lebend, sonst unbekannt
Nahrung: Wahrscheinlich Echsen und Frösche
Fortpflanzung: Eier legend

Arten:
Pseudoleptodeira latifasciata
Pseudoleptodeira uribei

Gattung: **Pseudorabdion**
Zwergwühlnattern
12 Arten

Größe: Klein
Verbreitung: Südostasien
Lebensraum: Streuschicht von Wäldern
Nahrung: Wahrscheinlich Würmer und andere weiche Wirbellose
Fortpflanzung: Wahrscheinlich Eier legend

Arten:
Pseudorabdion albonuchalis, Weißnacken-Zwergwühlnatter
Pseudorabdion ater
Pseudorabdion collaris, Halsband-Zwergwühlnatter
Pseudorabdion eiselti
Pseudorabdion longiceps, Binden-Zwergwühlnatter
Pseudorabdion mcnamarae
Pseudorabdion montanum
Pseudorabdion oxycephalum
Pseudorabdion sarasinorum
Pseudorabdion saravacensis
Pseudorabdion talonuran
Pseudorabdion taylor

Gattung: **Pseudotomodon**
1 Art

Größe: Mittelgroß
Verbreitung: Westliches Argentinien
Lebensraum: Unbekannt
Nahrung: Unbekannt
Fortpflanzung: Lebend gebärend
Bemerkung: Sehr selten und kaum erforscht

Arten:
Pseudotomodon trigonatus

Gattung: **Pseudoxenodon**
Falsche Haubennattern
11 Arten

Größe: Klein bis mittelgroß
Verbreitung: China und Südostasien
Lebensraum: Am Boden lebend
Nahrung: Echsen und Frösche
Fortpflanzung: Wahrscheinlich Eier legend

Arten:
Pseudoxenodon bambusicola
Pseudoxenodon baramensis
Pseudoxenodon dorsalis
Pseudoxenodon fukienensis
Pseudoxenodon inornatus
Pseudoxenodon jacobsonii, Jacobsons Falsche Haubennatter
Pseudoxenodon karlschmidti, Schmidts Falsche Haubennatter
Pseudoxenodon macrops, Großäugige Falsche Haubennatter
Pseudoxenodon popei, Popes Falsche Haubennatter
Pseudoxenodon stejnegeri, Stejnegers Falsche Haubennatter
Pseudoxenodon striaticaudatus

Gattung: **Pseudoxyrhopus**
12 Arten

Größe: Klein
Verbreitung: Madagaskar
Lebensraum: Unbekannt. Wahrscheinlich unterirdisch lebend; man findet sie oft unter modderndem Holz und anderen Abfällen.

Nahrung: Einige Arten könnten von Fröschen leben
Fortpflanzung: Unbekannt

Arten:
Pseudoxyrhopus ambreensis
Pseudoxyrhopus analabe
Pseudoxyrhopus ankafinaensis
Pseudoxyrhopus heterurus
Pseudoxyrhopus imerinae
Pseudoxyrhopus kely
Pseudoxyrhopus microps
Pseudoxyrhopus oblectator
Pseudoxyrhopus punctatus
Pseudoxyrhopus quinquelineatus
Pseudoxyrhopus sokosoko
Pseudoxyrhopus tritaeniatus

Gattung: **Pseustes**
5 Arten

Größe: Lang und schlank
Verbreitung: Mittel- und Südamerika, einschließlich Trinidad
Lebensraum: Am Boden lebend in Wäldern; klettert bei der Jagd auch in niedrige Vegetation
Nahrung: Vögel, Echsen und Amphibien
Fortpflanzung: Eier legend

Arten:
Pseustes cinnamomeus
Pseustes poecilonotus
Pseustes sexcarinatus
Pseustes shropshirei
Pseustes sulphureus

Gattung: **Psomophis**
3 Arten

Größe: Klein
Verbreitung: Mittel- und Südamerika
Lebensraum: Wälder, besonders in der Streuschicht und in moderndem Holz
Nahrung: Würmer
Fortpflanzung: Eier legend
Bemerkung: Erst 1994 beschrieben; früher der Gattung *Rhadinaea* zugeordnet

Arten:
Psomophis genimaculatus
Psomophis jobertsi
Psomophis obtusus

Gattung: **Ptyas**
Asiatische Rattennattern
5 Arten

Größe: Groß bis sehr groß und kräftig
Verbreitung: Asien
Lebensraum: Vielfältig, oft in der Nähe von Dörfern und Städten
Nahrung: Nager, Amphibien, Echsen, Schlangen und Vögel
Fortpflanzung: Eier legend
Bemerkung: Tagaktiv. Sie werden in großer Zahl für den Handel mit Schlangenhäuten getötet und verschwinden an vielen Orten, wo sie früher häufig waren. 4 Arten, die man früher dieser Gattung zuordnete, gehören heute der Gattung *Zaocys* an.

Arten:
Ptyas dipsas
Ptyas korros, Indomalaysische Rattennatter
Ptyas luzonensis
Ptyas mucosus, Gebänderte Rattennatter
Ptyas tornieri

Gattung: **Ptychophis**
1 Art

Größe: Klein
Verbreitung: Brasilien
Lebensraum: Feuchtgebiete, in denen sie semi-aquatisch lebt
Nahrung: Frösche und Fische
Fortpflanzung: Lebend gebärend
Bemerkung: Mit hinten stehenden Giftzähnen ausgestattet und für den Menschen potenziell gefährlich

Arten:
Ptychophis flavovirgatus

Gattung: **Pythonodipsas**
1 Art

Größe: Klein, bis 60 cm
Verbreitung: Namibia und Angola
Lebensraum: Felsige Wüsten
Nahrung: Kleine Echsen und Nager
Fortpflanzung: Unbekannt
Bemerkung: Sie ist eine Ausnahme unter den Colubriden, da ihr Kopf mit vielen kleinen, unterteilten Schuppen bedeckt ist. Die Nasenlöcher sind nach oben gerichtet. Sie ist mit großen hinteren Giftzähnen ausgestattet, aber für Menschen ungefährlich. Sie versteckt sich tagsüber im Sand, und man findet sie oft am Fuß der gleichfalls ungewöhnlichen Pflanze *Welwitschia*.

Arten:
Pythonodipsas carinata, Westliche Kielschlange

Gattung: **Rabdion**
1 Art

Größe: Klein
Verbreitung: Sulawesi
Lebensraum: Unbekannt
Nahrung: Unbekannt
Fortpflanzung: Unbekannt
Bemerkung: Selten und kaum erforscht

Arten:
Rabdion forsteni

Gattung: **Regina**
Krabbennattern
4 Arten

Größe: Klein bis mittelgroß
Verbreitung: Nordamerika
Lebensraum: Stets in der Nähe von Wasser
Nahrung: Schalentiere und aquatische Insektenlarven. *R. septemvittata* gehört zu den ausgeprägtesten Nahrungsspezialisten unter den Schlangen: Sie frisst nur frisch gehäutete Krebse.
Fortpflanzung: Lebend gebärend
Bemerkung: Nah mit den *Nerodia*-Arten verwandt, denen sie ähneln

Arten:
Regina alleni, Gestreifte Krabbennatter
Regina grahami, Grahams Krabbennatter
Regina rigida
Regina septemvittata, Königin-Krabbennatter

Gattung: **Rhabdophis**
Waldwassertrugnattern
19 Arten

Größe: Mittelgroß, gewöhnlich kleiner als 1 m
Verbreitung: Zentral- und Südostasien, Indien, China und Japan
Lebensraum: Tümpel, Sümpfe, überflutete Flächen und träge fließende Flüsse
Nahrung: Fische und Frösche
Fortpflanzung: Eier legend
Bemerkung: Mit hinten stehenden Giftzähnen; gefährlich; wenigstens 1 Art, *R. tigrinus*, hat schon menschliche Opfer gefordert

Arten:
Rhabdophis adleri
Rhabdophis angeli
Rhabdophis auriculata
Rhabdophis barbouri
Rhabdophis callichroma
Rhabdophis ceylonensis, Ceylon-Waldwassertrugnatter
Rhabdophis chrysargoides
Rhabdophis chrysargos, Gefleckte Waldwassertrugnatter
Rhabdophis conspicillatus
Rhabdophis himalayanus, Himalaya-Waldwassertrugnatter
Rhabdophis leonardi
Rhabdophis lineata
Rhabdophis murudensis
Rhabdophis nigrocinctus, Schwarzgebänderte Waldwassertrugnatter
Rhabdophis nuchalis
Rhabdophis spilogaster
Rhabdophis subminiatus, Rothals-Waldwassertrugnatter
Rhabdophis swinhonis
Rhabdophis tigrinus, Tigernatter

Gattung: **Rhabdops**
2 Arten

Größe: Klein
Verbreitung: Indien, Nord-Myanmar und China
Lebensraum: Unbekannt
Nahrung: Wahrscheinlich Wirbellose
Fortpflanzung: Unbekannt

Arten:
Rhabdops bicolor
Rhabdops olivaceus

Gattung: **Rhachidelus**
1 Art

Größe: Ziemlich groß, über 1 m lang und stämmig
Verbreitung: Brasilien und Argentinien
Lebensraum: Bodenlebend in Wäldern
Nahrung: Hauptsächlich Vögel
Fortpflanzung: Eier legend
Bemerkung: Tagaktiv

Arten:
Rhachidelus brazili

Gattung: **Rhadinaea**
45 Arten

Größe: Klein
Verbreitung: Nord-, Mittel- und Südamerika, von North Carolina (*R. flavilata*) bis Argentinien
Lebensraum: Vielfältig, aber oft feuchte, waldige Orte, unter Stämmen und Waldabfällen
Nahrung: Würmer und andere Wirbellose, Frösche, Froscheier und kleine Reptilien
Fortpflanzung: Die Weibchen produzieren nur kleine Gelege
Bemerkung: Versteckt lebend. Die Gültigkeit einiger Arten ist umstritten.

Arten:
Rhadinaea altamontana
Rhadinaea anochoreta
Rhadinaea beui
Rhadinaea bogertorum
Rhadinaea calligaster
Rhadinaea cuneata
Rhadinaea decipiens
Rhadinaea decorata
Rhadinaea dumerilli
Rhadinaea flavilata
Rhadinaea forbesi
Rhadinaea fulviceps
Rhadinaea fulvivittis
Rhadinaea gaigeae
Rhadinaea godmani
Rhadinaea guentheri
Rhadinaea hannsteini
Rhadinaea hempsteadae
Rhadinaea hesperia
Rhadinaea kanalchutchan
Rhadinaea kinkelini
Rhadinaea lachrymans
Rhadinaea lateristriga
Rhadinaea laureata
Rhadinaea macdougalli
Rhadinaea marcellae
Rhadinaea montana
Rhadinaea montecristi
Rhadinaea multilineata
Rhadinaea myersi
Rhadinaea omiltemana
Rhadinaea pachyura
Rhadinaea pilonaorum
Rhadinaea pinicola
Rhadinaea posadasi
Rhadinaea pulveriventris
Rhadinaea quinquelineata
Rhadinaea rogerromani
Rhadinaea sargenti
Rhadinaea schistosa
Rhadinaea serperaster

Rhadinaea stadelmani
Rhadinaea taeniata
Rhadinaea tolpanorum
Rhadinaea vermiculaticeps

Gattung: **Rhadinophanes**
1 Art

Größe: Klein
Verbreitung: Südamerika
Lebensraum: Unbekannt
Nahrung: Unbekannt
Fortpflanzung: Unbekannt
Bemerkung: Selten und kaum erforscht

Arten:
Rhadinophanes monticola

Gattung: **Rhamnophis**
Schwarze Baumschlangen
2 Arten

Größe: Klein
Verbreitung: West- und Zentralafrika
Lebensraum: Tropische Wälder
Nahrung: Unbekannt
Fortpflanzung: Unbekannt
Bemerkung: Sehr selten und kaum erforscht

Arten:
Rhamnophis aethiopissa
Rhamnophis batesii

Gattung: **Rhamphiophis**
Schnabelnasennattern
4 Arten

Größe: Mittelgroß bis groß und stämmig
Verbreitung: Afrika
Lebensraum: Trockenes, buschiges Gelände
Nahrung: Reptilien, Vögel und Kleinsäuger
Fortpflanzung: Eier legend

Arten:
Rhamphiophis acutus, Spitze Schnabelnasennatter
Rhamphiophis maradiensis, Maradi-Schnabelnasennatter
Rhamphiophis oxyrhynchus, Westafrikanische Schnabelnasennatter
Rhamphiophis rubropunctatus, Rötlichgepunktete Schnabelnasennatter

Gattung: **Rhinobothryum**
2 Arten

Größe: Groß und schlank mit stumpfem Kopf
Verbreitung: Mittel- und Südamerika
Lebensraum: Baumlebend in Wäldern
Nahrung: Unbekannt
Fortpflanzung: Unbekannt
Bemerkung: Leuchtend gebändert wie die Korallenotter, *Micrurus alleni*, die in der gleichen Region lebt. Nachtaktiv.

Arten:
Rhinobothryum bovallii
Rhinobothryum lentiginosum

Gattung: **Rhinocalamus**
1 Art

Größe: Klein
Verbreitung: Südostasien
Lebensraum: Mannigfaltig; unterirdisch lebend
Nahrung: Würmer und andere weiche Wirbellose
Fortpflanzung: Eier legend

Arten:
Rhinocalamus dimidiatus

Gattung: **Rhinocheilus**
Langnasennattern
1 Art

Größe: Mittelgroß, bis fast 1 m
Verbreitung: Nordamerika und nördliches Mexiko
Lebensraum: An trockenen Stellen, am Boden lebend
Nahrung: Hauptsächlich Echsen, aber auch Schlangen, Kleinsäuger und Vögel
Fortpflanzung: Eier legend
Bemerkung: Überwiegend nachtaktiv. Eine zweite Form, *R. lecontei antoni*, könnte eine eigene Art sein

Arten:
Rhinocheilus lecontei, Langnasennatter

Gattung: **Rhynchocalamus**
8 Arten

Größe: Klein und schlank
Verbreitung: Mittlerer Osten
Lebensraum: Trockene Bereiche
Nahrung: Wirbellose und kleine Reptilien
Fortpflanzung: Wahrscheinlich Eier legend
Bemerkung: Über die Zahl der Arten dieser Gattung besteht Uneinigkeit; einige der angeführten könnten unzutreffend sein

Arten:
Rhynchocalamus arabicus
Rhynchocalamus dorsolateralis
Rhynchocalamus eberhardti
Rhynchocalamus melanocephalus, Schwarzkopf-Zwergnatter
Rhynchocalamus phaenochalinus
Rhynchocalamus propinquis
Rhynchocalamus satunini
Rhynchocalamus violaceus

Gattung: **Rhynchophis**
1 Arten

Größe: Mittelgroß
Verbreitung: China und Nordvietnam
Lebensraum: Baumlebend in Wäldern
Nahrung: Unbekannt
Fortpflanzung: Unbekannt
Bemerkung: Der Körper ist schlank und hellgrün, der Kopf ist schmal und hat ein aufgerichtetes, fleischiges »Horn« auf der Schnauzenspitze

Arten:
Rhynchophis boulengeri

Gattung: **Salvadora**
Pflasternasennattern
7 Arten

Größe: Bis 1 m Länge, mit schlankem Körper
Verbreitung: Nord- und Mittelamerika
Lebensraum: Trockene, sandige und steinige Bereiche
Nahrung: Hauptsächlich Echsen und Schlangen
Fortpflanzung: Eier legend
Bemerkung: Flinke, tagaktive Jäger

Arten:
Salvadora bairdi
Salvadora deserticola
Salvadora grahamiae, Berg-Pflasternasennatter
Salvadora hexalepis, Westliche Pflasternasennatter
Salvadora intermedia
Salvadora lemniscata
Salvadora mexicana, Mexikanische Pflasternasennatter

Gattung: **Saphenophis**
5 Arten

Größe: Klein
Verbreitung: Südamerika (Kolumbien, Ekuador und Peru)
Lebensraum: Feuchte Wälder
Nahrung: Unbekannt
Fortpflanzung: Unbekannt
Bemerkung: Selten und kaum erforscht. Einige Arten wurden früher der Gattung *Lygophis* zugeordnet.

Arten:
Saphenophis antioquiensis
Saphenophis atahuallpae
Saphenophis boursieri
Saphenophis sneiderni
Saphenophis tristriatus

Gattung: **Scaphiodontophis**
Amerikanische Vielzahnnattern
4 Arten

Größe: Klein
Verbreitung: Mittel- und Südamerika
Lebensraum: Wälder
Nahrung: Wahrscheinlich Echsen und Schlangen
Fortpflanzung: Eier legend

Arten:
Scaphiodontophis annulatus
Scaphiodontophis carpicinctus
Scaphiodontophis dugandi
Scaphiodontophis venustissimus

Gattung: **Scaphiophis**
2 Arten

Größe: Bis 1 m
Verbreitung: Zentral- und Westafrika
Lebensraum: Unbekannt
Nahrung: Unbekannt
Fortpflanzung: Eier legend.

Arten:
Scaphiophis albopunctatus
Scaphiophis raffreyi

Gattung: **Scolecophis**
1 Art

Größe: Klein und schlank
Verbreitung: Mittelamerika
Lebensraum: Wälder
Nahrung: Tausenfüßer
Fortpflanzung: Eier legend
Bemerkung: Eine auffallend gezeichnete falsche Korallenschlange

Arten:
Scolecophis atrocinctus

Gattung: **Seminatrix**
Nordamerikanische Sumpfnattern
1 Art

Größe: Klein
Verbreitung: Südöstliche USA
Lebensraum: Stehende Gewässer, besonders mit Schwimmblattdecke
Nahrung: Fische, Frösche, Kaulquappen, Salamander und Egel
Fortpflanzung: Lebend gebärend

Arten:
Seminatrix pygaea, Schwarze Sumpfnatter

Gattung: **Senticolis**
1 Art

Größe: Lang, bis 2 m, aber recht schlank
Verbreitung: Nord- und Mittelamerika
Lebensraum: Teils baumlebend in Wäldern
Nahrung: Echsen, Vögel und Kleinsäuger
Fortpflanzung: Eier legend
Bemerkung: Früher der Gattung *Elaphe* zugeordnet

Arten:
Senticolis triaspis

Gattung: **Sibon**
Südamerikanische Schneckennattern
15 Arten

Größe: Klein: oft recht lang, aber sehr schlank und mit gerundetem Kopf
Verbreitung: Mittel- und Südamerika.
Lebensraum: Baumlebend in Wäldern
Nahrung: Nackt- und Gehäuseschnecken, wofür sie speziell umgebildete Kiefer haben
Fortpflanzung: Eier legend

Arten:
Sibon annulata
Sibon annuliferus

Sibon anthracops
Sibon argus
Sibon carri
Sibon dimidiata
Sibon dunni
Sibon fasciata, Gebänderte Schneckennatter
Sibon fischeri
Sibon longifrenis
Sibon nebulata, Südamerikanische Schneckennatter
Sibon philippii
Sibon sanniola, Zwerg-Schneckennatter
Sibon sartorii
Sibon zweifeli, Zweifels Schneckennatter

Gattung: **Sibynomorphus**
12 Arten

Größe: Klein
Verbreitung: Südamerika
Lebensraum: Wälder und Lichtungen
Nahrung: Nackt- und Gehäuseschnecken
Fortpflanzung: Wahrscheinlich Eier legend

Arten:
Sibynomorphus inaequifasciatus
Sibynomorphus lavillai
Sibynomorphus mikanii
Sibynomorphus neuwiedi
Sibynomorphus oligozonatus
Sibynomorphus oneilli
Sibynomorphus petersi
Sibynomorphus turgidus
Sibynomorphus vagrans
Sibynomorphus vagus
Sibynomorphus ventrimaculatus
Sibynomorphus williamsi

Gattung: **Sibynophis**
Asiatische Vielzahnnattern
10 Arten

Größe: Klein und schlank
Verbreitung: Indien, Nepal, Sri Lanka, Südchina und Südostasien
Lebensraum: Wälder
Nahrung: Unbekannt
Fortpflanzung: Eier legend
Bemerkung: Versteckt lebend und wenig erforscht

Arten:
Sibynophis bistrigatus, Zweistreifen-Vielzahnnatter
Sibynophis bivittatus
Sibynophis chinensis, China-Vielzahnnatter
Sibynophis collaris, Halsband-Vielzahnnatter
Sibynophis geminatus, Indonesische Vielzahnnatter
Sibynophis grahami
Sibynophis melanocephalus, Schwarzkopf-Vielzahnnatter
Sibynophis sagittarius, Cantors Schwarzkopf-Vielzahnnatter
Sibynophis subpunctatus
Sibynophis triangularis

Gattung: **Simophis**
2 Arten

Größe: Klein und schlank
Verbreitung: Brasilien
Lebensraum: Felder und Lichtungen
Nahrung: Unbekannt
Fortpflanzung: Unbekannt

Arten:
Simophis rhinostoma
Simophis rhodei

Gattung: **Sinonatrix**
Asiatische Schwimmnattern
6 Arten

Größe: Ziemlich groß, bis 1 m
Verbreitung: China und Vietnam
Lebensraum: Sümpfe, Moore und Teiche
Nahrung: Fische und Amphibien
Fortpflanzung: Lebend gebärend, soweit bekannt

Arten:
Sinonatrix aequifasciata
Sinonatrix annularis
Sinonatrix bellula
Sinonatrix dunni
Sinonatrix percarinata
Sinonatrix yunnanensis

Gattung: **Siphlophis**
5 Arten

Größe: Klein bis mittelgroß
Verbreitung: Mittel- und Südamerika
Lebensraum: Baumlebend in Wäldern
Nahrung: Frösche und Echsen
Fortpflanzung: Eier legend
Bemerkung: Mit hinten stehenden Giftzähnen ausgestattet und in der Lage, lokale Schmerzen und Schwellungen beim Menschen zu erzeugen; nachtaktiv

Arten:
Siphlophis cervinus
Siphlophis leucocephalus
Siphlophis longicaudatus
Siphlophis pulcher
Siphlophis worontzowi

Gattung: **Sonora**
Nordamerikanische Bodenschlangen
4 Arten

Größe: Klein
Verbreitung: Nordamerika und Mexiko
Lebensraum: Trockene Orte
Nahrung: Insekten, Spinnen und Skorpione
Fortpflanzung: Eier legend
Bemerkung: Die Zeichnung ist außerordentlich variabel und verschiedene Farbvarianten wurden manchmal als eigene Arten angesehen

Arten:
Sonora aemula
Sonora episcopa
Sonora michoacanensis
Sonora semiannulata

Gattung: **Sordellina**
1 Art

Größe: Klein
Verbreitung: Brasilien
Lebensraum: Feuchtflächen in Wassernähe
Nahrung: Frösche und Kaulquappen
Fortpflanzung: Eier legend

Arten:
Sordellina punctata

Gattung: **Spalerosophis**
Diademnattern
6 Arten

Größe: Ziemlich groß, bis über 1 m
Verbreitung: Nordafrika und Mittlerer Osten, Pakistan bis Nordindien
Lebensraum: Wüsten und Buschland
Nahrung: Nager, Vögel und möglicherweise Echsen
Fortpflanzung: Eier legend

Arten:
Spalerosophis arenarius
Spalerosophis atriceps, Schwarzköpfige Diademnatter
Spalerosophis diadema, Diademnatter
Spalerosophis dolichospilus
Spalerosophis josephscorteccii
Spalerosophis microlepis

Gattung: **Spilotes**
Hühnerfresser
1 Art

Größe: Groß, bis über 2 m
Verbreitung: Mittel- und Südamerika, von Mexiko bis Argentinien
Lebensraum: Mannigfaltig, oft trockene Wälder, wo sie nur auf Bäumen leben; oft in der Nähe menschlicher Behausungen
Nahrung: Amphibien, Reptilien, Vögel, Vogeleier, Fledermäuse und andere Säugetiere
Fortpflanzung: Eier legend
Bemerkung: Der schmale Körper ist leuchtend grün und gelb gezeichnet und trägt einen deutlichen Rückenkamm. Eine bekannte und häufige Art, die sich beißend wütend verteidigt, für den Menschen aber harmlos ist.

Arten:
Spilotes pullatus, Hühnerfresser

Gattung: **Stegonotus**
11 Arten

Größe: Mittelgroß bis groß
Verbreitung: Südostasien, einschließlich Philippinen, Neuguinea und Nordaustralien
Lebensraum: Vielfältig
Nahrung: Fische, Frösche und Kaulquappen
Fortpflanzung: Eier legend

Arten:
Stegonotus batjanensis
Stegonotus borneensis
Stegonotus cucullatus
Stegonotus diehli
Stegonotus dumerilii
Stegonotus florensis
Stegonotus guentheri
Stegonotus heterurus
Stegonotus modestus
Stegonotus muelleri
Stegonotus parvus

Gattung: **Stenophis**
15 Arten

Größe: Lang und schlank
Verbreitung: Madagaskar
Lebensraum: Baumlebend in Wäldern
Nahrung: Unbekannt, aber wahrscheinlich baumlebende Echsen
Fortpflanzung: Lebend gebärend, soweit bekannt
Bemerkung: Mehrere Arten wurden erst kürzlich beschrieben und manche sind nur durch wenige Exemplare bekannt

Arten:
Stenophis arctifasciatus
Stenophis betsileanus
Stenophis capuroni
Stenophis carleti
Stenophis citrinus
Stenophis gaimardi
Stenophis granuliceps
Stenophis guentheri
Stenophis iarakaensis
Stenophis inopinae
Stenophis inornatus
Stenophis jaosoloa
Stenophis pseudogranuliceps
Stenophis tulearensis
Stenophis variabilis

Gattung: **Stenorrhina**
Skorpionesser
2 Arten

Größe: Mittelgroß, mit stämmigem Körper
Verbreitung: Mittel- und Südamerika, von Mexiko bis Ekuador
Lebensraum: Wälder und Grasländer der Niederungen
Nahrung: Wirbellose, besonders Spinnen und Skorpione
Fortpflanzung: Eier legend

Arten:
Stenorrhina degenhardtii, Degenhardts Skorpionesser
Stenorrhina freminvillei, Skorpionesser

Gattung: **Stilosoma**
Kurzschwanznattern
1 Art

Größe: Klein, sehr schlank

Verbreitung: Zentralflorida
Lebensraum: Unterirdisch in trockenen, sandigen Nadelwäldern
Nahrung: Kleine Schlangen und Echsen
Fortpflanzung: Eier legend

Arten:
Stilosoma extenuatum, Kurzschwanznatter

Gattung: **Stoliczkaia**
2 Arten

Größe: Klein
Verbreitung: Indien (*S. khasiensis*) und Borneo
Lebensraum: Bergland
Nahrung: Unbekannt
Fortpflanzung: Unbekannt
Bemerkung: Seltene Schlangen, deren Biologie und Verwandtschaft kaum erforscht sind

Arten:
Stoliczkaia borneensis
Stoliczkaia khasiensis

Gattung: **Storeria**
Braunschlangen
4 Arten

Größe: Klein
Verbreitung: Nord- und Mittelamerika, von Kanada bis Honduras
Lebensraum: Feuchtflächen, einschließlich Gärten, Parks, Felder und Hügel
Nahrung: Wirbellose wie Schnecken und Insekten
Fortpflanzung: Lebend gebärend

Arten:
Storeria dekayi, Dunkle Braunschlange
Storeria hidalgoensis
Storeria occipitomaculata, Rotbauch-Braunschlange
Storeria storerioides

Gattung: **Symphimus**
2 Arten

Größe: Klein, bis etwa 50 cm, und schlank
Verbreitung: Mexiko
Lebensraum: Trockene und feuchte Wälder
Nahrung: Insekten, besonders Heuschrecken und Grillen
Fortpflanzung: Wahrscheinlich Eier legend
Bemerkung: Teilweise baumlebend

Arten:
Symphimus leucostomus
Symphimus mayae

Gattung: **Sympholis**
1 Art

Größe: Klein
Verbreitung: Mexiko
Lebensraum: Unterirdisch in trockenen Wäldern und Gebüschen
Nahrung: Wahrscheinlich Echsen
Fortpflanzung: Unbekannt
Bemerkung: Diese versteckt lebende Art ist sehr wenig erforscht

Arten:
Sympholis lippiens

Gattung: **Synophis**
5 Arten

Größe: Klein bis mittelgroß
Verbreitung: Kolumbien und Ekuador
Lebensraum: Feuchtflächen
Nahrung: Wahrscheinlich Echsen
Fortpflanzung: Eier legend

Arten:
Synophis bicolor
Synophis calamitus
Synophis lasallei
Synophis miops
Synophis plectovertebralis

Gattung: **Tachymenis**
7 Arten

Größe: Klein
Verbreitung: Nordwestliches Südamerika
Lebensraum: Trockene Flächen
Nahrung: Wahrscheinlich Echsen
Fortpflanzung: Lebend gebärend

Arten:
Tachymenis affinis
Tachymenis attenuata
Tachymenis chilensis
Tachymenis elongata
Tachymenis peruviana
Tachymenis surinamensis
Tachymenis tarmensis

Gattung: **Taeniophallus**
5 Arten

Größe: Klein
Verbreitung: Südamerika
Lebensraum: Unbekannt
Nahrung: Unbekannt
Fortpflanzung: Unbekannt
Bemerkung: Wenig bekannt; einige Arten wurden erst kürzlich beschrieben

Arten:
Taeniophallus affinis
Taeniophallus bilineatus
Taeniophallus brevirostris
Taeniophallus occipitalis
Taeniophallus persimilis

Gattung: **Tantalophis**
1 Art

Größe: Klein
Verbreitung: Südliches Mittelmexiko
Lebensraum: Nadel- und Nebelwälder in großer Höhe
Nahrung: Unbekannt
Fortpflanzung: Unbekannt
Bemerkung: Selten und kaum erforscht

Arten:
Tantalophis discolor

Gattung: **Tantilla**
Schwarzkopfnattern
68 Arten

Größe: Sehr klein und schlank
Verbreitung: Nord-, Mittel- und Südamerika
Lebensraum: Mannigfaltig, von Wüsten bis zu Wäldern
Nahrung: Insekten und ihre Larven
Fortpflanzung: Die Weibchen legen 1–3 Eier
Bemerkung: Die vielen Arten sind sich sehr ähnlich, gewöhnlich braun mit schwarzer »Kappe«. Einige haben nur kleine Verbreitungsgebiete. Versteckt lebende Schlangen, die hauptsächlich nachts aktiv sind und sich tagsüber unter Steinen, Stämmen und Abfällen verbergen.

Arten:
Tantilla albiceps
Tantilla alticola
Tantilla andinista
Tantilla armillata
Tantilla atriceps, Mexikanische Schwarzkopfnatter
Tantilla bairdi
Tantilla bocourti
Tantilla boipiranga
Tantilla brevicauda
Tantilla brevis
Tantilla briggsi
Tantilla calamarina
Tantilla canula
Tantilla capistrata
Tantilla cascadae
Tantilla coronadoi
Tantilla coronata, Gekrönte Schwarzkopfnatter
Tantilla cucullata
Tantilla cuesta
Tantilla cuniculator
Tantilla deppei
Tantilla deviatrix
Tantilla equatoriana
Tantilla excubitor
Tantilla flavilineata
Tantilla fraseri
Tantilla gracilis, Flachkopf-Schwarzkopfnatter
Tantilla hobartsmithi, Südwestliche Schwarzkopfnatter
Tantilla impensa
Tantilla insulamontana
Tantilla jani
Tantilla johnsoni
Tantilla lempira
Tantilla longifrontalis
Tantilla melanocephala, Gewöhnliche Schwarzkopfnatter
Tantilla mexicana
Tantilla miniata
Tantilla miyatai
Tantilla moesta
Tantilla morgani
Tantilla nigra
Tantilla nigriceps, Flachland-Schwarzkopfnatter
Tantilla oaxacae
Tantilla oolitica
Tantilla petersi
Tantilla planiceps, Kalifornische Schwarzkopfnatter
Tantilla relicta, Halbinsel-Schwarzkopfnatter
Tantilla reticulata
Tantilla robusta
Tantilla rubra
Tantilla schistosa
Tantilla semicincta, Gebänderte Schwarzkopfnatter
Tantilla sertula
Tantilla shawi
Tantilla slavensi
Tantilla striata
Tantilla supracincta
Tantilla taeniata
Tantilla tayrae
Tantilla tecta
Tantilla trilineata, Dreistreifen-Schwarzkopfnatter
Tantilla triseriata
Tantilla tritaeniata
Tantilla vermiformis
Tantilla virgata
Tantilla vulcani
Tantilla wilcoxi, Chihuahua-Schwarzkopfnatter
Tantilla yaquia, Yaqui-Schwarzkopfnatter

Gattung: **Tantillita**
3 Arten

Größe: Sehr klein
Verbreitung: Mittelamerika
Lebensraum: Tieflandwälder
Nahrung: Wirbellose
Fortpflanzung: Eier legend
Bemerkung: Nah mit den *Tantilla*-Arten verwandt, denen sie ähneln

Arten:
Tantillita brevissima
Tantillita canula
Tantillita lintoni

Gattung: **Telescopus**
Katzennattern
16 Arten

Größe: Mittelgroß, aber schlank
Verbreitung: Afrika, Balkan (*T. fallax*) und Naher Osten
Lebensraum: Vielfältig, aber gewöhnlich an trockenen, steinigen Plätzen
Nahrung: Eidechsen und andere Echsen, kleine Nager
Fortpflanzung: Eier legend
Bemerkung: Mit hinten stehenden Giftzähnen ausgestattet, aber für Menschen ungefährlich. Ausgesprochen nachtaktiv.

Arten:
Telescopus beetzi, Namib-Katzennatter
Telescopus dhara, Israelische Katzennatter
Telescopus fallax, Europäische Katzennatter
Telescopus gabesiensis
Telescopus gezirae
Telescopus guentheri, Guenthers Katzennatter

Telescopus guidimakensis
Telescopus hoogstraali
Telescopus iberus
Telescopus nigriceps
Telescopus obtusus
Telescopus pulcher
Telescopus rhinopoma
Telescopus semiannulatus, Östliche Katzennatter
Telescopus tessellatus
Telescopus variegatus

Gattung: **Tetralepis**
Indonesische Bergnattern
1 Art

Größe: Klein
Verbreitung: Java
Lebensraum: Kühle Bergwälder
Nahrung: Unbekannt
Fortpflanzung: Unbekannt
Bemerkung: Selten und wenig erforscht

Arten:
Tetralepis fruhstorferi, Java-Bergnatter

Gattung: **Thamnodynastes**
13 Arten

Größe: Klein bis mittelgroß und stämmig
Verbreitung: Südamerika
Lebensraum: In Wäldern; in Bäumen oder am Boden lebend
Nahrung: Wahrscheinlich Echsen
Fortpflanzung: Lebend gebärend
Bemerkung: Mit hinten stehenden Giftzähnen ausgestattet, die beim Menschen lokale Schmerzen und Schwellungen hervorrufen können; hauptsächlich nachtaktiv

Arten:
Thamnodynastes almae
Thamnodynastes chaquensis
Thamnodynastes chimanta
Thamnodynastes corocoroensis
Thamnodynastes duida
Thamnodynastes gambotensis
Thamnodynastes hypoconia
Thamnodynastes marahuaquensis
Thamnodynastes pallidus
Thamnodynastes rutilus
Thamnodynastes strigatus
Thamnodynastes strigilis
Thamnodynastes yavi

Gattung: **Thamnophis**
Strumpfbandnattern
29 Arten

Größe: Klein bis ziemlich groß, bis über 1 m, mit schlankem Körper
Verbreitung: Nord- und Mittelamerika
Lebensraum: Gewöhnlich Feuchtflächen, oft in Wassernähe
Nahrung: Würmer, Fische, Amphibien und ihre Larven, manchmal Kleinsäuger
Fortpflanzung: Die Weibchen bringen, bei einigen Arten bis zu 100, lebende Junge zur Welt
Bemerkung: Tagaktiv

Arten:
Thamnophis angustirostris
Thamnophis atratus
Thamnophis brachystoma, Kurzkopf-Strumpfbandnatter
Thamnophis butleri, Butlers Strumpfbandnatter
Thamnophis chrysocephalus
Thamnophis couchii, Westliche Wasser-Strumpfbandnatter
Thamnophis cyrtopsis, Schwarznacken-Strumpfbandnatter
Thamnophis elegans
Thamnophis eques, Mexikanische Strumpfbandnatter
Thamnophis exsul
Thamnophis fulvus
Thamnophis gigas
Thamnophis godmani
Thamnophis hammondii, Zweistreifen-Strumpfbandnatter
● *Thamnophis marcianus*, Bunte Strumpfbandnatter (S. 100–101)
Thamnophis melanogaster
Thamnophis mendax
Thamnophis ordinoides, Nordwestliche Strumpfbandnatter
Thamnophis proximus, Westliche Strumpfbandnatter
Thamnophis radix, Flachland-Strumpfbandnatter
Thamnophis rufipunctatus
Thamnophis sauritus, Östliche Bändernatter
Thamnophis scalaris
Thamnophis scaliger
● *Thamnophis sirtalis*, Gewöhnliche Strumpfbandnatter (S. 102–103)
Thamnophis sumichrasti
Thamnophis valida, Baja-Strumpfbandnatter
Thamnophis vicinus

Gattung: **Thelotornis**
Vogelnattern
3 Arten

Größe: Lang, bis fast 2 m, und extrem schlank und zweigförmig
Verbreitung: Afrika südlich der Sahara
Lebensraum: Regenwälder und gebüschreiche Grasländer, wo sie stets im Geäst leben
Nahrung: Echsen und Vögel
Fortpflanzung: Eier legend
Bemerkung: Der Kopf ist langgestreckt und spitz, und die Augen haben schlüssellochförmige Pupillen; tagaktiv

Arten:
Thelotornis capensis, Kap-Vogelnatter
Thelotornis kirtlandii, Kirtlands Vogelnatter
Thelotornis usambaricus

Gattung: **Thermophis**
1 Art

Größe: Ziemlich klein
Verbreitung: Tibet
Lebensraum: Berge in etwa 4500 m Höhe
Nahrung: Unbekannt
Fortpflanzung: Unbekannt

Arten:
Thermophis baileyi

Gattung: **Thrasops**
Schwarze Baumschlangen
4 Arten

Größe: Groß
Verbreitung: Tropisches Afrika
Lebensraum: Baumlebend in Wäldern
Nahrung: Frösche, Echsen und Kleinsäuger
Fortpflanzung: Eier legend

Arten:
Thrasops aethiopissa
Thrasops flavifularis
Thrasops jacksonii, Jacksons Baumschlange
Thrasops occidentalis

Gattung: **Toluca**
4 Arten

Größe: Klein
Verbreitung: Zentralmexiko
Lebensraum: Bergwälder
Nahrung: Unbekannt
Fortpflanzung: Unbekannt

Arten:
Toluca amphistricha
Toluca conica
Toluca lineata
Toluca megalodon

Gattung: **Tomodon**
3 Arten

Größe: Klein
Verbreitung: Brasilien und Argentinien
Lebensraum: Wälder
Nahrung: Unbekannt
Fortpflanzung: Unbekannt

Arten:
Tomodon degener
Tomodon dorsatus
Tomodon ocellatus

Gattung: **Toxicodryas**
2 Arten

Größe: Unbekannt
Verbreitung: West- und Zentralafrika
Lebensraum: Unbekannt
Nahrung: Unbekannt
Fortpflanzung: Unbekannt
Bemerkung: Extrem selten und kaum erforscht

Arten:
Toxicodryas blandingii
Toxicodryas pulverulenta

Gattung: **Trachischium**
Asiatische Wurmnattern
5 Arten

Größe: Klein
Verbreitung: Nordindien, Nepal und Myanmar
Lebensraum: Wälder, wahrscheinlich am Boden lebend
Nahrung: Unbekannt
Fortpflanzung: Unbekannt
Bemerkung: Wahrscheinlich nachtaktiv
Arten:
Trachischium fuscum, Darjeeling-Wurmnatter
Trachischium guentheri, Guenthers Wurmnatter
Trachischium laeve
Trachischium monticola
Trachischium tenuiceps, Orangebauch-Wurmnatter

Gattung: **Tretanorhinus**
Zentralamerikanische Sumpfnattern
4 Arten

Größe: Klein
Verbreitung: Mittelamerika bis nördliches Südamerika und Karibik
Lebensraum: Flache, stark verkrautete Gewässer. *T. nigroluteus* wurde auch im Meer schwimmend gefunden.
Nahrung: Fische, Frösche und Kaulquappen
Fortpflanzung: Eier legend
Bemerkung: Nachtaktiv

Arten:
Tretanorhinus mocquardi
Tretanorhinus nigroluteus
Tretanorhinus taeniatus
Tretanorhinus variabilis

Gattung: **Trimetopon**
6 Arten

Größe: Klein
Verbreitung: Mittelamerika
Lebensraum: Regenwälder
Nahrung: Unbekannt
Fortpflanzung: Unbekannt

Arten:
Trimetopon barbouri
Trimetopon gracile
Trimetopon pliolepis
Trimetopon simile
Trimetopon slevini
Trimetopon viquezi

Gattung: **Trimorphodon**
Lyraschlangen
2 Arten

Größe: Mittelgroß, bis etwa 1 m, mit schlankem Körper
Verbreitung: Nord- und Mittelamerika
Lebensraum: Trockene, gebüschreiche Orte, oft zwischen Felsen
Nahrung: Hauptsächlich Echsen, aber auch Schlangen und Kleinsäuger, einschließlich Fledermäusen

Fortpflanzung: Eier legend
Bemerkung: Mit hinten stehenden Giftzähnen ausgestattet, aber für Menschen ungefährlich. Mehrere Unterarten von *T. biscutatus* werden manchmal als eigene Arten angesehen.

Arten:
Trimorphodon biscutatus
Trimorphodon tau

Gattung: **Tripanurgos**
1 Art

Größe: Mittelgroß mit sehr schlankem, seitlich abgeflachten Körper
Verbreitung: Mittel- und Südamerika, einschließlich der Insel Trinidad
Lebensraum: Hauptsächlich baumlebend in Wäldern
Nahrung: Hauptsächlich Frösche
Fortpflanzung: Eier legend

Arten:
Tripanurgos compressus

Gattung: **Tropidoclonion**
1 Art

Größe: Klein
Verbreitung: Nordamerika
Lebensraum: Vielfältig, in Grasland, Gärten, Parks und Feldern
Nahrung: Würmer
Fortpflanzung: Lebend gebärend

Arten:
Tropidoclonion lineatum

Gattung: **Tropidodryas**
3 Arten

Größe: Mittelgroß, bis 1 m
Verbreitung: Südliches Brasilien
Lebensraum: Wahrscheinlich baumlebend in Wäldern
Nahrung: Frösche, Echsen, Vögel und Kleinsäuger
Fortpflanzung: Unbekannt

Arten:
Tropidodryas pseudoserra
Tropidodryas serra
Tropidodryas striaticeps

Gattung: **Tropidonophis**
Australische Kielschlangen
17 Arten

Größe: Mittelgroß, bis 1,2 m
Verbreitung: Neuguinea und Borneo; 1 Art (*T. mairii*) kommt auch in Nordaustralien vor
Lebensraum: Semi-aquatisch in Sümpfen, Mooren, Tümpeln und Gräben
Nahrung: Hauptsächlich Fische und Frösche, aber gelegentlich auch kleine Echsen
Fortpflanzung: Eier legend
Bemerkung: Eine komplexe Gattung. Manche Arten werden verschiedentlich unter der älteren Bezeichnung *Macropophis* geführt, die hier für 4 philippinische Arten reserviert ist. *T. flavifrons* und *T. muruensis* aus Borneo werden manchmal der Gattung *Natrix* zugeordnet. Andere Arten wurden früher verschiedenen anderen Gattungen zugeordnet.

Arten:
Tropidonophis aenigmaticus
Tropidonophis dahlii
Tropidonophis doriae
Tropidonophis elongatus
Tropidonophis flavifrons
Tropidonophis mairii
Tropidonophis mcdowelli
Tropidonophis montanus
Tropidonophis multiscutellatus
Tropidonophis muruensis
Tropidonophis negrosensis
Tropidonophis novaeguinea
Tropidonophis parkeri
Tropidonophis picturata
Tropidonophis punctiventris
Tropidonophis statisticus
Tropidonophis truncatus

Gattung: **Umbrivaga**
3 Arten

Größe: Klein
Verbreitung: Nördliches Südamerika
Lebensraum: Bodenlebend
Nahrung: Unbekannt
Fortpflanzung: Unbekannt
Bemerkung: Kaum erforscht

Arten:
Umbrivaga mertensi
Umbrivaga pyburni
Umbrivaga pygmaea

Gattung: **Uromacer**
Spitzkopfnattern
4 Arten

Größe: Mittelgroß bis groß und schlank
Verbreitung: Hispaniola und umliegende Inseln
Lebensraum: Wälder
Nahrung: Echsen, besonders *Anolis*-Arten
Fortpflanzung: Wahrscheinlich Eier legend

Arten:
Uromacer catesbyi,
Catesby-Spitzkopfnatter
Uromacer frenatus
Uromacer oxyrhynchus,
Haiti-Spitzkopfnatter
Uromacer wetmorei

Gattung: **Uromacerina**
1 Art

Größe: Mittelgroß und schlank
Verbreitung: Brasilien
Lebensraum: Wahrscheinlich baumlebend in Wäldern
Nahrung: Baumlebende Echsen
Fortpflanzung: Wahrscheinlich Eier legend
Bemerkung: Kaum erforscht

Arten:
Uromacerina ricardinii

Gattung: **Virginia**
Erdschlangen
3 Arten

Größe: Klein, bis 30 cm oder weniger
Verbreitung: Südöstliches Nordamerika
Lebensraum: Unter Steinen und Abfällen, gewöhnlich an feuchten Orten
Nahrung: Würmer
Fortpflanzung: Lebend gebärend
Bemerkung: Versteckt lebend; *V. pulchra* könnte eine Unterart von *V. valeriae* sein

Arten:
Virginia pulchra,
Berg-Erdschlange
Virginia striatula,
Raue Erdschlange
Virginia valeriae,
Glatte Erdschlange

Gattung: **Waglerophis**
1 Art

Größe: Mittelgroß und stämmig
Verbreitung: Südamerika
Lebensraum: Feuchte Stellen in Wäldern
Nahrung: Amphibien, hauptsächlich Kröten
Fortpflanzung: Eier legend
Bemerkung: Lange hintere Giftzähne, mit denen sie den Körper von Kröten punktiert. Die Wirkung ihres Giftes auf Menschen ist unbekannt.

Arten:
Waglerophis merremi

Gattung: **Wallophis**
1 Art

Größe: Klein
Verbreitung: Indien
Lebensraum: Unbekannt
Nahrung: Unbekannt
Fortpflanzung: Eier legend
Bemerkung: Früher der Gattung *Coronella* zugeordnet. Eine zweite Art, *W. bella*, wird auch als *Oligodon bella* geführt.

Arten:
Wallophis brachyura

Gattung: **Xenelaphis**
2 Arten

Größe: Groß, bis 2 m oder mehr
Verbreitung: Thailand, Malaysische Halbinsel, Borneo und Java
Lebensraum: Semi-aquatisch in Sümpfen
Nahrung: Hauptsächlich Frösche
Fortpflanzung: Eier legend
Bemerkung: Kaum erforscht

Arten:
Xenelaphis ellipsifer
Xenelaphis hexagonotus,
Indomalaysische Rattennatter

Gattung: **Xenochrophis**
Fischnattern
10 Arten

Größe: Mittelgroß, manche Arten bis über 1 m
Verbreitung: Von Afghanistan bis Südostasien und zum indonesischen Archipel. Eine Art, *X. piscator*, kommt im gesamten Verbreitungsgebiet der Gattung vor; die anderen bewohnen kleinere Areale
Lebensraum: Feuchtflächen, gewöhnlich in Wassernähe
Nahrung: Fische und Amphibien
Fortpflanzung: Eier legend
Bemerkung: Hinten stehende vergrößerte Fangzähne; ihr Biss kann schmerzhaft sein, ist aber nicht gefährlich

Arten:
Xenochrophis asperrimus
Xenochrophis bellula
Xenochrophis cerasogaster,
Dunkelbäuchige Fischnatter
Xenochrophis flavipunctatus,
Gelbflecken-Fischnatter
Xenochrophis maculatus,
Gefleckte Fischnatter
Xenochrophis piscator,
Asiatische Fischnatter
Xenochrophis punctulatus,
Gepunktete Fischnatter
Xenochrophis sanctijohannis
Xenochrophis trianguligerus,
Dreiecks-Fischnatter
Xenochrophis vittatus,
Gestreifte Fischnatter

Gattung: **Xenodermus**
Höckernattern
1 Art

Größe: Klein, bis 70 cm
Verbreitung: Malaysische Halbinsel, Java, Sumatra und Borneo
Lebensraum: Feuchte Wälder, Moore, bewässerte Felder und ihre Gräben; semi-aquatisch und teilweise unterirdisch
Nahrung: Frösche
Fortpflanzung: Eier legend
Bemerkung: Eine ungewöhnliche, träge Art, die keine erkennbaren Ähnlichkeiten mit anderen Colubriden hat

Arten:
Xenodermus javanicus,
Java-Höckernatter

Gattung: **Xenodon**
Haubennattern
7 Arten

Größe: Mittelgroß bis groß mit stämmigem Körper
Verbreitung: Mittel- und Südamerika (Mexiko bis Argentinien)

Lebensraum: Regenwälder, besonders an Flussläufen
Nahrung: Kröten
Fortpflanzung: Eier legend
Bemerkung: Reizbar; mit hinteren Giftzähnen. Der Biss ist schmerzhaft, wird aber als nicht sonderlich gefährlich eingestuft.

Arten:
Xenodon bertholdi, Bertholds Haubennatter
Xenodon guentheri, Günthers Haubennatter
Xenodon neuwiedii, Neuwieds Haubennatter
Xenodon rabdocephalus
Xenodon severus, Gewöhnliche Haubennatter
Xenodon suspectus
Xenodon werneri, Werners Haubennatter

Gattung: **Xenophidion**
Stachelkiefernattern
2 Arten

Größe: Klein
Verbreitung: Saba, Borneo (*X. acanthognathus*) und Selangar, Malaysia (*X. schaeferi*)
Lebensraum: Ursprüngliche Regenwälder
Nahrung: Würmer, Insekten und ihre Larven
Fortpflanzung: Wahrscheinlich Eier legend
Bemerkung: Wurde erst 1995 beschrieben und ist daher bisher wenig erforscht

Arten:
Xenophidion acanthognathus
Xenophidion schaeferi, Schäfers Stachelkiefernatter

Gattung: **Xenopholis**
3 Arten

Größe: Klein und schlank
Verbreitung: Südamerika, im Amazonasbecken
Lebensraum: Feuchte Wälder
Nahrung: Hauptsächlich Frösche
Fortpflanzung: Unbekannt, aber wahrscheinlich Eier legend

Arten:
Xenopholis reticulatus
Xenopholis scalaris
Xenopholis undulatus

Gattung: **Xylophis**
2 Arten

Größe: Klein
Verbreitung: Südindien
Lebensraum: Wahrscheinlich teilweise unterirdisch
Nahrung: Unbekannt
Fortpflanzung: Unbekannt
Bemerkung: Versteckt lebende Schlangen, über die man wenig weiß

Arten:
Xylophis perroteti
Xylophis stenorhynchus

Gattung: **Zaocys**
Rattenschlangen
4 Arten

Größe: Groß
Verbreitung: Nordindien, Nepal, Myanmar, China und Südostasien
Lebensraum: Wälder, Felder und in der Nähe von Dörfern
Nahrung: Vögel und Kleinsäuger
Fortpflanzung: Eier legend
Bemerkung: Manchmal der Gattung *Ptyas* zugeordnet

Arten:
Zaocys carinatus, Gekielte Rattenschlange
Zaocys dhumnades
Zaocys fuscus, Rote Rattenschlange
Zaocys nigromarginatus, Grüne Gekielte Rattenschlange

Atractaspididae
Erdvipern

11 Gattungen mit 67 Arten

Vertreter der rätselhaften Atractaspididae-Familie sind im Allgemeinen kleine bis mittelgroße, schlanke, walzenförmige Schlangen mit glatten, glänzenden Schuppen. Die meisten sind düster gefärbt. Sie haben ungewöhnlich verschiedenartig angeordnete Zähne und Giftzähne, was bei ihrer Klassifikation für Verwirrung gesorgt hat. Manche Vertreter haben gelenkige Giftzähne und starkes Gift, andere sind für den Menschen ungefährlich.

Erdvipern leben in unterirdischen Gängen. Sie ernähren sich hauptsächlich von anderen Reptilien, besonders von Amphisbaenien, während Vertreter der Gattung *Aparallactus* sich von Tausendfüßern ernähren. Alle Arten, deren Fortpflanzung bekannt ist, legen Eier, mit einer möglichen Ausnahme (*Amblyodipsas concolor*).

Atractaspididen findet man nahezu ausschließlich in Afrika, 1 Art im Mittleren Osten. Vertreter dieser Familie wurden verschiedentlich den Colubriden, Viperiden und Elapiden zugeordnet. Sie haben vielerlei deutsche Namen, manche sind irreführend. Die afrikanischen Harlekinkobras der Gattung *Homoroselaps*, werden manchmal dieser Familie zugeordnet, werden aber gegenwärtig zu den Elapidae gestellt.

Gattung: **Amblyodipsas**
Purpurzungenschlangen
9 Arten

Größe: Klein
Verbreitung: Afrika südlich der Sahara
Lebensraum: Vielfältig; unterirdisch in lockerem Boden
Nahrung: Grabende Reptilien, Amphibien und Kleinsäuger
Fortpflanzung: Außer *A. concolor*, die unter bestimmten Umständen lebend gebärend sein könnte, legen alle Arten Eier
Bemerkung: Giftig; mit einem Paar gefurchter, giftübertragender Zähne unter den Augen; für den Menschen aber ungefährlich

Arten:
Amblyodipsas concolor, Natal-Purpurzungenschlange
Amblyodipsas dimidiata
Amblyodipsas katangensis
Amblyodipsas microphthalma, Östliche Purpurzungenschlange
Amblyodipsas polylepis, Gewöhnliche Purpurzungenschlange
Amblyodipsas rodhaini
Amblyodipsas teitana
Amblyodipsas unicolor
Amblyodipsas ventrimaculata, Kalahari-Purpurzungenschlange

Gattung: **Aparallactus**
Tausendfüßerfresser
11 Arten

Größe: Klein, bis 60 cm
Verbreitung: Afrika südlich der Sahara
Lebensraum: In sandigem Boden, verrottendem Holz, verlassenen Termitennestern und pflanzlichen Abfällen
Nahrung: Tausendfüßer
Fortpflanzung: Die Gelege bestehen nur aus wenigen Eiern
Bemerkung: Mit Giftzähnen ausgestattet, aber für Menschen ungefährlich

Arten:
Aparallactus capensis, Kap-Tausendfüßerfresser
Aparallactus guentheri, Schwarzer Tausendfüßerfresser
Aparallactus jacksonii
Aparallactus lineatus
Aparallactus lunulatus, Netz-Tausendfüßerfresser
Aparallactus modestus
Aparallactus moeruensis
Aparallactus niger
Aparallactus nigriceps, Mosambique-Tausendfüßerfresser
Aparallactus turneri
Aparallactus werneri

Gattung: **Atractaspis**
Erdvipern
18 Arten

Größe: Klein bis mittelgroß
Verbreitung: Afrika und Mittlerer Osten (*A. engaddensis*)
Lebensraum: Vielfältig; in lockerem oder sandigem Boden wühlend
Nahrung: Kleine Wirbeltiere: Echsen, besonders Skinke, Schlangen und Nager-Nestlinge
Fortpflanzung: Eier legend
Bemerkung: Sie haben große, teilweise gelenkige Giftzähne mit starkem Gift. Sie können beißen, ohne das Maul zu öffnen, indem sie ihre Giftzähne seitlich ausfahren und damit ihre Beute stechen; dadurch ist es schwierig, mit ihnen sicher umzugehen, und es gibt einige Todesfälle. Alle Arten sehen gleich aus, und die Artenzahl könnte größer sein, als hier aufgelistet. Manche Experten anerkennen 18 oder mehr Arten.

Arten:
Atractaspis aterrima, Schlanke Erdviper
Atractaspis battersbyi, Battersbys Erdviper
Atractaspis bibronii, Bibrons Erdviper
Atractaspis boulengeri, Zentralafrikanische Erdviper
Atractaspis coalescens, Schwarze Erdviper
Atractaspis congica, Kongo-Erdviper
Atractaspis corpulenta
Atractaspis dahomeyensis, Dahomey Erdviper
Atractaspis duerdeni, Duerdens Erdviper
Atractaspis engaddensis
Atractaspis engdahli, Engdahls Erdviper
Atractaspis fallax
Atractaspis irregularis, Veränderliche Erdviper
Atractaspis leucomelas, Ogaden-Erdviper
Atractaspis microlepidota, Kleinschuppen-Erdviper
Atractaspis micropholis
Atractaspis reticulata, Netz-Erdviper
Atractaspis scorteccii, Somali-Erdviper

Gattung: **Brachyophis**
1 Art

Größe: Klein
Verbreitung: Kenia und Somalia
Lebensraum: Unbekannt
Nahrung: Unbekannt
Fortpflanzung: Unbekannt
Bemerkung: Wenig bekannt. Die Verwandtschaftsverhältnisse zu anderen Colubriden sind unklar.

Arten:
Brachyophis revoili

Gattung: **Chilorhinophis**
Schwarzgelbe Erdottern
3 Arten

Größe: Klein
Verbreitung: Zentralafrika
Lebensraum: Am Boden lebend in Wäldern
Nahrung: Wahrscheinlich Amphisbaenien (Doppelschleichen) und andere grabende Reptilien
Fortpflanzung: Unbekannt
Bemerkung: Sie haben Giftzähne im Vorderteil des Oberkiefers

Arten:
Chilorhinophis butleri
Chilorhinophis carpenteri
Chilorhinophis gerardi

Gattung: **Elapotinus**
1 Art

Größe: Klein
Verbreitung: Tropisches Afrika
Lebensraum: Unbekannt
Nahrung: Unbekannt
Fortpflanzung: Unbekannt
Bemerkung: Selten und fast völlig unbekannt. Ihre Verwandtschaft zu anderen Schlangen ist noch ungeklärt.

Arten:
Elapotinus picteti

Gattung: **Hypoptophis**
1 Art

Größe: Klein
Verbreitung: Zentralafrika
Lebensraum: Unbekannt
Nahrung: Unbekannt
Fortpflanzung: Unbekannt

Arten:
Hypoptophis wilsoni

Gattung: **Macrelaps**
1 Art

Größe: Mittelgroß
Verbreitung: Südafrika
Lebensraum: Küstengebüsche, wo sie in der Streuschicht leben
Nahrung: Reptilien, Amphibien und Kleinsäuger
Fortpflanzung: Eier legend
Bemerkung: Der Biss ist potenziell gefährlich

Arten:
Macrelaps microlepidotus

Gattung: **Micrelaps**
4 Arten

Größe: Klein
Verbreitung: Zentralafrika
Lebensraum: Unterirdisch, sonst unbekannt
Nahrung: Wahrscheinlich andere grabende Reptilien und ihre Eier
Fortpflanzung: Wahrscheinlich Eier legend

Arten:
Micrelaps bicoloratus
Micrelaps boettgeri
Micrelaps muelleri
Micrelaps vaillanti

Gattung: **Polemon**
13 Arten

Größe: Klein
Verbreitung: West- und Zentralafrika
Lebensraum: Unterirdisch
Nahrung: Unbekannt
Fortpflanzung: Unbekannt
Bemerkung: Seltene und versteckt lebende Schlangen, deren Biologie – einschließlich ihrer Verwandtschaft zu anderen Schlangen – wenig erforscht ist. Verschiedene Arten wurden früher den Gattungen *Cyanodontophis*, *Elapocalamus* und *Miodon* zugeordnet.

Arten:
Polemon acanthias
Polemon barthii
Polemon bocourti
Polemon christyi
Polemon collaris
Polemon fulvicollis
Polemon gabonensis
Polemon gracilis
Polemon griseiceps
Polemon leopoldi
Polemon neuwiedi
Polemon notatus
Polemon robutus

Gattung: **Xenocalamus**
Kielschnauzenschlangen
5 Arten

Größe: Klein, bis etwa 80 cm, und sehr schlank
Verbreitung: Zentral- und Südafrika
Lebensraum: Unteriridisch in sandigen Böden
Nahrung: Amphisbaenien (Doppelschleichen)
Fortpflanzung: Eier legend
Bemerkung: Mit Giftzähnen ausgestattet, aber nicht bissig und für Menschen ungefährlich

Arten:
Xenocalamus bicolor, Zweifarbige Kielschnauzenschlange
Xenocalamus mechowii
Xenocalamus michellii, Mitchells Kielschnauzenschlange
Xenocalamus sabiensis, Sabi-Kielschnauzenschlange
Xenocalamus transvaalensis, Transvaal-Kielschnauzenschlange

Elapidae
Giftnattern

60 Gattungen mit 315 Arten

Oberflächlich ähneln die Vertreter der Kobrafamilie den Colubriden, mit denen sie zweifellos nah verwandt sind. Sie unterscheiden sich in der Regel durch ihr Gebiss: Kobras und ihre Verwandten haben ein Paar starre, vorn sitzende Röhrenzähne, durch die sie das Gift abgeben.
Hier werden die Landkobras zuerst behandelt, gefolgt von den marinen Arten.

Terrestrische Giftnattern

43 Gattungen mit 250 Arten

Neben den typischen Hutkobras, die zumindest aus Filmen und Karikaturen von Schlangenbeschwörern bekannt sind, enthält diese Familie eine Anzahl lebhaft gefärbter Schlangen, die in Amerika, Afrika und Australien oft als Korallenottern bekannt sind, als auch verschiedene unscheinbare, dunkel gefärbte, meist australische Vertreter. Über ihre taxonomische Beziehung zu den marinen Giftnattern (Seeschlangen) besteht noch Uneinigkeit.

Die Mambas, Kraits, Taipans, Braunschlangen, Australischen Kupferkopfschlangen und Tigerottern sind weitere Beispiele höchst giftiger Arten innerhalb der Familie. Die Seeschlangen und Plattschwänze (die manchmal eigenen Familien zugeordnet werden) sind ebenfalls gefährlich giftig, obwohl es selten zu Konflikten mit dem Menschen kommt. Etliche Gattungen kleiner, im Allgemeinen ungefährlicher und versteckt lebender Schlangen bilden den Rest der Familie.

Giftnattern kommen in vielen Teilen der Welt vor, sind aber häufiger in der Südhemisphäre. Australien ist besonders reich an Arten, was das Fehlen von Vipern und die geringe Zahl von Nattern ausgleicht.

Gattung: **Acanthophis**
Todesottern
9 Arten

Größe: Mittelgroß, aber mit sehr mächtigem Körper
Verbreitung: Australasien (Australien und Neuguinea)
Lebensraum: Mannigfaltig
Nahrung: Echsen, Vögel und Kleinsäuger
Fortpflanzung: Lebend gebärend
Bemerkung: Sehr gefährliche Arten, die das ökologische Gegenstück zu den Vipern sind, die es in dieser Region nicht gibt. In Neuguinea könnte es weitere, bisher unbeschriebene Arten geben.

Arten:
Acanthophis antarcticus, Gewöhnliche Todesotter
Acanthophis barnetti
Acanthophis crotalusei
Acanthophis cummingi
Acanthophis hawkei
● *Acanthophis praelongus*, Nördliche Todesotter (S. 118–119)
Acanthophis pyrrhus, Wüsten-Todesotter
Acanthophis wellsei
Acanthophis woolfi

Gattung: **Aspidelaps**
Schildnasenkobras
2 Arten

Größe: Klein, bis etwa 80 cm
Verbreitung: Südliches Afrika
Lebensraum: Trockene, gewöhnlich sandige Plätze
Nahrung: Amphibien, Echsen, Schlangen und Kleinsäuger
Fortpflanzung: Eier legend
Bemerkung: Todesfälle durch Biss sind sehr selten

Arten:
Aspidelaps lubricus, Afrikanische Korallenschlange
Aspidelaps scutatus, Schildnasenkobra

Gattung: **Aspidomorphus**
Neuguinea-Kronenschlangen
3 Arten

Größe: Klein, bis etwa 40 cm
Verbreitung: Neuguinea und Molukken
Lebensraum: Wälder; in faulendem Holz und Laub sowie anderen Abfällen
Nahrung: Unbekannt
Fortpflanzung: Unbekannt, aber wahrscheinlich Eier legend
Bemerkung: Seltene, versteckt lebende Schlangen, deren Biologie und Giftwirkung wenig erforscht sind

Arten:
Aspidomorphus lineaticollis
Aspidomorphus muelleri
Aspidomorphus schlegeli

Gattung: **Austrelaps**
Australische Kupferköpfe
3 Arten

Größe: Groß, bis 1,7 m
Verbreitung: Südöstliches Australien einschließlich Tasmanien
Lebensraum: Feuchtflächen
Nahrung: Amphibien und Reptilien
Fortpflanzung: Lebend gebärend
Bemerkung: Sehr gefährlich, obwohl gewöhnlich nicht aggressiv. Manchmal werden die 3 Arten als Unterarten einer einzigen Art angesehen.

Arten:
Austrelaps labialis, Känguruh-Island-Kupferkopf
Austrelaps ramsayi, Nordaustralischer Kupferkopf
Austrelaps superbus, Südaustralischer Kupferkopf

Gattung: **Boulengerina**
Wasserkobras
2 Arten

Größe: Mäßig groß und dicklich
Verbreitung: Zentralafrika
Lebensraum: Aquatisch
Nahrung: Fische
Fortpflanzung: Eier legend

Bemerkung: Für Menschen potenziell gefährlich, aber gewöhnlich unaggressiv

Arten:
Boulengerina annulata, Gebänderte Wasserkobra
Boulengerina christyi, Kongo-Wasserkobra

Gattung: **Bungarus**
Kraits
12 Arten

Größe: Mittelgroß bis groß; schlank, mit zylindrischem, abgeflachtem oder dreieckigem Körper
Verbreitung: Asien (Indien und Sri Lanka bis Südchina und Südostasien)
Lebensraum: Vielfältig, oft in der Nähe menschlicher Siedlungen; am Boden lebend
Nahrung: Andere Schlangen
Fortpflanzung: Eier legend
Bemerkung: Höchst giftig und potenziell tödlich für den Menschen; nachtaktiv

Arten:
Bungarus andamanensis, Andamanen-Krait
Bungarus bungaroides
Bungarus caeruleus, Indischer Krait
Bungarus candidus, Blauer Krait
Bungarus ceylonicus, Ceylon-Krait
Bungarus fasciatus, Gebänderter Krait
Bungarus flaviceps, Rotkopf-Krait
Bungarus lividus
Bungarus magnimaculatus
Bungarus multicinctus
Bungarus niger, Schwarzer Krait
Bungarus sindanus

Gattung: **Cacophis**
Kronenschlangen
4 Arten

Größe: Klein, bis 75 cm
Verbreitung: Östliches Australien
Lebensraum: Verschiedenartig; unter Laub und Abfällen
Nahrung: Unbekannt
Fortpflanzung: Eier legend
Bemerkung: Versteckt lebend und wenig erforscht. Das milde Gift ist für den Menschen wohl nicht gefährlich.

Arten:
Cacophis churchilli
Cacophis harriettae, Weiße Kronenschlange
Cacophis krefftii, Zwerg-Kronenschlange
Cacophis squamulosus, Goldene Kronenschlange

Gattung: **Calliophis**
Schmuckottern
11 Arten

Größe: Klein und schlank
Verbreitung: Süd- und Südostasien
Lebensraum: Wälder
Nahrung: Andere Reptilien, besonders grabende Arten
Fortpflanzung: Wahrscheinlich Eier legend
Bemerkung: Versteckt lebend. Ihre verwandtschaftlichen Beziehungen sind unklar. Das Gift ist wahrscheinlich für Menschen ungefährlich.

Arten:
Calliophis beddomei
Calliophis bibroni
Calliophis calligaster
Calliophis gracilis
Calliophis japonicus
Calliophis kelloggi
Calliophis macclellandi, Indische Schmuckotter
Calliophis maculiceps, Südostasiatische Schmuckotter
Calliophis melanurus
Calliophis nigrescens
Calliophis sauteri

Gattung: **Demansia**
Australische Braunschlangen
8 Arten

Größe: Klein bis mittelgroß und schlank
Verbreitung: Australien und südliches Neuguinea
Lebensraum: Mannigfaltig, von Wüsten bis zu Regenwäldern
Nahrung: Frösche, Echsen und Reptilieneier
Fortpflanzung: Eier legend
Bemerkung: Wohl zu klein, als dass sie für den Menschen gefährlich wären. Tagaktiv und flink. 2 Arten (*D. calodera* und *D. rufescens*) werden manchmal als Unterarten von *D. olivacea* betrachtet.

Arten:
Demansia atra, Schwarze Braunschlange
Demansia calodera
Demansia olivacea
Demansia papuensis
Demansia psammophis, Gelbkopf-Braunschlange
Demansia rufescens
Demansia simplex
Demansia torquata, Halsband-Braunschlange

Gattung: **Dendroaspis**
Mambas
4 Arten

Größe: Mittelgroß bis groß, manchmal bis 4 m, mit schlankem Körper
Verbreitung: Tropisches und südliches Afrika
Lebensraum: Wälder und Savannen; 3 grüne Arten leben in Bäumen; die vierte, die Schwarze Mamba, auch am Boden
Nahrung: Vögel und Kleinsäuger
Fortpflanzung: Eier legend
Bemerkung: Äußerst gefährlich für den Menschen, aber gewöhnlich nicht aggressiv; tagaktiv

Arten:
Dendroaspis angusticeps, Östliche Grüne Mamba
Dendroaspis jamesoni, Jamesons Mamba
Dendroaspis polylepis, Schwarze Mamba
● *Dendroaspis viridis*, Westliche Grüne Mamba (S. 120–121)

Gattung: **Denisonia**
Ornamentenottern
2 Arten

Größe: Klein, bis 60 cm
Verbreitung: Östliches Australien
Lebensraum: Locker bewaldete Bereiche
Nahrung: Hauptsächlich Frösche
Fortpflanzung: *D. maculata* ist lebend gebärend; von *D. devisi* unbekannt
Bemerkung: Für den Menschen gefährlich, aber wohl nicht tödlich; versteckt lebend und nachtaktiv

Arten:
Denisonia devisi, DeVis-Ornamentotter
Denisonia maculata, Ornamentotter

Gattung: **Drysdalia**
4 Arten

Größe: Klein und schlank
Verbreitung: Südaustralien
Lebensraum: Unbekannt
Nahrung: Echsen, einschließlich Skinke
Fortpflanzung: Lebend gebärend, soweit bekannt
Bemerkung: Wird als ungefährlich für den Menschen angesehen; versteckt lebend und nachtaktiv

Arten:
Drysdalia coronata
Drysdalia coronoides
Drysdalia mastersii
Drysdalia rhodogaster

Gattung: **Echiopsis**
Bardicks
2 Arten

Größe: Klein
Verbreitung: Südaustralien
Lebensraum: Trockene Stellen
Nahrung: Frösche, Echsen, Vögel und Kleinsäuger
Fortpflanzung: *E. curta* ist lebend gebärend; von *E. atriceps* unbekannt
Bemerkung: Wird als ungefährlich für den Menschen angesehen; *E. atriceps* ist selten und kaum erforscht; nachtaktiv

Arten:
Echiopsis atriceps, Schwarzkopf-Bardick
Echiopsis curta, Bardick

Gattung: **Elapognathus**
2 Arten

Größe: Klein, bis 40 cm
Verbreitung: Südwestliches Australien
Lebensraum: Am Rand von Sümpfen
Nahrung: Unbekannt
Fortpflanzung: Wahrscheinlich lebend gebärend
Bemerkung: Wird als ungefährlich für den Menschen angesehen

Arten:
Elapognathus coronata
Elapognathus minor, Kleine Braunschlange

Gattung: **Elapsoidea**
Afrikanische Strumpfbandottern
9 Arten

Größe: Klein bis mittelgroß, bis über 1 m
Verbreitung: Afrika südlich der Sahara
Lebensraum: Vielfältig, von trockenen Bereichen bis zu Waldland
Nahrung: Hauptsächlich andere Reptilien, aber auch Amphibien und Kleinsäuger
Fortpflanzung: Eier legend
Bemerkung: Wird als ungefährlich für den Menschen angesehen. Jungtiere sind oft leuchtend gefärbte »Korallen-«schlangen. *E. chelazzii* aus Somalia ist nur durch 2 Exemplare bekannt, *E. broadleyi* wurde erst 1997 beschrieben.

Arten:
Elapsoidea broadleyi, Broadleys Strumpfbandotter
Elapsoidea chelazzii, Somali-Strumpfbandotter
Elapsoidea guentheri, Guenthers Strumpfbandotter
Elapsoidea laticincta, Zentralafrikanische Strumpfbandotter
Elapsoidea loveridgei, Ostafrikanische Strumpfbandotter
Elapsoidea nigra, Usumbara-Strumpfbandotter
Elapsoidea semiannulata, Halbstreifen-Strumpfbandotter
Elapsoidea sundevallii, Sundevalls Strumpfbandotter
Elapsoidea trapei

Gattung: **Furina**
5 Arten

Größe: Klein, ausnahmsweise bis 1 m (*F. tristis*)
Verbreitung: Australien und Neuguinea (*F. tristis*)
Lebensraum: Vielfältig, von Wüsten bis zu Gärten
Nahrung: Wahrscheinlich kleine Echsen
Fortpflanzung: Eier legend, soweit bekannt

Bemerkung: Wird als ungefährlich für den Menschen angesehen

Arten:
Furina barnardi
Furina diadema, Diademotter
Furina dunmalli, Dunmalls Otter
Furina ornata, Mondotter
Furina tristis

Gattung: **Hemachatus**
Speikobras
1 Art

Größe: Mittelgroß, bis 1,5 m
Verbreitung: Südliches Afrika
Lebensraum: Grasland
Nahrung: Hauptsächlich Kröten
Fortpflanzung: Lebend gebärend
Bemerkung: Eine sehr gefährliche Speischlange; kann zu Blindheit führen, ist aber kaum tödlich

Arten:
Hemachatus haemachatus, Südafrikanische Speikobra oder Rinkhals-Kobra

---

Gattung: **Hemiaspis**
2 Arten

Größe: Klein, bis 60 cm
Verbreitung: Östliches Australien
Lebensraum: Nasse und trockene Wälder
Nahrung: Frösche und Echsen, besonders Skinke
Fortpflanzung: Lebend gebärend
Bemerkung: Wird als ungefährlich für den Menschen angesehen; tag- und nachtaktiv

Arten:
Hemiaspis damelii
Hemiaspis signata, Schwarzbauch-Sumpfotter

Gattung: **Homoroselaps**
Harlekinkobras
2 Arten

Größe: Klein, bis 55 cm
Verbreitung: Südliches Afrika
Lebensraum: Oft in Termitenhügeln
Nahrung: Beinlose Skinke und verschiedene kleine Schlangen
Fortpflanzung: Eier legend
Bemerkung: Leuchtend gefärbt. Wird wegen ihrer Kleinheit als ungefährlich für den Menschen angesehen. Früher als Erdottern (Atractaspididae) eingeordnet. *H. dorsalis* ist selten und ihre Biologie kaum erforscht.

Arten:
Homoroselaps dorsalis, Gestreifte Harlekinkobra
Homoroselaps lacteus, Gefleckte Harlekinkobra

Gattung: **Hoplocephalus**
3 Arten

Größe: Klein bis mittelgroß, die größte bis 90 cm
Verbreitung: Östliches Australien
Lebensraum: Unterschiedlich, oft in Wäldern. *H. bungaroides* ist auf felsige Erhebungen beschränkt, wo sie unter schieferigen Platten lebt.
Nahrung: Frösche, Echsen, Vögel und Säuger
Fortpflanzung: Lebend gebärend
Bemerkung: Aggressiv; mit schmerzhaften, aber eher ungefährlichen Bissen

Arten:
Hoplocephalus bitorquatus
Hoplocephalus bungaroides
Hoplocephalus stephensii

Gattung: **Loveridgelaps**
1 Art

Größe: Mittelgroß, bis 80 cm
Verbreitung: Salomoninseln
Lebensraum: Wälder, oft in Flussnähe
Nahrung: Frösche, Echsen und Blindschlangen
Fortpflanzung: Unbekannt
Bemerkung: Selten und kaum erforscht. Markant schwarz-weiß gebändert. Ihr Biss ist für den Menschen potenziell gefährlich.

Arten:
Loveridgelaps elapoides

Gattung: **Maticora**
Bauchdrüsenotter
2 Arten

Größe: Klein (*M. intenstinalis*) bis groß und schlank
Verbreitung: Südostasien
Lebensraum: Wälder und Felder, teilweise unterirdisch
Nahrung: Schlangen
Fortpflanzung: Eier legend
Bemerkung: Leuchtend gefärbt. Im Allgemeinen unaggressiv. Mit riesigen Giftdrüsen, die sich über ein Drittel der Körperlänge hinziehen; sie sind potenziell gefährlich.

Arten:
Maticora bivirgata, Blaue Bauchdrüsenotter
Maticora intestinalis

Gattung: **Micropechis**
1 Art

Größe: Groß, bis 2 m, und stämmig
Verbreitung: Neuguinea und einige der umliegenden Inseln
Lebensraum: Regenwälder, Sümpfe und Plantagen
Nahrung: Frösche, Echsen, Schlangen und Kleinsäuger
Fortpflanzung: Unbekannt
Bemerkung: Höchst gefährlich, mehrere nachgewiesene Todesfälle

Arten:
Micropechis ikaheka

Gattung: **Micruroides**
Arizona-Korallenottern
1 Art

Größe: Klein, bis 50 cm, und schlank
Verbreitung: Nordamerika (Arizona und nordwestliches Mexiko)
Lebensraum: Trockene Wüsten und Buschländer
Nahrung: Echsen und Schlangen
Fortpflanzung: Eier legend
Bemerkung: Leuchtend rot-schwarz-weiß gebändert; gefährlich

Arten:
Micruroides euryxanthus, Arizona-Korallenotter

Gattung: **Micrurus**
Korallenottern
65 Arten

Größe: Klein bis mäßig groß, einige Arten bis 1,5 m
Verbreitung: Nord-, Mittel- und Südamerika
Lebensraum: Vielfältig, von trockenen Wüsten bis zu feuchten Regenwäldern; stets am Boden lebend
Nahrung: Andere Reptilien, besonders grabende Arten wie Doppelschleichen
Fortpflanzung: Eier legend
Bemerkung: Der schlanke Körper ist leuchtend rot-schwarz-weiß (oder gelb) gebändert. Manche tropische Arten haben auch blaue Bänder. Trotz ihrer kleinen Mäuler und kurzen Giftzähne sind alle Korallenschlangen potenziell gefährlich, und es hat viele Todesfälle gegeben. Gewöhnlich nachtaktiv. Die Liste enthält einige Arten, die manchmal als Unterarten angesehen werden.

Arten:
Micrurus alleni, Allens Korallenotter
Micrurus altirostris
Micrurus ancoralis
Micrurus annellatus
Micrurus averyi, Schwarzkopf-Korallenotter
Micrurus bernadi
Micrurus bocourti, Ekuador-Korallenotter
Micrurus bogerti, Bogerts Korallenotter
Micrurus browni, Browns Korallenotter
Micrurus catamayensis
Micrurus clarki, Clarks Korallenotter
Micrurus collaris, Halsband-Korallenotter
Micrurus corallinus, Bunte Korallenotter
Micrurus decoratus, Brasilianische Korallenotter
Micrurus diana
Micrurus diastema, Variable Korallenotter
Micrurus dissoleucus, Zwerg-Korallenotter
Micrurus distans, Westmexikanische Korallenotter
Micrurus dumerilii, Dumerils Korallenotter
Micrurus elegans, Pracht-Korallenotter
Micrurus ephippifer, Oaxaca-Korallenotter
Micrurus filiformis, Schlanke Korallenotter
Micrurus frontalis, Südliche Korallenotter
Micrurus frontifasciatus, Bolivien-Korallenotter
Micrurus fulvius, Harlekin-Korallenotter
Micrurus hemprichii, Hemprichs Korallenotter
Micrurus hippocrepis
Micrurus ibiboboca, Caatinga-Korallenotter
Micrurus isozonus, Venezuela-Korallenotter
Micrurus langsdorffi, Langsdorffs Korallenotter
Micrurus laticollaris
Micrurus latifasciatus, Breitband-Korallenotter
Micrurus lemniscatus, Südamerikanische Korallenotter
Micrurus limbatus, Tuxtlan-Korallenotter
Micrurus margaritiferus, Gefleckte Korallenotter
Micrurus medemi
Micrurus mertensi, Mertenssche Korallenotter
Micrurus mipartitus, Rotschwanz-Korallenotter
Micrurus multifasciatus, Vielstreifen-Korallenotter
Micrurus multiscutatus, Cauca-Korallenotter
Micrurus narduccii, Schwarzrückige Anden-Korallenotter
Micrurus nebularis
Micrurus nigrocinctus, Zentralamerikanische Korallenotter
Micrurus pacaraimae
Micrurus pachecogili
Micrurus paraensis
Micrurus peruvianus, Peruanische Korallenotter
Micrurus petersi, Peters Korallenotter
Micrurus proximans
Micrurus psyches, Karibische Korallenotter
Micrurus putumayensis
Micrurus pyrrhocryptus
Micrurus remotus
Micrurus ruatanus, Ruatan-Korallenotter
Micrurus sangilensis, Santander-Korallenotter
Micrurus scutiventris
Micrurus spixii, Riesen-Korallenotter
Micrurus spurelli, Columbien-Korallenotter
Micrurus steindachneri, Steindachners Korallenotter

Micrurus stewarti,
Panama-Korallenotter
Micrurus stuarti,
Stuarts Korallenotter
Micrurus surinamensis,
Surinam-Korallenottere
Micrurus tener
Micrurus tricolor
Micrurus tschudii,
Wüsten-Korallenotter

Gattung: **Naja**
Kobras
20 Arten

Größe: Mittelgroß bis groß, in manchen Fällen über 2 m, und ziemlich stämmig
Verbreitung: Afrika, Südasien und südliches Südostasien
Lebensraum: Vielfältig, von Wüsten bis zu Wäldern; auch Felder, Pflanzungen und Siedlungen
Nahrung: Sehr anpassungsfähig; als Beute dienen Fische, Amphibien, Echsen, Schlangen, Vögel und Säuger
Fortpflanzung: Eier legend
Bemerkung: Alle Kobras sind gefährlich und zu tödlichen Bissen in der Lage. Einige Arten in Afrika und Asien speien auch Gift. Der Hut wird nur bei Bedrohung gespreizt. Je nach Art tag- oder nachtaktiv. Die asiatischen Kobras wurden früher als Unterarten einer weit verbreiteten Art angesehen.

Arten:
Naja annulifera
● *Naja atra*
Chinesische Kobra (S. 114)
Naja haje,
Uräusschlange
● *Naja kaouthia*
Monokelkobra (S. 115)
Naja katiensis
Naja mandalayensis
Naja melanoleuca,
Schwarzweiße Kobra
Naja mossambica,
Mossambique-Kobra
Naja naja,
Südasiatische Kobra
Naja nigricollis,
Afrikanische Speikobra
Naja nivea,
Kap-Kobra
Naja nubiae
Naja oxiana,
Mittelasiatische Kobra
● *Naja pallida*,
Rote Speikobra (S. 112–113)
Naja philippinensis,
Philippinenkobra
Naja sagittifera
Naja samarensis
Naja siamensis,
Siamkobra
Naja sputatrix,
Indonesische Speikobra
Naja sumatrana,
Goldene Speikobra

Gattung: **Notechis**
Tigerottern
2 Arten

Größe: Mäßig groß, bis 1,5 m, und stämmig
Verbreitung: Südliches Australien einschließlich Tasmanien
Lebensraum: Unterschiedlich, von Mooren bis zu trockenen, felsigen Bereichen
Nahrung: Hauptsächlich Frösche und Kleinsäuger; die auf kleinen Inseln lebende Population von *N. ater* lebt jedoch fast ausschließlich von den jahreszeitlich häufigen Jungen des Sturmvogels
Fortpflanzung: Lebend gebärend
Bemerkung: Höchst giftig; verantwortlich für einen hohen Anteil an Todesfällen durch Schlangenbisse in Australien

Arten:
Notechis ater,
Schwarze Tigerotter
Notechis scutatus,
Gewöhnliche Tigerotter

Gattung: **Ogmodon**
Fidschiottern
1 Art

Größe: Klein
Verbreitung: Vitu Levi, eine der Fidschi-Inseln
Lebensraum: Bergtäler, wo sie unterirdisch und versteckt lebt
Nahrung: Wahrscheinlich Würmer und andere weiche Wirbellose
Fortpflanzung: Unbekannt
Bemerkung: Eine seltene Art, deren Biologie wenig erforscht ist. Wohl nicht gefährlich für den Menschen.

Arten:
Ogmodon vitianus,
Fidschiotter

Gattung: **Ophiophagus**
Königskobras
1 Art

Größe: Sehr groß, bis über 5 m, und damit die größte Giftschlange der Welt
Verbreitung: Indien, Südostasien und die Philippinen
Lebensraum: Feuchte Wälder und Forste; gelegentlich in Feldern und in der Nähe menschlicher Wohnungen
Nahrung: Andere Schlangen
Fortpflanzung: Eier legend; das Weibchen bewacht die Eier während der gesamten Entwicklungszeit
Bemerkung: Sehr giftig, aber gewöhnlich wenig aggressiv

Arten:
Ophiophagus hannah,
Königskobra

Gattung: **Oxyuranus**
Taipans
2 Arten

Größe: Groß, bis 2,5 m, und damit die größte Giftschlange in Australien
Verbreitung: Australien und Neuguinea
Lebensraum: Verschieden, hauptsächlich in locker mit Bäumen bestandenen Landschaften und Grasländern, einschließlich Gärten
Nahrung: Kleinsäuger, besonders Ratten
Fortpflanzung: Eier legend
Bemerkung: Selten; außerordentlich gefährlich, mit starkem Gift und unberechenbarem Temperament

Arten:
Oxyuranus microlepidotus,
Inland-Taipan
Oxyuranus scutellatus,
Taipan

Gattung: **Paranaja**
1 Art

Größe: Klein, bis 80 cm, und stämmig
Verbreitung: Westafrika
Lebensraum: Wälder und Waldränder
Nahrung: Unbekannt
Fortpflanzung: Eier legend
Bemerkung: Selten und kaum erforscht; wird als nicht sonderlich gefährlich für den Menschen angesehen

Arten:
Paranaja multifasciata,
Grabkobra

Gattung: **Parapistocalamus**
1 Art

Größe: Klein, bis 50 cm, und schlank
Verbreitung: Die Insel Bougainville, Neuguinea
Lebensraum: Wälder
Nahrung: Unbekannt
Fortpflanzung: Unbekannt
Bemerkung: Selten und kaum erforscht; wegen ihrer geringen Größe für den Menschen kaum gefährlich

Arten:
Parapistocalamus hedigeri

Gattung: **Pseudechis**
Schwarzottern
6 Arten

Größe: Groß, bis 2 m
Verbreitung: Australien und Neuguinea
Lebensraum: Mannigfaltig, von tropischen Wäldern bis zu Wüsten
Nahrung: Frösche, Echsen, Schlangen und Kleinsäuger
Fortpflanzung: Eier legend
Bemerkung: Gefährlich giftig

Arten:
Pseudechis australis,
Mulga-Otter
Pseudechis butleri
● *Pseudechis colletti*,
Colletts Schwarzotter (S. 116–117)
Pseudechis guttatus,
Gefleckte Schwarzotter
Pseudechis papuanus,
Papua-Schwarzotter
Pseudechis porphyriacus,
Rotbauch-Schwarzotter

Gattung: **Pseudohaje**
Waldkobras
2 Arten

Größe: Groß, bis 2,5 m
Verbreitung: Zentral- und Westafrika
Lebensraum: Baumlebend in Wäldern
Nahrung: Amphibien und wahrscheinlich Kleinsäuger
Fortpflanzung: Eier legend
Bemerkung: Beide Arten sind wenig erforscht, Bisse sind nicht bekannt; wahrscheinlich gefährlich für den Menschen

Arten:
Pseudohaje goldii,
Golds Waldkobra
Pseudohaje nigra,
Schwarze Waldkobra

Gattung: **Pseudonaja**
Braunottern
7 Arten

Größe: Mäßig groß, bis 1,5 m
Verbreitung: Australien und Neuguinea
Lebensraum: Hauptsächlich offene Flächen, einschließlich Dünen und Grasland, aber manchmal auch an locker bewaldeten Stellen
Nahrung: Frösche, kleine Echsen und Säuger
Fortpflanzung: Eier legend
Bemerkung: Sehr gefährlich für den Menschen, mit sehr starkem Gift

Arten:
Pseudonaja affinis,
Dugite-Braunotter
Pseudonaja guttata,
Gefleckte Braunotter
Pseudonaja inframacula
Pseudonaja ingrami,
Ingrams Braunotter
Pseudonaja modesta,
Geringelte Braunotter
Pseudonaja nuchalis,
Westliche Braunotter
Pseudonaja textilis,
Östliche Braunotter

Gattung: **Rhinoplocephalus**
6 Arten

Größe: Klein, bis 50 cm
Verbreitung: Australien und Neuguinea
Lebensraum: Wälder, Savannen, Grasflächen und zwischen Felsen
Nahrung: Wahrscheinlich kleine Echsen
Fortpflanzung: Lebend gebärend, soweit bekannt

Bemerkung: Versteckt und nachtaktiv, selten zu sehen; wahrscheinlich nicht gefährlich für den Menschen

Arten:
Rhinoplocephalus bicolor
Rhinoplocephalus boschmai
Rhinoplocephalus incredibilis
Rhinoplocephalus nigrescens
Rhinoplocephalus nigrostriatus
Rhinoplocephalus pallidiceps

Gattung: **Salomonelaps**
1 Art

Größe: Mittelgroß, bis knapp über 1 m
Verbreitung: Salomoninseln und Bougainville, Neuguinea
Lebensraum: Wälder
Nahrung: Hauptsächlich Echsen, besonders Skinke, aber auch Frösche und Schlangen
Fortpflanzung: Eier legend
Bemerkung: Wenig bekannt; Bisse könnten für den Menschen gefährlich sein

Arten:
Salomonelaps par, Salomonen-Korallenotter

Gattung: **Simoselaps**
Australische Korallenottern
14 Arten

Größe: Klein, bis 60 cm lang
Verbreitung: Australien
Lebensraum: Meist trockene, sandige Plätze, wo sie unter der Oberfläche leben
Nahrung: Echsen, besonders grabende Skinke
Fortpflanzung: Eier legend
Bemerkung: Die meisten Arten sind kräftig gebändert; werden als nicht gefährlich für den Menschen angesehen

Arten:
Simoselaps anomalus
Simoselaps approximans
Simoselaps australis, Australische Korallenotter
Simoselaps bertholdi, Australische Wüsten-Korallenotter
Simoselaps bimaculatus, Westliche Schwarznacken-Korallenotter
Simoselaps calonotus, Westliche Schwarzstreifen-Korallenotter
Simoselaps fasciolatus, Engggebänderte Korallenotter
Simoselaps incinctus
Simoselaps littoralis
Simoselaps minimus
Simoselaps morrisi
Simoselaps roperi
Simoselaps semifasciatus
Simoselaps warro

Gattung: **Suta**
10 Arten

Größe: Klein, meist bis 40 cm, nur *S. ordensis* wird bis zu 75 cm lang
Verbreitung: Australien und südliches Neuguinea
Lebensraum: Trockene Landschaften, einschließlich Heiden und Wälder
Nahrung: Echsen, besonders Skinke, und Frösche
Fortpflanzung: Lebend gebärend, soweit bekannt
Bemerkung: Wird wegen der geringen Größe als nicht gefährlich für den Menschen angesehen, aber die Bisse bestimmter Arten sind schmerzhaft

Arten:
Suta dwyeri
Suta fasciata
Suta flagellum
Suta gouldii
Suta monachus
Suta nigriceps
Suta ordensis
Suta punctata
Suta spectabilis
Suta suta

Gattung: **Toxicocalamus**
Neuguinea-Waldottern
9 Arten

Größe: Klein bis mittelgroß, von etwa 50 cm bis fast 1 m
Verbreitung: Neuguinea
Lebensraum: Regenwälder der Niederungen und des Berglands, Grasländer und Gärten; versteckte, in der Streuschicht lebende Arten
Nahrung: Würmer und andere weiche Wirbellose und ihre Larven, vielleicht auch Frösche
Fortpflanzung: Eier legend, soweit bekannt
Bemerkung: Sehr wenig erforscht; für den Menschen wahrscheinlich ungefährlich

Arten:
Toxicocalamus buergersi
Toxicocalamus grandis
Toxicocalamus holopelturus
Toxicocalamus longissimus
Toxicocalamus loriae
Toxicocalamus misimae
Toxicocalamus preussi
Toxicocalamus spilolepidotus
Toxicocalamus stanleyanus

Gattung: **Tropidechis**
Rauschuppenottern
1 Art

Größe: Mittelgroß, gelegentlich bis 1 m
Verbreitung: Östliches Australien
Lebensraum: Wälder
Nahrung: Frösche, Reptilien, Vögel und Kleinsäuger
Fortpflanzung: Lebend gebärend
Bemerkung: Aggressiv und für den Menschen gefährlich

Arten:
Tropidechis carinatus, Rauschuppenotter

Gattung: **Vermicella**
Bandy-Bandys
5 Arten

Größe: Klein, bis 60 cm, und schlank
Verbreitung: Australien
Lebensraum: Vielfältig, unterirdisch
Nahrung: Blindschlangen
Fortpflanzung: Eier legend
Bemerkung: Kräftig schwarz-weiß gebändert. Wegen ihrer Kleinheit für den Menschen nicht gefährlich. *V. intermedia* und *V. vermiformis* werden nicht immer als eigene Arten angesehen.

Arten:
Vermicella annulata, Bandy-Bandy
Vermicella intermedia
Vermicella multifasciata, Nörliche Bandy-Bandy
Vermicella snelli
Vermicella vermiformis

Gattung: **Walterinnesia**
Wüstenkobras
1 Art

Größe: Mittelgroß, bis knapp über 1 m, und dicklich
Verbreitung: Nordafrika (Sinai) und der Mittlere Osten
Lebensraum: Wüsten
Nahrung: Echsen, besonders Dornschwänze (*Uromastyx*), und wahrscheinlich Kleinsäuger
Fortpflanzung: Eier legend
Bemerkung: Gefährlich; obwohl sie selten beißen, sind Todesfälle bekannt

Arten:
Walterinnesia aegyptia, Ägyptische Wüstenkobra

Marine Giftnattern

17 Gattungen mit 65 Arten

Manche Experten sind der Meinung, dass die im Meerwasser lebenden Arten der Elapidae einer eigenen Familie, den Hydropheidae, zugeordnet werden müssten. Andere meinen, dieser Familie sollten auch die australischen terrestrischen Elapiden zugeordnet werden, und dass die Familie unterteilt werden sollte, um die Seeschlangen von den Plattschwänzen zu trennen. Hier werden sie als Teil der Familie Giftnattern behandelt, obwohl anerkannt wird, dass es mehrere wichtige Unterschiede zwischen den terrestrischen und den marinen Elapiden gibt, und dass sich auch die Plattschwänze (*Laticauda*) von den übrigen Seeschlangen unterscheiden.

Obwohl Seeschlangen und Plattschwänze äußerst giftig sind, gelten sie im Allgemeinen als unaggressiv, und es gibt relativ wenig Todesfälle durch ihre Bisse. Die meisten leben von Fischen, einschließlich Aalen. Aber manche sind Spezialisten, die sich nur von Fischeiern ernähren. Die Plattschwänze, *Laticauda*-Arten, sind am wenigsten an das marine Leben angepasst und kommen zum Eierlegen an Land (mit der möglichen Ausnahme von *L. crockeri*). Alle übrigen Arten führen ein vollständig aquatisches Leben, und man nimmt an, dass sie lebende Junge zur Welt bringen.

Marine Arten der Elapiden findet man im Indischen und Pazifischen Ozean. Am häufigsten sind sie an den Küsten Nordaustraliens. Die meisten Arten leben in Korallenriffen. Die Plättchen-Seeschlange, *Pelamis platurus*, ist dagegen ein Wanderer im offenen Meer, der in großen Schwärmen quer durch den Pazifik bis an die Küsten Mittelamerikas treibt. Man befürchtete, dass die Art ihren Weg durch den Panamakanal finden und die bislang von Seeschlangen freie Karibik besiedeln könnte.

Gattung: **Acalyptophis**
1 Art

Größe: Mittelgroß bis groß
Verbreitung: Nordaustralische Küsten
Lebensraum: Riffe
Nahrung: Fische
Fortpflanzung: Lebend gebärend, bis zu 10 Junge

Arten:
Acalyptophis peronii

Gattung: **Aipysurus**
8 Arten

Größe: Mittelgroß bis groß, meist unter 1 m, aber *A. laevis* kann bis 2 m groß werden
Verbreitung: Nordaustralische Küsten, Neuguinea und Neukaldonien
Lebensraum: Meist in der Nähe von Riffen zu finden, manche suchen aber auch tiefere Gewässer auf
Nahrung: Wahrscheinlich Fische
Fortpflanzung: Lebend gebärend, mit geringen Nachwuchszahlen
Bemerkung: Manche Arten werden kaum gesehen und sind wenig erforscht

Arten:
Aipysurus apraefrontalis
Aipysurus duboisii
Aipysurus eydouxii
Aipysurus foliosquama
Aipysurus fuscus
Aipysurus laevis, Braune Seeschlange
Aipysurus pooleorum
Aipysurus tenuis

Gattung: **Astrotia**
1 Art

Größe: Groß, bis 2 m, und sehr schwer
Verbreitung: Nordaustralische Küsten, Neuguinea und Südostasien

Lebensraum: Küstengewässer
Nahrung: Wahrscheinlich Fische
Fortpflanzung: Lebend gebärend

Arten:
Astrotia stokesii

Gattung: **Disteira**
4 Arten

Größe: Mäßig groß, manche Arten bis 1,5 m
Verbreitung: Weit verbreitet, vom Persischen Golf bis Nordaustralien
Lebensraum: Tiefengewässer
Nahrung: Wahrscheinlich Fische
Fortpflanzung: Lebend gebärend
Bemerkung: Kaum erforscht; gewöhnlich versehentlich in Schleppnetzen gefangen

Arten:
Disteira kingii
Disteira major
Disteira nigrocinctus
Disteira walli

Gattung: **Emydocephalus**
Schildkrötenkopf-Seeschlangen
2 Arten

Größe: Klein, bis knapp 1 m
Verbreitung: Südchinesische See und Nordaustralien
Lebensraum: Riffe, oft in seichtem Wasser
Nahrung: Fischeier
Fortpflanzung: Lebend gebärend
Bemerkung: Sie besitzen keine Zähne oder Giftdrüsen

Arten:
Emydocephalus annulatus
Emydocephalus ijimae

Gattung: **Enhydrina**
2 Arten

Größe: Mittelgroß, bis 1,2 m
Verbreitung: Nordaustralische Küsten und südliches Neuguinea
Lebensraum: Flachwasser in Häfen, Buchten und Flussmündungen, bis weit hinauf in Süßwasserflüsse
Nahrung: Fische
Fortpflanzung: Lebend gebärend
Bemerkung: Höchst giftig, wie andere Seeschlangen, aber bei Störung selten aggressiv. *E. zweifeli* wurde erst 1985 aufgrund eines einzigen, bei Neuguinea gefunden Exemplars beschrieben. Man nimmt an, dass ihre Biologie der von *E. schistosa* ähnelt.

Arten:
Enhydrina schistosa
Enhydrina zweifeli

Gattung: **Ephalophis**
1 Art

Größe: Klein, bis 50 cm
Verbreitung: Westaustralische Küsten rund um Broome
Lebensraum: Mangroven und Schlammbänke von Flussmündungen
Nahrung: Unbekannt, wahrscheinlich Fische
Fortpflanzung: Lebend gebärend

Arten:
Ephalophis greyi

Gattung: **Hydrelaps**
1 Art

Größe: Klein, bis 50 cm
Verbreitung: Nordaustralische Küsten und südliches Neuguinea
Lebensraum: Schlammbänke, besonders in Mangroven
Nahrung: Wahrscheinlich Fische
Fortpflanzung: Lebend gebärend

Arten:
Hydrelaps darwiniensis

Gattung: **Hydrophis**
Ruderschlangen
32 Arten

Größe: Klein bis groß; von etwa 50 cm bis 1,5 m
Verbreitung: Weit verbreitet, vom Persischen Golf bis zur Nordküste Australiens und nördlich der Philippinen
Lebensraum: Hauptsächlich flache Küstengewässer, obwohl manche gelegentlich auch in tieferen Gewässern aufgefischt wurden. *H. semperi* ist unter den Seeschlangen einmalig, da sie nur im Süßwassersee Taal auf der Insel Luzon, Philippinen, vorkommt.
Nahrung: Fische, besonders Aale
Fortpflanzung: Lebend gebärend
Bemerkung: Diese große Gattung wird wahrscheinlich in naher Zukunft in mehrere Gattung aufgeteilt

Arten:
Hydrophis atriceps
Hydrophis belcheri
Hydrophis bituberculatus
Hydrophis brooki
Hydrophis caerulescens
Hydrophis cantoris
Hydrophis coggeri
Hydrophis cyanocinctus, Blaugebänderte Ruderschlange
Hydrophis czeblukovi
Hydrophis elegans
Hydrophis fasciatus, Gebänderte Ruderschlange
Hydrophis gracilis, Zierliche Ruderschlange
Hydrophis inornatus
Hydrophis klossi
Hydrophis laboutei
Hydrophis lamberti
Hydrophis lapemoides
Hydrophis mamillaris
Hydrophis mcdowelli
Hydrophis melanocephalus
Hydrophis melanosoma
Hydrophis nigrocinctus
Hydrophis obscurus
Hydrophis ornatus
Hydrophis pacificus, Pazifik-Ruderschlange
Hydrophis parviceps
Hydrophis semperi
Hydrophis sibauensis
Hydrophis spiralis
Hydrophis stricticollis
Hydrophis torquatus
Hydrophis vorisi

Gattung: **Kerilia**
1 Art

Größe: Mittelgroß
Verbreitung: Südostasien
Lebensraum: Küstengewässer
Nahrung: Wahrscheinlich Fische
Fortpflanzung: Lebend gebärend
Bemerkung: Wenig erforscht

Arten:
Kerilia jerdonii

Gattung: **Kolpophis**
1 Art

Größe: Unbekannt
Verbreitung: Südchinesische See von Thailand bis Indonesien
Lebensraum: Küstengewässer
Nahrung: Wahrscheinlich Fische
Fortpflanzung: Wahrscheinlich lebend gebärend
Bemerkung: Erst kürzlich entdeckt und noch wenig erforscht

Arten:
Kolpophis annandalei

Gattung: **Lapemis**
Plump-Seeschlangen
2 Arten

Größe: Mittelgroß, bis etwa 1 m
Verbreitung: Persischer Golf bis zur nordaustralischen Küste
Lebensraum: Flache Küstengewässer, Riffe und Flussmündungen
Nahrung: Wahrscheinlich Fische
Fortpflanzung: Lebend gebärend

Arten:
Lapemis curtus
Lapemis hardwickii

Gattung: **Laticauda**
Plattschwänze
5 Arten

Größe: Mittelgroß bis groß, bis etwa 1,5 m
Verbreitung: Südostasien und Küsten Nordaustraliens
Lebensraum: Felsküsten, Schlammbänke und Riffe; *L. crockeri* kommt nur im Binnensee Te-Nggano auf den Salomoninseln vor
Nahrung: Fische, besonders Aale
Fortpflanzung: Eier legend, aber es gibt Hinweise darauf, dass *L. crockeri* lebend gebärend ist
Bemerkung: Plattschwänze sind semiterrestrisch und kommen an Land, um zu trinken und ihre Eier in Meereshöhlen abzulegen. Man nimmt an, dass sie einer eigenen Unterfamilie oder sogar Familie angehören

Arten:
Laticauda colubrina, Nattern-Plattschwanz
Laticauda crockeri
Laticauda laticauda, Gewöhnlicher Plattschwanz
Laticauda schistorhynchus
Laticauda semifasciata, Halbgebänderter Plattschwanz

Gattung: **Parahydrophis**
1 Art

Größe: Klein, bis 50 cm
Verbreitung: Nordaustralische Küsten
Lebensraum: Mündungsmangroven und Schlammbänke
Nahrung: Kleine Fische
Fortpflanzung: Lebend gebärend

Arten:
Parahydrophis mertoni

Gattung: **Pelamis**
Plättchen-Seeschlangen
1 Art

Größe: Klein, weniger als 1 m
Verbreitung: Weit verbreitet, von der Ostküste Afrikas quer über den Indischen Ozean und Pazifik bis zur Westküste Mittelamerikas; geht weiter nach Süden als andere Arten
Lebensraum: Offene Gewässer
Nahrung: An der Oberfläche lebende Fische
Fortpflanzung: Lebend gebärend
Bemerkung: Pelagisch, mit den Gezeiten driftend, oft in riesigen Zahlen

Arten:
Pelamis platurus, Plättchen-Seeschlange

Gattung: **Praescutata**
Ruderschwänze
1 Art

Größe: Mittelgroß
Verbreitung: Persischer Golf bis Indonesien
Lebensraum: Küstengewässer
Nahrung: Wahrscheinlich Fische
Fortpflanzung: Lebend gebärend
Bemerkung: Manchmal als *Thalassophina viperina* bezeichnet

Arten:
Praescutata viperina, Vipern-Ruderschwanz

Gattung: **Thalassophis**
1 Art

Größe: Mittelgroß

Verbreitung: Küsten Thailands und Indonesiens
Lebensraum: Küstengewässer
Nahrung: Fische
Fortpflanzung: Lebend gebärend

Arten:
Thalassophis anomalus

Viperidae
Vipern

4 Unterfamilien mit 30 Gattungen und 249 Arten

Die meisten Vipern sind kurz und stämmig, mit breitem, dreieckigem Kopf. Die meisten haben gekielte Schuppen, aber es gibt in jedem Fall Ausnahmen.Die Familie gilt als höchstentwickelte Gruppe der Schlangen, mit vielen Eigenschaften, die man in anderen Familien nicht findet. Dazu gehören die langen, beweglichen Giftzähne, mit denen sie ihre Beute vergiften, und, in der Gruppe der Grubenottern, ein Paar Grubenorgane im Gesicht, die empfindlicher reagieren als die der Pythons, woraus man schließt, dass sie sich gesondert herausgebildet haben.

Vipern findet man in vielen Teilen der Welt, sie fehlen aber in Australasien und Madagaskar. Sie weisen verschiedene Anpassungen an das Leben in kälteren Regionen auf, und die am weitesten nördlich vorkommenden Schlangen (*Vipera berus*) gehören ebenso zu dieser Familie wie die am weitesten südlich lebenden (*Bothrops ammodytoides*); auch die am höchsten vorkommende Schlange (*Gloydius himalayanus*), die im Himalaya bis in Höhen von etwa 4000 m lebt, gehört dazu.

Es gibt 4 Unterfamilien, die sich alle deutlich voneinander unterscheiden.

Unterfamilie: Azemiopinae
Fea-Vipern

1 Gattung mit 1 Art

Eine einzige Art, *Azemiops feae*, wird als die primitivste Viper angesehen und dieser Familie zugeordnet. Sie ist auf dunkelgrauem oder schwarzem Grund orange gebändert und hat einen gelben oder hellbraunen Kopf mit großen, plattenartigen Schuppen, aber keine Grubenorgane. Ihre Biologie ist praktisch unbekannt, ihr Gift gilt aber als schwach. Sie ist eine der seltensten Vipern und lebt in gemäßigten Temperaturen im Bergland des nördlichen Myanmar und Südchinas.

Gattung: Azemiops
Fea-Vipern
1 Art

Größe: Mittelgroß, bis knapp 1 m, und schlank
Verbreitung: Nördliches Myanmar, China
Lebensraum: Kühle Berglebensräume bis 2000 m Höhe
Nahrung: Kleinsäuger
Fortpflanzung: Unbekannt
Bemerkung: Sehr selten, mit nur wenigen bekannten Exemplaren

Arten:
Azemiops feae, Fea-Viper

Unterfamilie: Causinae
Krötenvipern

1 Gattung mit 6 Arten

Schlanke, kleine Vipern des südlichen Afrika, die große, plattenförmige Schuppen auf dem Kopf tragen und daher mehr wie Colubriden aussehen. Sie sind meist düster braun gefärbt mit Sätteln und Flecken; nur *Causus resimus*, die Grüne Nachtotter, ist, wie ihr Name sagt, leuchtend gefärbt. Nahrungsökologisch sind sie alle hoch spezialisiert und ernähren sich fast ausschließlich von Kröten. Alle Arten leben am Boden.

Gattung: Causus
Krötenvipern
6 Arten

Größe: Klein, 60–70 cm, und schlank
Verbreitung: Afrika, südlich der Sahara
Lebensraum: Mannigfaltig, einschließlich Grasländer, Wälder und Sümpfe; oft in feuchter Umgebung
Nahrung: Amphibien, besonders Kröten
Fortpflanzung: Eier legend
Bemerkung: Sie injizieren große Giftmengen, aber ihr Biss dürfte kaum ernste Folgen haben

Arten:
Causus bilineatus, Zweistreifen-Krötenviper
Causus defilippii, Schnauzen-Krötenviper
Causus lichtensteinii, Wald-Krötenviper
Causus maculatus, Westafrikanische Krötenviper
Causus resimus, Grüne Krötenviper
Causus rhombeatus, Rauten-Krötenviper

Unterfamilie: Viperinae
Echte Vipern

10 Gattungen mit 78 Arten

Die Vipern dieser Unterfamilie sind meist klein bis mittelgroß, mit kräftigem Körper und breitem Kopf, der mit klein unterteilten Schuppen bedeckt ist. Gewöhnlich sind sie auf dem Rücken mit einer Reihe von Flecken gezeichnet, die sich oft berühren und manchmal ein durchgehendes Zickzack-Band bilden. Viele Arten, besonders die der Gattung *Bitis*, scheinen farbenfrohe, sogar grelle Muster zu tragen, wenn man sie außerhalb ihres Lebensraums sieht. Doch diese Zeichnungen lösen die Umrisse der Schlange auf und dienen als hervorragende Tarnung, wenn die Tiere in entsprechender Umgebung ruhen.

Sie leben überwiegend am Boden, mit Ausnahme von Vertretern der afrikanischen Gattung *Atheris*, die man auch Buschvipern nennt. Aber auch mehrere der europäischen Vipern klettern auf der Suche nach Vogelnestern in niedrige Vegetation und Büsche. Die meisten Arten gebären lebende Junge, einige legen Eier, bei anderen ist die Art der Fortpflanzung unbekannt.

Diese Unterfamilie ist beschränkt auf Europa, Afrika und Asien.

Gattung: Adenorhinos
1 Art

Größe: Klein, bis 40 cm
Verbreitung: Westliches Tansania, Afrika
Lebensraum: Unterwuchs an Berghängen
Nahrung: Unbekannt
Fortpflanzung: Unbekannt
Bemerkung: Selten, mit kleinem Verbreitungsgebiet

Arten:
Adenorhinos barbouri, Uzungwe-Viper

Gattung: Atheris
Buschvipern
15 Arten

Größe: Klein bis mittelgroß, bis etwa 75 cm, und relativ schlank
Verbreitung: West-, Zentral- und Ostafrika
Lebensraum: Wälder und Sümpfe; bis auf 2 Arten leben alle auf Bäumen
Nahrung: Frösche, Echsen, Kleinsäuger
Fortpflanzung: Lebend gebärend
Bemerkung: Für den Menschen gefährlich, Todesfälle bisher aber nur durch *A. squamiger* bekannt. *A. laeviceps* wird manchmal als Unterart von *A. squamiger* angesehen. Mehrere Arten haben sehr kleine Verbreitungsgebiete und sind nur durch wenige Exemplare bekannt.

Arten:
Atheris acuminata
Atheris broadleyi
Atheris ceratophorus, Usambara-Buschviper
Atheris chlorechis, Westliche Buschviper
Atheris desaixi, Mount-Kenya-Buschviper
Atheris hindii, Kenia-Bergbuschviper
Atheris hirsuta
Atheris hispidus, Rauschuppen-Buschviper
Atheris katangensis, Shaba-Buschviper
Atheris laeviceps
Atheris nitschei, Schwarzgrüne Buschviper
Atheris rungweensis
Atheris squamigera, Grüne Buschviper
Atheris subocularis
Atheris superciliaris, Tiefland-Buschviper

Gattung: Bitis
Puffottern
16 Arten

Größe: Klein bis groß: von maximal 27 cm bei *B. schneideri* bis über 2 m bei *B. gabonica*. Alle sind stämmig und haben einen breiten Kopf.
Verbreitung: Afrika
Lebensraum: Vielfältig, von Regenwäldern und Grasländern bis zu den trockensten Wüsten
Nahrung: Echsen und Kleinsäuger
Fortpflanzung: Lebend gebärend
Bemerkung: Auf Sanddünen lebende Arten, wie *B. peringueyi*, bewegen sich durch Seitenwinden fort. Die größeren Arten, besonders die gewöhnliche Puffotter, gehören zu den gefährlichsten Schlangen Afrikas. Die Bisse kleiner Arten sind relativ ungefährlich. Von mehreren Arten (*B. heraldica*, *B. parviocula* und *B. worthingtoni*) wurden nur Einzelstücke gesammelt, und ihre Biologie ist relativ unbekannt. *B. rubida* wurde erst 1997 beschrieben.

Arten:
Bitis albanica
● *Bitis arietans*, Puffotter (S. 122–123)
Bitis armata
Bitis atropos, Berg-Puffotter
Bitis caudalis, Gehörnte Puffotter
Bitis cornuta, Büschelbrauen-Puffotter
● *Bitis gabonica*, Gabunviper (S. 128–129)
Bitis heraldica, Angola-Puffotter
Bitis inornata, Hochland-Puffotter
Bitis nasicornis, Nashornviper
Bitis parviocula, Äthiopische Puffotter
Bitis peringueyi, Zwergpuffotter
Bitis rubida
Bitis schneideri, Schneiders Zwergpuffotter
Bitis worthingtoni, Kenya-Puffotter
Bitis xeropaga, Wüsten-Puffotter

Gattung: Cerastes
Afrikanische Hornvipern
3 Arten

Größe: Kurz, bis 60 cm, aber sehr kräftig
Verbreitung: Nordafrika und Mittlerer Osten
Lebensraum: Sandige und steinige Wüsten

Nahrung: Kleine Echsen und Säuger
Fortpflanzung: Eier legend
Bemerkung: Sehr stark gekielte Schuppen. Der Biss kann schmerzhaft sein, ist aber selten tödlich. Fortbewegung durch Seitenwinden.

Arten:
- ● *Cerastes cerastes*, Wüsten-Hornviper (S. 130–131)
- *Cerastes gasperettii*, Arabische Hornviper
- *Cerastes vipera*, Avicennaviper

Gattung: **Daboia**
Orientalische Ottern
1 Art

Größe: Groß, bis reichlich 1 m, und sehr kräftig gebaut
Verbreitung: Indien, Sri Lanka, Bangladesch, Myanmar, Thailand, Kambodscha, Südchina, Taiwan, Java, Komodo und Flores
Lebensraum: Mannigfaltig; fast überall, nur nicht in dichten Wäldern
Nahrung: Säuger
Fortpflanzung: Lebend gebärend
Bemerkung: Manchmal der Gattung *Vipera* zugeordnet

Arten:
- *Daboia russellii*, Kettenviper

Gattung: **Echis**
Sandrasselottern
8 Arten

Größe: Klein, alle unter 1 m
Verbreitung: West- und Nordafrika, vom Mittleren Osten bis Indien und Sri Lanka
Lebensraum: Trockene Grasländer und Savannen
Nahrung: Vielfältig, einschließlich Spinnen, Skorpionen, Echsen, Schlangen, Vögeln und Kleinsäugern
Fortpflanzung: Eier legend
Bemerkung: Wo sie vorkommen, sind sie für die meisten tödlichen Schlangenbisse verantwortlich, insbesondere weil sie häufig und gut getarnt sind, so dass man oft auf sie tritt. Wenn sie gestört werden, rollen sie sich in typischer Weise zusammen, wobei sie ihre Schuppen aneinander reiben und ein rasselndes Geräusch erzeugen. Die Bestimmung der verschiedenen Arten ist schwierig und ihre Taxonomie ist noch unsicher. Eine neunte Art, *Echis varius*, aus Nordostafrika wird manchmal anerkannt.

Arten:
- ● *Echis carinatus*, Sandrasselotter (S. 134–135)
- *Echis coloratus*, Arabische Sandrasselotter
- *Echis hughesi*, Hughes Sandrasselotter
- *Echis jogeri*, Jogers Sandrasselotter
- *Echis leucogaster*, Weißbauch-Sandrasselotter
- *Echis megalocephalus*, Großkopf-Sandrasselotter
- *Echis ocellatus*, Westafrikanische Sandrasselotter
- *Echis pyramidum*, Nordostafrikanische Sandrasselotter

Gattung: **Eristicophis**
MacMahon-Vipern
1 Art

Größe: Klein
Verbreitung: Afghanistan und Nordpakistan
Lebensraum: Sandwüsten
Nahrung: Echsen und Kleinsäuger
Fortpflanzung: Unbekannt
Bemerkung: Selten gesammelt und kaum erforscht

Arten:
- *Eristicophis macmahoni*, MacMahon-Viper

Gattung: **Macrovipera**
Großvipern
4 Arten

Größe: Groß, 1–2 m
Verbreitung: Nordafrika, Südosteuropa und Westasien
Lebensraum: Wüsten, steinige Hänge und Buschland
Nahrung: Kleine Vögel und Säuger
Fortpflanzung: Eier legend
Bemerkung: Gefährlich, mit ernstlichen, aber selten tödlichen Bissen. Früher der Gattung *Vipera* zugeordnet. Die Art *M. schweizeri* ist bedroht.

Arten:
- *Macrovipera deserti*, Wüsten-Großviper
- *Macrovipera lebetina*, Levanteotter
- *Macrovipera mauritanica*, Atlasotter
- *Macrovipera schweizeri*, Milos-Otter

Gattung: **Pseudocerastes**
Persische Trughornvipern
2 Arten

Größe: Mittelgroß, gelgentlich bis zu 1 m
Verbreitung: Mittlerer Osten
Lebensraum: Sandige und steinige Wüsten
Nahrung: Echsen und Kleinsäuger
Fortpflanzung: Wahrscheinlich lebend gebärend
Bemerkung: Fortbewegung durch Seitenwinden. Es gibt mehrere Unterarten, von denen manche, wie *P. persicus fieldi*, auch als eigene Arten angesehen werden.

Arten:
- *Pseudocerastes fieldi*
- *Pseudocerastes persicus*, Persische Trughornviper

Gattung: **Vipera**
Echte Vipern
27 Arten

Größe: Klein bis mittelgroß
Verbreitung: Europa, Westasien, Mittlerer Osten und Nordafrika
Lebensraum: Äußerst vielgestaltig, von Berghängen, Wiesen und leicht bewaldeten Flächen bis zu steinigen Wüsten, Geröllhalden und Hochtälern
Nahrung: Insekten, Eidechsen und andere Echsen, Vögel und Kleinsäuger
Fortpflanzung: Lebend gebärend
Bemerkung: Es wurden in letzter Zeit viele neue Arten beschrieben, besonders aus der Türkei und benachbarten Ländern

Arten:
- *Vipera albizona*
- ● *Vipera ammodytes*, Sandviper (S. 124–125)
- *Vipera aspis*, Aspisviper
- *Vipera barani*, Barans Viper
- ● *Vipera berus*, Kreuzotter (S. 126–127)
- *Vipera bornmuelleri*, Libanon-Bergotter
- *Vipera darevskii*, Darevskis Kreuzotter
- *Vipera dinniki*, Westkaukasische Kreuzotter
- *Vipera eriwanensis*
- *Vipera kaznakovi*, Kaukasusotter
- *Vipera latasti*, Stülpnasenotter
- *Vipera latifii*, Elburs-Bergotter
- *Vipera lotievi*
- *Vipera magnifica*
- *Vipera monticola*, Atlas-Zwergotter
- *Vipera nikolskii*, Nikolskis Kreuzotter
- *Vipera orlovi*
- *Vipera palaestinae*, Palästinaviper
- *Vipera pontica*, Pontische Viper
- *Vipera raddei*, Armenische Viper
- *Vipera renardi*
- *Vipera sachalinensis*
- *Vipera seoanei*, Nordiberische Kreuzotter
- *Vipera transcaucasiana*
- *Vipera ursinii*, Wiesenotter
- *Vipera wagneri*, Wagners Bergotter
- *Vipera xanthina*, Kleinasiatische Bergotter

Unterfamilie: **Crotalinae**
Grubenottern

18 Gattungen mit 169 Arten

Oberflächlich ähneln viele Grubenottern den Vipern der Unterfamilie Viperinae, sie besitzen aber alle wärmeempfindliche Grubenorgane in Gestalt je einer tiefen und auffallenden Grube zwischen Auge und Nase.

Grubenottern können boden- oder baumlebend sein, unscheinbar oder leuchtend gefärbt, lebend gebärend oder Eier legend – sie haben verschiedene evolutionäre Möglichkeiten erprobt. Diese Vipern sind bestens ausgerüstet, um Warmblüter zu jagen, die den Hauptteil ihrer Nahrung ausmachen.

Grubenottern findet man in der Neuen Welt (Nord-, Mittel- und Südamerika) und in der Alten Welt, vor allem in Asien.

Gattung: **Agkistrodon**
Dreieckskopfottern
3 Arten

Größe: Mittelgroß, bis etwa 1 m, und stämmig
Verbreitung: Nordamerika
Lebensraum: Vielfältig, von Sümpfen bis zu hochgelegenen, steinigen Berghängen
Nahrung: Hauptsächlich kleine Vögel und Säuger, aber einige Arten nehmen auch vielerlei andere Beute, einschließlich Fischen, Fröschen und Aas (so *A. piscivorus*)
Fortpflanzung: Lebend gebärend
Bemerkung: Die Bisse sind für den Menschen gefährlich, aber selten tödlich

Arten:
- *Agkistrodon bilineatus*, Mexikanische Mokassinotter
- ● *Agkistrodon contortrix*, Kupferkopfotter (S. 138–139)
- *Agkistrodon piscivorus*, Wassermokassinotter

Gattung: **Atropoides**
3 Arten

Größe: Klein bis mittelgroß, bis knapp über 1 m, aber äußerst stämmig
Verbreitung: Mittelamerika
Lebensraum: Regen- und Nebelwälder
Nahrung: Amphibien, Reptilien und Kleinsäuger
Fortpflanzung: Lebend gebärend
Bemerkung: Giftig, aber die Bisse sind wohl kaum tödlich; früher der Gattung *Porthidium* zugeordnet

Arten:
- *Atropoides nummifer*
- *Atropoides olmec*
- *Atropoides picadoi*

Gattung: **Bothriechis**
Palmlanzenottern
8 Arten

Größe: Mittelgroß, manchmal über 1 m, gewöhnlich aber weniger
Verbreitung: Mittelamerika; die Verbreitung von *B. schlegeli* reicht bis Südamerika (Ekuador)
Lebensraum: Baumlebend in Wäldern
Nahrung: Amphibien, Reptilien, kleine Vögel und Säuger
Fortpflanzung: Lebend gebärend
Bemerkung: Die Bisse sind schmerzhaft und haben zu Todesfällen geführt

Arten:
Bothriechis aurifer, Gelbflecken-Palmlanzenotter
Bothriechis bicolor, Guatemala-Palmlanzenotter
Bothriechis lateralis, Grüngelbe Palmlanzenotter
Bothriechis marchi, Marchs Palmlanzenotter
Bothriechis nigroviridis
Bothriechis rowleyi, Rowleys Palmlanzenotter
Bothriechis schlegelii, Greifschwanz-Lanzenotter
Bothriechis thalassinus

Gattung: **Bothriopsis**
8 Arten

Größe: Mittelgroß bis groß, einige bis über 1,5 m
Verbreitung: Nördliches Südamerika
Lebensraum: Wälder
Nahrung: Amphibien, Echsen, Vögel und Kleinsäuger
Fortpflanzung: Lebend gebärend
Bemerkung: Manchmal der Gattung *Bothrops* zugeordnet

Arten:
Bothriopsis albocarinata
Bothriopsis bilineata, Grüne Jararaca
Bothriopsis medusa
Bothriopsis oligolepis
Bothriopsis peruviana
Bothriopsis pulchra
Bothriopsis punctata
Bothriopsis taeniata, Gebänderte Lanzenotter

Gattung: **Bothrops**
Amerikanische Lanzenottern
35 Arten

Größe: Klein bis groß, manche Arten werden 2,5 m lang
Verbreitung: Mittel- und Südamerika (Mexiko bis Argentinien)
Lebensraum: Äußerst unterschiedlich: Regenwälder, Waldlichtungen, Hügel, Grasländer, Plantagen, Felder und sogar die Atacamawüste (*B. pictus*). Waldarten findet man oft in Fluss- und Bachtälern.
Nahrung: Amphibien, Echsen, Vögel und Säuger
Fortpflanzung: Lebend gebärend
Bemerkung: Bestimmte Arten sind sehr gefährlich, da sie sich gern in der Nähe des Menschen aufhalten, gut getarnt sind und starke Gifte haben. *B. asper, B. atrox* und *B. jararaca* sind für die meisten Todesfälle durch Schlangenbisse in Mittel- und Südamerika verantwortlich. 2 weitere Arten, *B. colombiensis* und *B. isabelae*, werden gewöhnlich als Unterarten von *B. atrox* angesehen.

Arten:
Bothrops alcatraz
Bothrops alternatus, Halbmond-Lanzenotter
Bothrops ammodytoides, Patagonien-Lanzenotter
Bothrops andianus, Anden-Lanzenotter
Bothrops asper, Terciopelo-Lanzenotter
Bothrops atrox, Gewöhnliche Lanzenotter
Bothrops barnetti, Barnetts Lanzenotter
Bothrops brazili
Bothrops caribbaeus, Santa-Lucia-Lanzenotter
Bothrops colombianus, Columbien-Lanzenotter
Bothrops colombiensis
Bothrops cotiara
Bothrops erythromelas, Caatinga-Lanzenotter
Bothrops fonsecai, Fonsecas Lanzenotter
Bothrops iglesiasi, Sertao-Lanzenotter
Bothrops insularis, Insel-Lanzenotter
Bothrops itapetiningae, Sao-Paulo-Lanzenotter
● *Bothrops jararaca*, Jararaca (S. 136–137)
Bothrops jararacussu, Jararacussu
Bothrops jonathani
Bothrops lanceolatus, Martinique-Lanzenotter
Bothrops leucurus, Weißschwanz-Lanzenotter
Bothrops lojanus, Lojan-Lanzenotter
Bothrops marajoensis, Marajo-Lanzenotter
Bothrops microphthalmus
Bothrops moojeni, Brasilianische Lanzenotter
Bothrops muriciensis
Bothrops neuwiedi, Neuwieds Lanzenotter
Bothrops pictus, Wüsten-Lanzenotter
Bothrops pirajai, Piraja-Lanzenotter
Bothrops pradoi, Prados Lanzenotter
Bothrops pulcher
Bothrops sanctaecrucis, Bolivianische Lanzenotter
Bothrops venezuelensis, Venezuela-Lanzenotter
Bothrops xanthogrammus, Copes Lanzenotter

Gattung: **Calloselasma**
Mokassin-Grubenottern
1 Art

Größe: Groß
Verbreitung: Südostasien (Malaysische Halbinsel und einige indonesische Inseln
Lebensraum: Wälder
Nahrung: Echsen, Schlangen, kleine Vögel und Säuger
Fortpflanzung: Eier legend; wahrscheinlich ringeln sich die Weibchen um ihre Gelege und bewachen sie
Bemerkung: Übellaunig und sehr bissig; die Bisse sind aber selten tödlich

Arten:
Calloselasma rhodostoma, Malaysische Mokassin-Grubenotter

Gattung: **Cerrophidion**
4 Arten

Größe: Klein, 50—75 cm lang
Verbreitung: Mittelamerika
Lebensraum: Eichen-Bergwälder und Nebelwälder bis 3000 m Höhe; am Boden lebend
Nahrung: Echsen und Kleinsäuger
Fortpflanzung: Lebend gebärend
Bemerkung: Manchmal der Gattung *Porthidium* zugeordnet

Arten:
Cerrophidion barbouri
Cerrophidion godmani
Cerrophidion petlalcalensis
Cerrophidion tzotzilorum

Gattung: **Crotalus**
Klapperschlangen
29 Arten

Größe: Klein bis groß, von 50 cm bis über 2 m in Ausnahmefällen
Verbreitung: Nord-, Mittel- und Südamerika
Lebensraum: Äußerst unterschiedlich: einschließlich gemäßigte und tropische Wälder, Grasländer, Stein- und Sandwüsten sowie Bergländer
Nahrung: Echsen, Vögel und Kleinsäuger
Fortpflanzung: Lebend gebärend
Bemerkung: Die Liste enthält mehrere Arten (*C. ruber, C. unicolor* und *C. vegrandis*), die möglicherweise nur Unterarten oder geographische Formen anderer Arten sind

Arten:
Crotalus adamanteus, Diamant-Klapperschlange
Crotalus aquilus
● *Crotalus atrox*, Texas-Klapperschlange (S. 140–141)
Crotalus basiliscus, Basilisken-Klapperschlange
Crotalus catalinensis, Santa-Catalina-Klapperschlange
● *Crotalus cerastes*, Seitenwinder-Klapperschlange (S. 144)
● *Crotalus durissus*, Schauer-Klapperschlange (S. 142–143)
Crotalus enyo, Baja-Klapperschlangee
Crotalus exsul, Cedros-Klapperschlange
Crotalus horridus, Wald-Klapperschlange
Crotalus intermedius
Crotalus lannomi
Crotalus lepidus, Felsen-Klapperschlange
Crotalus mitchelli, Gefleckte Klapperschlange
Crotalus molossus, Schwarzkopf-Klapperschlange
Crotalus polystictus, Mexikanische Lanzenkopf-Klapperschlange
Crotalus pricei, Prices Klapperschlange
Crotalus pusillus
Crotalus ruber, Rote Diamant-Klapperschlange
Crotalus scutulatus, Mojave-Klapperschlange
Crotalus stejnegeri, Langschwanz-Klapperschlange
Crotalus tigris, Tigerklapperschlange
Crotalus tortugensis, Tortuga-Klapperschlange
Crotalus transversus, Quergebänderte Berg-Klapperschlange
Crotalus triseriatus, Mexikanische Plateau-Klapperschlange
Crotalus unicolor, Aruba-Klapperschlange
Crotalus vegrandis, Uracao-Klapperschlange
Crotalus viridis, Prärie-Klapperschlange
Crotalus willardi, Kantenkopf-Klapperschlange

Gattung: **Deinagkistrodon**
Chinesische Nasenottern
1 Art

Größe: Groß
Verbreitung: Südostchina und Taiwan
Lebensraum: Bewaldete Berge und Hügel
Nahrung: Amphibien, Echsen, Schlangen und Säuger
Fortpflanzung: Eier legend
Bemerkung: Häufig und höchst gefährlich; der Biss ist oft tödlich. Der landläufige Name, Hundert-Schritt-Schlange, bezieht sich auf die angebliche Entfernung, die ein Bissopfer noch zurücklegen kann.

Arten:
Deinagkistrodon acutus, Chinesische Nasenotter

Gattung: **Gloydius**
Halysottern
10 Arten

Größe: Klein, bis höchstens 75 cm
Verbreitung: Vorder-, Zentral- bis Ostasien
Lebensraum: Berghänge, oft in großer Höhe (*G. himalayanus* bis etwa 4000 m)
Nahrung: Echsen, Schlangen und Kleinsäuger

Fortpflanzung: Lebend gebärend
Bemerkung: Früher der Gattung *Agkistrodon* zugeordnet

Arten:
Gloydius blomhoffi, Blomhoffs Halysotter
Gloydius halys, Halysotter
Gloydius himalayanus, Himalaya-Halysotter
Gloydius intermedius
Gloydius monticola Berg-Halysotter
Gloydius saxatilis
Gloydius shedaoensis
Gloydius strauchi
Gloydius tsushimaensis, Tsushima-Halysotter
Gloydius ussuriensis Ussurische Halysotter

Gattung: **Hypnale**
Ceylon-Nasenottern
3 Arten

Größe: Klein; gehören zu den kleinsten Grubenottern, 30–55 cm, abhängig von der Art
Verbreitung: Südwestindien und Sri Lanka
Lebensraum: Wälder, einschließlich Regenwälder, Hügel, Plantagen und Felder; oft in der Nähe menschlicher Behausungen
Nahrung: Frösche, Echsen, Schlangen (einschließlich ihrer Eier) und Kleinsäuger
Fortpflanzung: Lebend gebärend
Bemerkung: Giftig, aber nicht aggressiv

Arten:
Hypnale hypnale, Indische Nasenotter
Hypnale nepa, Ceylon-Nasenotter
Hypnale walli, Walls Nasenotter

Gattung: **Lachesis**
Buschmeister
3 Arten

Größe: Sehr groß, gelegentlich über 3 m
Verbreitung: Mittel- und Südamerika
Lebensraum: Nasse tropische Wälder und frisch gerodetes Land
Nahrung: Säuger
Fortpflanzung: Eier legend
Bemerkung: Die größte Otter mit Angst einflößendem Nimbus. Höchst gefährlich, aber selten und versteckt lebend. Die Unterart *L. muta stenophrys* wird manchmal als eigene Art angesehen.

Arten:
Lachesis melanocephala
Lachesis muta, Buschmeister
Lachesis stenophrys

Gattung: **Ophryacus**
2 Arten

Größe: Klein, bis 70 cm
Verbreitung: Mittelmexiko
Lebensraum: Eichen- und Nebelwälder
Nahrung: Unbekannt, aber wahrscheinlich Echsen und Kleinsäuger
Fortpflanzung: Lebend gebärend
Bemerkung: Die Wirkung des Gifts ist unbekannt, die Bisse sind aber kaum tödlich

Arten:
Ophryacus melanurus
Ophryacus undulatus, Mexikanische Hornotter

Gattung: **Ovophis**
Gebirgs-Grubenottern
4 Arten

Größe: Klein bis mittelgroß
Verbreitung: Östliche Himalayaregion, Südostasien und Ferner Osten (Borneo, Vietnam, die Ryukyu-Inseln und Japan)
Lebensraum: Wälder
Nahrung: Echsen und Kleinsäuger
Fortpflanzung: Eier legend
Bemerkung: Manchmal der Gattung *Trimeresurus* zugeordnet

Arten:
Ovophis chaseni
Ovophis monticola, Berggrubenotter
Ovophis okinavensis, Okinava-Gebirgs-Grubenotter
Ovophis tonkinensis, Tonkin-Gebirgs-Grubenotter

Gattung: **Porthidium**
Hakennasen-Lanzenottern
9 Arten

Größe: Klein, selten mehr als 70 cm
Verbreitung: Mittel- und Südamerika
Lebensraum: Feuchte und trockene tropische Wälder, wo sie am Boden leben
Nahrung: Frösche, Echsen und Kleinsäuger
Fortpflanzung: Lebend gebärend
Bemerkung: Giftig, aber im Allgemeinen nicht als sehr gefährlich angesehen, außer *P. nasutum*, die Todesfälle beim Menschen verursacht hat. Mehrere Schlangen wurden aus dieser Gattung herausgenommen und den Gattungen *Atropoides* und *Cerrophidion* zugeschlagen.

Arten:
Porthidium dunni, Dunns Hakennasen-Lanzenotter
Porthidium hespere, Westliche Hakennasen-Lanzenotter
Porthidium hyoprora, Amazonas-Hakennasen-Lanzenotter
Porthidium lansbergii, Lansbergs Hakennasen-Lanzenotter
Porthidium melanurum, Schwarzschwanz-Hakennasen-Lanzenotter
Porthidium nasutum, Stülpnasen-Lanzenotter
Porthidium ophryomegas
Porthidium volcanicum
Porthidium yucatanicum, Yucatan-Hakennasen-Lanzenotter

Gattung: **Sistrurus**
Zwergklapperschlangen
3 Arten

Größe: Klein bis mittelgroß, von 50 cm bis fast 1 m
Verbreitung: Nordöstliches Nordamerika bis Südmexiko
Lebensraum: Sümpfe und Moore, Grasländer, Nadelwälder, Wiesen und Waldlichtungen
Nahrung: Echsen und Kleinsäuger
Fortpflanzung: Lebend gebärend
Bemerkung: Ihre Bisse können schmerzhaft sein, haben jedoch wohl selten ernstliche Langzeitwirkung auf Menschen

Arten:
Sistrurus catenatus, Massassauga
Sistrurus miliarius, Zwergklapperschlange
Sistrurus ravus, Mexikanische Zwergklapperschlange

Gattung: **Trimeresurus**
Bambusottern
41 Arten

Größe: Klein bis mittelgroß
Verbreitung: Asien, von Sri Lanka und Indien bis Südchina und Südostasien, Indonesien, Philippinen und Japan
Lebensraum: Mannigfaltig: gewöhnlich Wälder und Dickichte, aber nicht alle Arten sind baumlebend
Nahrung: Frösche, Echsen und Kleinsäuger
Fortpflanzung: Meist lebend gebärend, aber manche Arten legen Eier
Bemerkung: Die Gattung ist wenig erforscht. Viele neue Arten wurden erst kürzlich beschrieben, andere wurden der Gattung *Ovopis* zugeordnet; wahrscheinlich wird es weitere Veränderungen geben.

Arten:
- *Trimeresurus albolabris*, Weißlippen-Bambusotter (S. 132–133)

Trimeresurus andersonii
Trimeresurus borneensis, Borneo-Bambusotter
Trimeresurus brongersmai
Trimeresurus cantori
Trimeresurus cornutus, Gehörnte Bambusotter
Trimeresurus elegans
Trimeresurus erythrurus, Smaragd-Bambusotter
Trimeresurus fasciatus
Trimeresurus flavomaculatus
Trimeresurus flavoviridis, Habu-Bambusotter
Trimeresurus gracilis
Trimeresurus gramineus, Grüne Bambusotter
Trimeresurus gumprechti
Trimeresurus hageni, Hagens Bambusotter
Trimeresurus huttoni
Trimeresurus jerdonii
Trimeresurus kanburiensis
Trimeresurus kaulbacki
Trimeresurus labialis
Trimeresurus macrolepis
Trimeresurus macrops
Trimeresurus malabaricus
Trimeresurus malcolmi
Trimeresurus mangshanensis
Trimeresurus medoensis
Trimeresurus mucrosquamatus
Trimeresurus popeiorum, Popes Bambusotter
Trimeresurus puniceus, Braune Bambusotter
Trimeresurus purpureomaculatus, Mangroven-Bambusotter
Trimeresurus schultzei
Trimeresurus stejnegeri, Chinesische Bambusotter
Trimeresurus strigatus
Trimeresurus sumatranus, Sumatra-Bambusotter
Trimeresurus tibetanus, Tibet-Bambusotter
Trimeresurus tokarensis
Trimeresurus trigonocephalus, Ceylon-Bambusotter
Trimeresurus venustus, Bunte Bambusotter
Trimeresurus vogeli
Trimeresurus xiangchengensis
Trimeresurus yunnanensis

Gattung: **Tropidolaemus**
2 Arten

Größe: Mittelgroß, bis etwa 1 m
Verbreitung: Südostasien
Lebensraum: Wälder und Mangroven, wo sie überwiegend baumlebend sind
Nahrung: Echsen, kleine Vögel und Säuger
Fortpflanzung: Lebend gebärend
Bemerkung: Früher der Gattung *Trimeresurus* zugeordnet

Arten:
Tropidolaemus huttoni
Tropidolaemus wagleri, Waglers Lanzenotter

Glossar

Die folgenden Begriffe werden in ihrer Beziehung zu Schlangen erläutert; in anderem Zusammenhang mögen sie eine etwas andere Bedeutung haben. Kursiv gedruckte Wörter im Text werden an anderer Stelle im Glossar erläutert.

Amphisbaenien Doppelschleichen, Vertreter einer Reptiliengruppe, die mit Schlangen und Echsen nah verwandt sind. Sie leben unterirdisch und haben (mit Ausnahme von 3 Arten) keine Beine.

arboreal In Bäumen lebend.

Art (Spezies) Eine grundlegende Kategorie der Klassifikation, die sich auf eine Gruppe verwandter Organismen bezieht, die sich von anderen derselben *Gattung* unterscheiden. Die wichtigste Klassifikation der Biologie. Der Artname besteht aus zwei griechisch-lateinischen Wörtern: dem Gattungsnamen und dem darauf folgenden Artnamen. *Crotalus atrox* ist beispielsweise die Artbezeichnung einer Klapperschlange. Nach traditioneller Definition sind die Individuen einer Art reproduktiv isoliert, d. h. sie können sich untereinander, aber nicht mit Individuen einer anderen Art vermehren. Das trifft allerdings nicht immer zu, da es gelegentlich zu Hybriden oder Bastarden kommt.

Bergwald Ein Regenwald, der gewöhnlich mindestens 1000 m hoch liegt. Er ist charakterisiert durch hohe Niederschläge und/oder häufige Nebel sowie eine Vielzahl epiphytischer (auf anderen Pflanzen lebenden) Pflanzen, z. B. Moose. Dieser, im Vergleich zu anderen Lebensräumen der gleichen Breiten oft kühle Wald wird häufig von *Spezialisten* unter den Schlangen bewohnt.

beschriebene Art Jede Art (Spezies), von der eine wissenschaftliche Beschreibung, einschließlich eines wissenschaftlichen Namens, in einer angesehenen Fachzeitschrift veröffentlicht wurde. Jede neue Art muss in dieser Weise nachgewiesen werden.

Caecilien Eine Gruppe beinloser, wurmartiger Amphibien, die in den Tropen in feuchter Erde oder im Wasser leben.

dorsal Den Rücken betreffend. Dorsalschuppen, z. B., sind fliesenartige Schuppen, die den Rücken und die Flanken der Schlangen bedecken.

exotherm (wechselwarm) Tiere, bei denen die Körperwärme hauptsächlich von äußeren Wärmequellen, meistens der Sonne, abhängt.

Elapide Zur *Familie* der Elapidae gehörend, die die Kobras, Korallenschlangen, Mambas, Seeschlangen und Taipane einschließt.

Falsche Korallenschlange Eine Bezeichnung, die für bestimmte, lebhaft gefärbte, harmlose Schlangen verwendet wird, die die Färbung giftiger Korallenottern (die zu den Kobras gehören) nachzuahmen scheinen (siehe S. 26).

Familie Eine wissenschaftliche Kategorie von *Gattungen*, die man für nah verwandt hält. Manche Schlangenfamilien enthalten nur 1 Gattung, doch die meisten haben mehr als eine. In der Zoologie enden Familiennamen immer auf die Endung -idae.

Form (Variante, Rasse, Morphe) Eine Gruppe von Organismen, die sich von anderen derselben *Art*, z. B. durch ihre Musterung oder Färbung, unterscheiden. Jede Variation wird als eigene Form, z. B. als gestreifte Form, bezeichnet. Siehe auch *Polymorphismus*.

Gattung Eine wissenschaftliche Kategorie, die aus einer oder mehreren nah verwandten *Arten* besteht. Alle Vertreter einer Gattung tragen denselben Gattungsnamen, z. B. *Lampropeltis* (eine Gattung der Königsnattern).

gekielte Schuppen Solche Schuppen, die in ihrer Mitte 1 oder (selten) 2 längsgerichtete Rippen tragen (siehe S. 15).

Generalist (Ubiquist) Eine Art, die eine breite ökologische Nische nutzt. Z. B. eine Art, die von einer Beutevielfalt und in unterschiedlichen Lebensräumen lebt. Das Gegenteil eines *Spezialisten*.

Gift Modifizierter Speichel, dessen Hauptaufgabe es ist, Beute bewegungsunfähig zu machen oder zu töten (siehe S. 24).

Grubenorgan (Wärmegruben) Gesichtsgruben, die sich bei einigen Boas und Pythons sowie bei allen Grubenottern finden und geringe Temperaturunterschiede wahrnehmen können, wie sie etwa von warmblütigen Tieren ausgehen (siehe S. 21).

hochentwickelt Ein Begriff, der sich auf Eigenschaften und die mit ihnen ausgestatteten *Arten*, *Familien* usw. bezieht, die sich erst in relativ junger Zeit entwickelt haben. So sind etwa gelenkige Giftzähne ein hochentwickeltes Merkmal, weshalb Vipern, die bewegliche Giftzähne haben, Vertreter einer hochentwickelten Familie sind. Das Gegenteil von *primitiv*.

Hut Der Bereich unmittelbar hinter dem Kopf bestimmter Kobras. Die Schlangen können den Hut spreizen, indem sie die Rippen aufstellen. Die wichtigste Bedeutung des Hutes ist die Einschüchterung von potenziellen Feinden.

Interstitialhaut Die Gewebefläche zwischen den Schuppen. Interstitialhäute sind bei Schlangen und anderen Reptilien üblich. Man bezeichnet sie auch als Interskalarhaut.

Jacobsonsches Organ Ein zusätzliches Geruchsorgan im Gaumen des Schlangenmauls. Mit der Zunge werden Geruchspartikel zum Jacobsonschen Organ befördert, das durch Nervenbahnen mit dem Gehirn verbunden ist (siehe S. 20).

Knäuelung (Balling) Verteidigungsreaktion, bei der sich die Schlange zu einem Knäuel zusammenrollt und den Kopf zwischen den Schlingen versteckt (siehe S. 28).

Nebelwald Tropischer Wald, der häufig in Nebel gehüllt ist, gewöhnlich im Hügelland oder an Bergflanken; oft auch als Synonym für tropische *Bergwälder*.

ophistoglyph Schlangen mit vergrößerten, oft mit einer Rinne ausgestatteten Giftzähnen im hinteren Teil des Mauls (siehe S. 19).

ovipar Eierlegend.

ovovivipar Die befruchteten Eier werden bis kurz vor oder kurz nach dem Schlüpfen im Körper behalten (siehe *vivipar*).

Parthenogenese Die Entwicklung eines unbefruchteten Eies zu einem Embryo. Parthenogenetische *Arten* können sich ohne Begattung fortpflanzen und daher nur aus Weibchen bestehen. Nur eine Schlangenart, die Brahmanen-Wurmschlange, *Ramphotyphlops braminus*, vermehrt sich parthenogenetisch.

pelagisch Die mittleren und oberen Schichten der Ozeane bewohnend.

Polymorphismus Das Auftreten von zwei oder mehr ausgeprägten *Formen* innerhalb einer *Population* derselben *Art* (siehe S. 27).

Population In allen wesentlichen Merkmalen übereinstimmende, geographisch zusammenhängende Fortpflanzungsgemeinschaft einer *Art*.

primitiv Der Begriff wird verwendet, um frühe Evolutionsmerkmale und die mit ihnen ausgestatteten *Arten*, *Familien* usw. zu kennzeichnen. Schlankblindschlangen, z. B., besitzen viele gemeinsame Eigenschaften mit einigen der ältesten bekannten Schlangen und sind daher Vertreter einer primitiven Familie. Das Gegenteil von *hochentwickelt*.

proteroglyph (und solenoglyph) Schlangen mit vergrößerten, vorne stehenden Giftzähnen im Oberkiefer, einschließlich der *Elapiden* (proteroglyph), Vipern (solenoglyph) und einiger im Boden lebenden Ottern (Atractaspididae). (Siehe S. 19.)

Relikt Überlebende Populationen einer *Art* oder *Familie*, die früher eine große Verbreitung hatte, jetzt aber nur noch lokal oder inselartig vorkommt.

Rostralschuppen Die Schuppen auf der äußersten Schnauzenspitze einer Schlange (siehe S. 15).

rudimentäre Gliedmaßen Unentwickelte Glieder, die durch natürliche Selektion in Größe und Funktion zurückgebildet sind.

Seitenwinden Eine Art der Fortbewegung, die von einigen in Dünen lebenden Schlangen praktiziert wird, wobei sich der Körper in einem Winkel von etwa 45 Grad fortbewegt (siehe S. 17).

Sekundärwald Wald, der eine gerodete Fläche wiederbesiedelt hat.

Spezialist Eine *Art*, die nur eine enge ökologische Nische nutzt. Zum Beispiel eine Art, die sich von nur einer anderen Art ernährt oder einen eng begrenzten Lebensraum bewohnt. Das Gegenteil eines *Generalisten*.

Stridulation Die Erzeugung eines Geräusches durch Reiben von zwei Oberflächen gegeneinander, etwa der rauen Flankenschuppen verschiedener Schlangenarten.

Subkaudalschuppen Die Schuppen unter dem Schwanz der Schlange (siehe S. 15).

Subokularschuppen Die Schuppen unmittelbar unter dem Auge; nur bei einigen Schlangenarten zu finden (siehe S. 14).

Subspezies Siehe *Unterart*

Substrat Der Boden oder die Oberfläche, auf der eine Schlangenart lebt.

Taxonomie Die Wissenschaft der Klassifikation, in der die Organismen entsprechend ihrer verwandtschaftlichen Beziehungen eingeordnet und benannt werden.

terrestrisch Überwiegend am Boden lebend.

Tuberkeln Kleine, pickelartige Erhebungen oder Schwellungen (siehe S. 21).

Unterart Eine wissenschaftliche Kategorie unterhalb der Artebene. Damit werden Unterschiede in Größe, Färbung, Muster usw. zwischen Populationen innerhalb einer geographisch weit verbreiteten *Art* oder bei einer Inselpopulation gekennzeichnet.

Unterwuchs Lebensraum unterhalb des Kronendaches eines Waldes; er besteht gewöhnlich aus jungen Bäumen, Gebüsch und einer Krautschicht.

Ventralschuppen Die Schuppen auf der Unterseite einer Schlange (siehe S. 15).

Vertebraten Wirbeltiere (Säugetiere, Vögel, Reptilien, Amphibien und Fische). Alle anderen Tiere sind Wirbellose oder Invertebraten.

vivipar Lebende Junge gebärend. Die große Mehrzahl der Schlangen ist nicht wirklich vivipar im Sinne der Säugetiere, da die Embryonen von der Mutter keine Nahrung zugeführt bekommen. Stattdessen bleiben die (schalenlosen) Eier während ihrer Entwicklung im Eileiter des Weibchens und die Jungen schlüpfen erst kurz vor oder nach der Geburt. Genau genommen sind solche Schlangen *ovovivipar* (siehe S. 31).

wechselwarm Siehe *exotherm*

Register

Danksagungen

Danksagungen des Autors

Im Lauf der Jahre habe ich auf Schlangenreisen in verschiedene Teile der Welt vom Sachverstand und von der guten Mitarbeit zahlreicher Herpetologen-Kollegen enorm profitiert. Obwohl ihre Zahl zu groß ist, als dass ich sie alle im Einzelnen nennen könnte, hoffe ich gleichwohl, dass ihnen allen bewusst ist, wie wichtig ihre Beiträge für mich waren.

Speziell möchte ich außerdem folgenden, alphabetisch aufgelisteten Menschen danken, die mir viele der Schlangen zur Verfügung stellten, die ich für dieses Projekt fotografiert habe:

John und Linda Bird (für viele Tiere), den Mitarbeitern von Birdquest, Gretchen Davison, Richard Haigh, David Kershaw, Paul Rowley, Frank Schofield und Cliff Stone.

Sie alle liehen mir nicht nur ihre Tiere, sondern halfen mir auch, sie zu bändigen und in Position zu bringen. In dieser Beziehung bin ich besonders Paul Rowley von der Liverpool School of Tropical Medicine dankbar, der mir half einige höchst gefährliche Arten zu fotografieren, sowie Gretchen Davison, die stets eine willige Helferin war, wenn es darum ging, widerwillige Schlangen im Studio unter Kontrolle zu bringen, und die mir auch half, in der Natur Schlangen zu finden und zu fotografieren.

Schließlich danke ich Hugh Schermuly, Sally McEachern und den anderen Designern und Redakteuren von Schermuly Design sowie Stephanie Jackson, Adèle Hayward und den übrigen des Redaktionsteams bei Dorling Kindersley, nicht nur für all ihre schwierige Arbeit, sondern auch dafür, dass sie zu dem Vergnügen beitrugen, dieses Buch zu schreiben.

Dorling Kindersley möchte den Folgenden danken:

Redakteuren: Jane Simmonds für das Startmanagement des Projekts; Josephine Bryan und Claire Calman für redaktionelle Assistenz.

Designer: Kate Poole für das Startmanagement des Projekts; Tassy King als Senior Art Editor in der Schlussphase der Produktion.

Verwaltungsassistenz: Chris Gordon.

Schermuly Design Co. dankt:

Trevor Smith von Animal World dafür, dass er Schlangen zum Fotografieren zur Verfügung stellte und mit ihnen umging. Laura Wickenden dafür, dass sie einigen recht lebhaften Schlangen mit der Linse sehr nahe kam. Mark O'Shea vom West Midland and Leisure Safari Park dafür, dass er uns gestattete, seine Kobras zu fotografieren. Dr. Jennifer Daltry von Fauna and Flora International und Richard Gibson vom Jersey Wildlife Preservation Trust dafür, dass sie uns Dias und Informationen über das Antigua Racer Project schickten. Lynn Bresler für Korrekturlesen und Erstellen des Registers. Didier Chatelus und Jenny Buzzard für die Hilfe beim DTP.

Bildnachweis

Ardea London Ltd: 23 oM, Adrian Warren 120 ur, Francois Gohier 30 ul, McDougal 23 oM
BBC Natural History Unit: 98 Ml, Andrew Cooper 11 ul, Artur Tabor 25 uM, Jeff Foott 17 ur, 140 Ml, John Cancalosi 82 u, 117 uM, Jurgen Freund 11 ur, Lynn M. Stone 95 or, Martin Holmes 117 ur, Steven David Miller 90 u
Biofotos: Slim Sreedharan 25 oM
Bruce Coleman Ltd: 25 l, Dr. Frieder Sauer 126 ul, Erwin und Peggy Bauer 72 Ml
Chris Mattison: 4 ur, 5 ur, 6 r, 9 Ml, Mr, ur, 10 ur, uM, ur, 12 or, 13 or, 14 ul, uM, or, Mr, 15 ol, oMl, oMr, or, Ml, MMl, MMr, Mr, 17 oM, 18 Ml, 20 ol, Ml, ul, 19 Mr, 29 ul, 31 oM, M, 33 oM, or, 34 or, 35 ur, 36 Ml, u, Mr, 37 M, ur, 38 ol, 39 M, ur, 40 ul, 43 ol, or, Mr, 44 ur, 46 Mr, 47 or, 49 ur, 52 M, 53 ur, 57 or, 58 ul, 59 oM, 60 Mr, u, 61 Mr, u, 63 ur, 66 o, or, 67 ul, r, 70 or, Mr, 74 ul, 75 M, or, 78 M, ul, 80 ol, M, ur, 81 or, Mr, ur, 82 Ml, 83 M, 84 o, 85 Ml, ur, 86 M, 88 uM, 91 ur, 93 ur, 94 Ml, r, 95 uM, 96 M, ul, 97 or, 100 ul, r, 101 or, 102 ol, r, 103 uM, ur, 104 ul, M, 105 ul, 106 M, 107 or, 110 ol, ur, 111 or, 116 o, 118 M, ul, 120 M, 121 or, 122 M, 124 M, 125 or, 127 ur, 128 Ml, r, 129 or, 130 Ml, 132 M, 133 r, 134 ul, 135 ol, M, 136 u, 137 ol, 142 r, 143 or, 144 or, u
Fauna and Flora International: 33 ul, uM, ur
George McCarthy: 30 Mu, 69 or, 126 or
Gerald Cubitt: 32 u
Jane Burton: 22 or
Joe McDonald: endpapers, 130 ul, 131 Mr, 140 or
John Canceloni: 87 Mr
John Visser: 70 Ml, 70 ul
MPL: Fogden 137 ur
Laura Wickenden: 5 or, 10 or, 12 M, 13 M, 14 ur, 28 ul, 35 l, M, 40 M, 44 l, M, 46 or, Ml, 47 M, 48 ul, M, 50 M, ur, 49 ul, 54 ul, Mr, 55 or, 56 M, 58 M, 62 M, 63 Mr, 64 Ml, uM, 65 M, 68 M, 71 M, 76 ul, or, 77 M, 90 M, 92 M, ul, 99 M, 108 ul, 112 M, ul, 114 M, ul, 115 M, ul, 126 M
Michael und Patricia Fogden: 11 Mu, 19 Mu, 27 ul, 28 or, 40 or, 52 or, 57 ur, 89 or, 119 ur, 133 oM
FLPA: Chris Mattison 39 ol, M. Ranjiit 25 ur
N.H.P.A.: Anthony Bannister 111 ul, Daniel Heuclin 28 ul, 31 or, 49 ol, 113 oM, 125 ul, 143 ur, E. Hanumantha Rao 29 oM, G.I. Bernard 24 or, Ken Griffiths 118 or, Martin Wendler 35 or, 45 or, Stephen Dalton 127 uM
Oxford Scientific Films: B.P. Kent 138 ul, M. Fogden 19 or, Steve Tisner 26 ul, Z. Leszczynski 22 oM
Papilio Photographic: 29 o
Planet Earth Pictures: Brian Kenney 93 M, 123 ul, 138 ur, Carol Farneti 32 or, 63 ur, Mary Clay 103 or
Premaphotos Wildlife: K.G. Preston-Matham 27 M
Warren Photographic: Kim Taylor 24 u

Karten: Masumi Higo

Illustrationen: Evi Antoniou